I0066061

Digitale Regelungstechnik

von
Professor Dr.-Ing. Anton Braun
Fachhochschule Regensburg

R. Oldenbourg Verlag München Wien 1997

Die Deutsche Bibliothek - CIP-Einheitsaufnahme

Braun, Anton:
Digitale Regelungstechnik / von Anton Braun. - München ; Wien :
Oldenbourg, 1997
   ISBN 3-486-24027-7

© 1997 R. Oldenbourg Verlag
Rosenheimer Straße 145, D-81671 München
Telefon: (089) 45051-0, Internet: http://www.oldenbourg.de

Das Werk einschließlich aller Abbildungen ist urheberrechtlich geschützt. Jede Ver-
wertung außerhalb der Grenzen des Urheberrechtsgesetzes ist ohne Zustimmung des
Verlages unzulässig und strafbar. Das gilt insbesondere für Vervielfältigungen, Über-
setzungen, Mikroverfilmungen und die Einspeicherung und Bearbeitung in elektronischen Systemen.

Lektorat: Elmar Krammer
Herstellung: Rainer Hartl
Umschlagkonzeption: Kraxenberger Kommunikationshaus, München
Gedruckt auf säure- und chlorfreiem Papier
Gesamtherstellung: R. Oldenbourg Graphische Betriebe GmbH, München

Inhalt

Vorwort

Die vorliegende Arbeit zeichnet sich durch eine umfassende Behandlung der Analyse und Synthese diskreter Regelkreise aus. Der logische Aufbau dieses Buches zeigt deutlich, daß die Behandlung digitaler Regelkreise im z-Bereich eindeutig als Fortsetzung bekannter Verfahren der analogen Regelkreissynthese im Laplace-Bereich betrachtet werden kann.

Konkret ausgesprochen heißt das, daß der Regler mit Hilfe bekannter Syntheseverfahren im Laplace-Bereich dimensioniert wird und die Übertragungsfunktion des Reglers mit den in diesem Buch vorgestellten Methoden in den z-Bereich abgebildet wird. Aus der daraus resultierenden Differenzengleichung kann dann mit geringem Aufwand der Regelalgorithmus erstellt werden. Diese Vorgehensweise hebt sich deutlich von anderen Büchern ab, die sich mit ähnlicher Materie befassen.

Die entsprechenden Kapitel sind inhaltlich und in ihrem logischen Aufbau so dargestellt, daß diese Arbeit als Begleitmaterial zu Vorlesungen bezüglich Digitaler Regelungstechnik an Fachhochschulen und Universitäten verwendet werden kann.

Der theoretische Hintergrund ist in den verschiedenen Kapiteln sehr detailliert dargestellt, so daß der Leser den entsprechenden Lehrstoff relativ leicht verstehen kann. Zum besseren Verständnis des theoretischen Teils werden die verschiedenen Kapitel mit Zahlenbeispielen ergänzt, die mit MATLAB simuliert sind und gegebenenfalls leicht nachzuvollziehen sind. An theoretischen Vorkenntnissen werden vom Leser lediglich die Grundlagen der klassischen Regelungstechnik, die wichtigsten Regeln der Laplace-Transformation sowie eine gewisse Sicherheit im Umgang mit Differentialgleichungen vorausgesetzt.

Das Buch ist in sechs Abschnitte und einen Anhang mit drei Kapiteln unterteilt. Das erste Kapitel liefert eine Einführung in die Darstellung und den mechanischen Aufbau digitaler Regelkreise. Das zweite Kapitel zeigt die zur Behandlung diskreter Systeme notwendige Theorie der z-Transformation. Im dritten Kapitel werden diskrete Systeme in der z-Ebene analysiert. Hierzu gehören insbesondere die z-Transformierte eines abgetasteten Systems, die

Abbildung der s-Ebene in die z-Ebene, Stabilitätskriterien und die verschiedenen Verfahren der Rücktransformation vom z-Bereich in den diskreten Zeitbereich. Das vierte Kapitel behandelt die Analyse von Abtastsystemen. Hier wird vor allem die Spektraldarstellung eines abgetasteten Systems detailliert untersucht, die Algebra der Blockschaltbilder im z-Bereich sowie die Übertragungsfunktion des offenen und geschlossenen Regelkreises hergeleitet. Im fünften Kapitel wird eine Einführung in die Theorie digitaler Filter aufgezeigt, die gerade bei digitalen Regelkreisen zur Beseitigung verrauschter Meßsignale notwendig sind. Weiterhin werden diverse Verfahren aufgezeigt, mit denen eine bekannte Übertragungsfunktion vom Laplace-Bereich in den z-Bereich transformiert werden kann. Das sechste Kapitel behandelt schließlich das Gebiet der Synthese digitaler Regelkreise. Hier wird zunächst die Reglerdimensionierung anhand vorgegebener Spezifikationen im Zeitbereich aufgezeigt. Dabei kommen im besonderen die Emulationsverfahren, die Polzuweisung mit Hilfe von Wurzelortskurven in der z-Ebene und die Behandlung digitaler Regelkreise mit Hilfe der w-Transformation zur Sprache. Im letzten Abschnitt dieses Kapitels wird die Deadbeat-Regelung behandelt, die erst durch die Einführung von Mikrocomputern als regelndes Bauteil realisierbar geworden ist.Bekanntlich spielt die Partialbruchzerlegung in der z-Ebene dieselbe maßgebliche Rolle wie im Laplace-Bereich. Aus diesem Grunde wird im Anhang A die Partialbruchzerlegung echt gebrochen rationaler Funktionen für Bildfunktionen mit reellen und/oder komplexen Polstellen mit entsprechenden Beispielen in geraffter Form festgehalten. Damit sich der Leser in einfachen Fällen den meist zeitraubenden Weg der Partialbruchzerlegung bei der Rücktransformation vom z-Bereich in den diskreten Zeitbereich oder bei entsprechenden Aufgabenstellungen die Transformation vom Laplace- in den z-Bereich ersparen kann, ist im Anhang B eine umfangreiche Tabelle häufig auftretender Korrespondenzen zwischen Laplace- und z-Ebene sowie kontinuierlichem und diskretem Zeitbereich zusammengestellt. Im Anhang C ist schließlich eine Analyse des stationären Verhaltens analoger und digitaler Regelkreise zu finden. Neben einer kurzen Herleitung des stationären Fehlers und der Fehlerkonstanten für Positions-, Geschwindigkeits- und Beschleunigungsregelungen wird die Bestimmung der Fehlerkonstanten in der Frequenzebene aufgezeigt.

Die vorliegende Arbeit entstand aus einer einführenden Vorlesung in die Digitale Regelungstechnik, die ich an der Fachhochschule Regensburg seit einigen Jahren halte. Meine Studenten, im besonderen Herr Dipl.-Ing.(FH) Josef Wimbauer, haben mir zahlreiche Anregungen bei der Abfassung des Manuskriptes gegeben. Ihnen allen möchte ich an dieser Stelle danken.

Mein besonderer Dank gilt Herrn Dipl.-Ing.(FH) Andreas Baumgartner, der bereit war, unter großem Zeitaufwand sämtliche Simulationen der begleitenden Beispiele mit MATLAB durchzuführen und die entsprechenden Simulationsprogramme für den Leser informativ zu dokumentieren. Des weiteren soll nicht unerwähnt bleiben, daß alle Skizzen und Zeichnungen von Herrn Baumgartner angefertigt wurden.

Schließlich danke ich an dieser Stelle auch meiner Frau, die mir so viele häusliche Pflichten abgenommen hat, daß erst dadurch die Verfassung dieser Arbeit möglich geworden ist.

Regensburg, im März 97   Prof. Dr. Anton Braun

1 Einleitung

Seit dem Beginn der sechziger Jahre werden in zunehmendem Maße Prozeßrechner und Mikrocomputer in industriellen Prozessen als Regler eingesetzt.
Zur Optimierung von Regelkreisen, beispielsweise mit dem Ziel maximaler
Produktivität, minimaler Kosten oder minimalem Energieverbrauch werden
neuerdings vorwiegend digitale Regler eingesetzt. Vor allem durch die
Entwicklung kostengünstiger Mikroprozessoren und Mikrocomputer werden
in besonderem Maße digitale Regler zur optimalen Prozeßsteuerung und -
regelung eingesetzt. Dies gilt für die Regelung industrieller Roboter ebenso
wie für die Optimierung des Kraftstoffverbrauchs von Kraftfahrzeugen und
Flugzeugen oder für die Minimierung des Wasserverbrauchs in handelsübli-
chen Waschmaschinen. Aus diesen Gründen soll in diesem Buch die digitale
Regelung komplexer Systeme ausführlich behandelt werden.

1.1 Signaltypen

Ein kontinuierliches Signal zeichnet sich dadurch aus, daß es über einen
kontinuierlichen Zeitbereich eindeutig definiert ist. Die Amplitude kann dabei einen kontinuierlichen Wertebereich oder auch nur eine endliche Zahl
verschiedener Werte annehmen. Ein analoges Signal ist über einen kontinuierlichen Zeitbereich definiert, wobei die Amplitude einen kontinuierlichen
Wertebereich annehmen kann. Das Bild 1.1a) zeigt ein zeitkontinuierliches
analoges Signal, Bild 1.1b) zeigt hingegen ein zeitkontinuierliches und bezüglich der Amplitude quantisiertes Signal.

Dabei sollte vielleicht darauf verwiesen werden, daß es sich bei analogen
Signalen um einen Spezialfall zeitkontinuierlicher Signale handelt.
(Erfahrungsgemäß werden häufig die Begriffe „kontinuierlich" und
„analog" gleichwertig verwendet.)

Ein diskretes Signal ist definitionsgemäß nur für diskrete Zeitpunkte definiert. Ein zeitdiskretes Signal, bei dem die Amplitude einen kontinuierlichen
Wertebereich annehmen kann, wird als abgetastetes Signal bezeichnet. Wie
man anhand von Bild 1.1 leicht sehen kann, entsteht ein zeitdiskretes Signal
durch die Abtastung eines analogen Signals zu festen (diskreten) Zeitpunk-

ten und kann als amplitudenmodulierte Pulsfolge verstanden werden; siehe
Bild 1.1c).

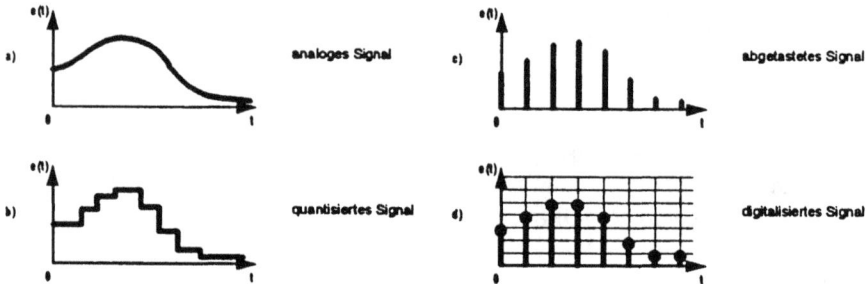

Bild 1.1: a) zeitkontinuierliches analoges Signal
b) zeitkontinuierliches quantisiertes Signal
c) Abgetastetes Signal
d) Digitales Signal

Ein digitales Signal ist ein zeitdiskretes Signal mit quantisierten Amplituden. Ein solches Signal wird in der Regel durch eine Sequenz von Zahlen-
werten dargestellt, beispielsweise in Form von Binärzahlen. Bild 1.1d) zeigt
ein digitales Signal. Wie man sieht ist dieses Signal bezüglich der Amplitude und der Zeit quantisiert.

Bei regelungstechnischen Problemstellungen wird das zu regelnde Objekt
als Regelstrecke oder auch als Prozeß bezeichnet. Die zu regelnde physikalische Größe der Regelstrecke ist in den meisten Fällen ein zeitkontinuierliches Signal. Wenn diese Regelgröße mit einem digitalen Regler geregelt
werden soll, wird eine Signalkonversion von analog zu digital und digital zu
analog notwendig; siehe Kapitel 1.3.

Durch die Abtastung eines zeitkontinuierlichen Signals wird das ursprüngliche Signal durch eine Sequenz von Signalwerten zu diskreten Zeitpunkten
ersetzt. Dem Abtastvorgang folgt gewöhnlich eine Quantisierung. Dabei
wird die abgetastete analoge Amplitude durch einen digitalen Zahlenwert
ersetzt. Im Anschluß daran wird dieses digitale Signal von einem Computer
weiterverarbeitet. Das Computer-Ausgangssignal wird abgetastet und auf
den Eingang eines Halteglieds geführt. Der Ausgang des Halteglieds ist ein
zeitkontinuierliches Signal, das wiederum auf den Eingang des Stellglieds
geführt wird.

1.2 Grundsätzlicher Aufbau digitaler Regelkreise

Das folgende Bild zeigt das prinzipielle Blockschaltbild eines digitalen Regelkreises mit den wesentlichen Übertragungsblöcken.

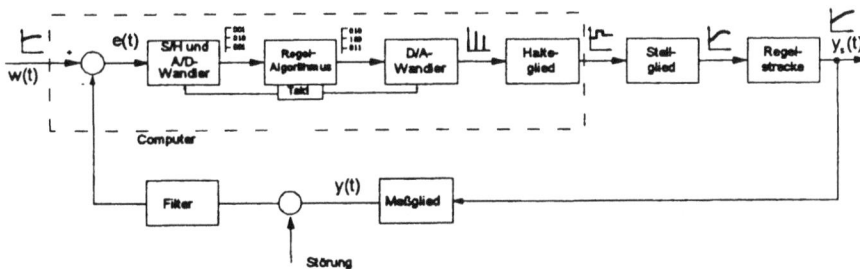

Bild 1.2: Blockschaltbild eines digitalen Regelkreises

Wie man aus obigem Bild sieht, existieren hier analoge, zeitdiskrete und numerisch kodierte Signale nebeneinander. Die Regelgröße $y_s(t)$ als Ausgangssignal der Regelstrecke ist ein zeitkontinuierliches Signal. Die Regelgröße wird vom Meßglied erfaßt und produziert ein zeitkontinuierliches Signal $y(t)$, das bei eventuell auftretenden Störungen gefiltert werden muß, bevor es dem Soll-Ist-Vergleicher zugeführt wird. Das Fehlersignal $e(t)$ wird über eine Sample-and-Hold-Schaltung und einem Analog-Digital-Umsetzer digitalisiert. Der Computer bearbeitet mit Hilfe des Regelalgorithmus die einlaufende Zahlensequenz und erzeugt damit neue Zahlensequenzen. Zu jedem Abtastzeitpunkt wird eine kodierte Zahl, geliefert vom Computer, in ein zeitkontinuierliches Stellsignal umgesetzt. Hierzu werden der Digital-Analog-Umsetzer und das Halteglied benötigt. Der Rechnertakt im Computer synchronisiert das Einlesen der Daten in den Computer sowie die Ausgabe. Der Ausgang des Haltegliedes als zeitkontinuierliches Signal wird dem Stellglied zugeführt, dessen Ausgang der Regelstrecke zugeführt wird.

Das Abtast-Halteglied (S/H für Sample-and-Hold) und der Analog-Digital-Umsetzer (A/D) konvertieren das Fehlersignal in eine Sequenz numerisch kodierter Binärwörter. Man spricht in diesem Fall von einer Konvertierung. Die Kombination des Abtast-Halteglieds mit dem Analog-Digital-Konverter kann als Schalter betrachtet werden, der zu jedem Zeitintervall T infinitesimal kurz geschlossen ist und eine Sequenz numerisch kodierter Zahlen an seinem Ausgang liefert.Der Computer erzeugt mit seinem Regelalgorithmus wieder eine numerisch kodierte Zahlensequenz, die dem D/A-Wandler zur Dekodierung zugeführt wird.

Abgesehen von einer Reihe anderer Abtastmethoden kommt in der Praxis vorwiegend die periodische Abtastung zum Einsatz, die auch in diesem Buch ausnahmslos behandelt werden soll. In diesem Fall liegen die Abtastzeitpunkte zeitlich konstant versetzt, das heißt $t_k = kT$ $(k = 0,1,2,...)$, wobei T die sogenannte Abtastperiode ist.

1.3   Signalkonversion

Durch den verwendeten Einsatz von Prozeßrechnern und Mikrocomputern als regelndes Element kommen zwangsweise Bauelemente zur Anwendung, die bei analogen Regelkreisen nicht in Erscheinung treten. Dazu gehören insbesondere Halteglieder, Analog-Digital-Konverter sowie Digital-Analog-Konverter, die nachfolgend kurz erläutert werden sollen.

1.3.1 Halteglieder

Dem Abtaster kommt in einem digitalen Regelkreis die Aufgabe zu, ein analoges Signal in eine Kette von amplitudenmodulierten Signalen umzuformen. Das nachfolgende Halteglied speichert den Wert des abgetasteten Impulses über eine spezifizierte Zeitdauer. Das Abtast-Halteglied ist für den Analog-Digital-Umsetzer notwendig, um einen Zahlenwert zu erzeugen, der das Eingangssignal zum Moment des Abtastzeitpunktes möglichst genau repräsentiert. Abtast-Halteglieder laufen im Handel unter der Bezeichnung Sample-and-Hold und werden kurz mit S/H gekennzeichnet. Aus der Sicht der Mathematik werden die Operationen Abtasten und Halten als zwei getrennte Vorgänge betrachtet; siehe hierzu Kapitel 3.1 und 4.2.

In der Praxis ist die Dauer des Abtastvorgangs vernachlässigbar klein im Vergleich zur Abtastperiode T. In solchen Fällen wird vom sogenannten „idealen Abtaster" gesprochen. Der ideale Abtaster erlaubt eine mathematisch einfache Beschreibung der Abtast-Halte-Operation.

1.3.2 Analog-Digital-Umsetzer

Definitionsgemäß versteht man unter der Abtastung eines analogen Signals und der Konvertierung in eine Binärzahl eine Analog-Digital-Umsetzung. Somit transformiert ein Analog-Digital-Umsetzer ein analoges Signal in ein digitales Signal als numerisch kodiertes Datenwort begrenzter Länge aus

Nullen und Einsen. Aus praktischer Sicht beinhaltet die Analog-Digital-Konversion die Operationen Abtasten und Halten, Quantisierung und Kodierung. Der Analog-Digital-Konverter sendet mit jedem Taktimpuls zu den Zeitpunkten kT ($k = 0,1,2,...$) ein Binärwort an den digitalen Regler. Unter den vielen Verfahren der Analog-Digital-Umsetzung kommen die folgenden Typen am häufigsten zur Anwendung:

- Verfahren der sukzessiven Approximation

- Kaskadenumsetzer

- Zählverfahren

- Wägeverfahren

Jeder dieser vier Typen hat natürlich seine eigenen Vor- und Nachteile. Im gegebenen Fall muß natürlich die Konversionsgeschwindigkeit, die Genauigkeit und der Kostenfaktor in Betracht gezogen werden.

Der in der Praxis am häufigsten eingesetzte A/D-Wandler ist der auf dem Verfahren der sukzessiven Approximation beruhende Typ. Das folgende Bild zeigt schematisch den Aufbau dieses A/D-Konvertertyps.

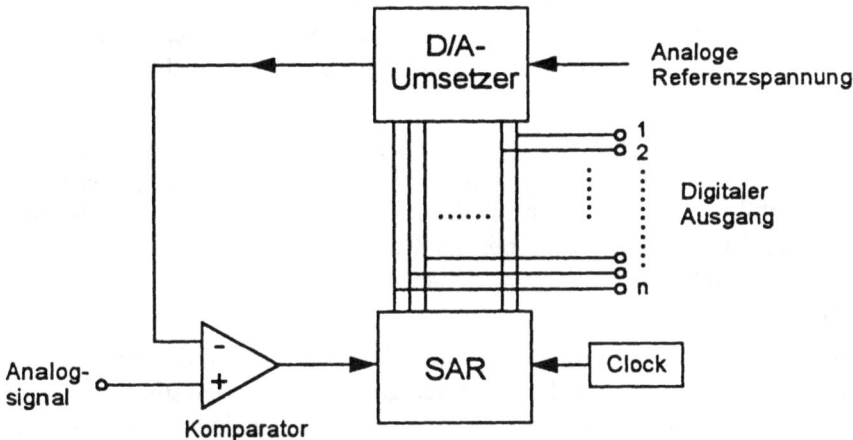

Bild 1.3: Schema des sukzessiven A/D-Konverters

Im folgenden soll die prinzipielle Funktionsweise dieses A/D-Umsetzers erläutert werden:

Bei jeder Signalkonversion setzt das sukzessive Approximations-Register (SAR) zunächst das höchstwertige Bit (entsprechend dem halben Maximum) und vergleicht diesen Wert mit Hilfe des Digital-Analog-Umsetzers und dem Komparator mit dem analogen Eingangssignal. Mit dem Komparatorausgang wird entschieden, ob dieses Bit gesetzt bleiben darf oder rückgesetzt werden muß. Wenn das analoge Eingangssignal größer ist, bleibt das höchstwertige Bit gesetzt. Beim Eintreffen des nächsten Taktes wird das zweithöchste Bit gesetzt und das analoge Eingangssignal mit 75% des maximal konvertierbaren Signals verglichen. Im umgekehrten Fall, das heißt wenn das höchstwertige Bit zurückzusetzen ist, wird in analoger Weise in Richtung kleiner Spannungen verfahren. Durch n Vergleichsoperationen entsteht am digitalen Ausgangsregister ein Bitmuster (Datenwort), das dem analogen Eingangssignal proportional ist.

Somit benötigt dieser Konverter nur n Zyklen zur Erzeugung eines Datenwortes, wobei n der Wortlänge des A/D-Konverters entspricht. Handelsübliche A/D-Konverter benötigen etwa 2μs bei einer 12-Bit-Konversion.

1.3.3 Digital-Analog-Umsetzer

Ein Digital-Analog-Konverter transformiert ein binäres Datenwort als Eingangsgröße in ein dazu analoges elektrisches Signal. Für den vollen Bereich des digitalen Eingangs korrespondieren 2^n verschiedene Analogwerte einschließlich der Null. Somit existiert für die Digital-Analog-Konversion eine Eins-zu-Eins Korrespondenz zwischen dem digitalen Eingang und dem analogen Ausgangssignal. Das Bild 1.4 zeigt schematisch den Aufbau eines D/A-Umsetzers, der auf dem Prinzip der „Summation gewichteter Ströme" beruht.

Die Eingangswiderstände des Operationsverstärkers sind, wie man aus Bild 1.4 sieht, in Zweierpotenzen gewichtet. Wenn dieser Schaltung eine binäre Eins zugeführt wird, kippt der Schalter, ausgeführt als elektronisches Gate, und verbindet den Widerstand mit der Referenzspannung. Wird der Schaltung eine logische Null zugeführt, so verbindet der Schalter den Widerstand mit Masse.

Nun wird dieser Schaltung in der praktischen Anwendung das gesamte Datenwort parallel zugeführt, das heißt mit jedem Bit wird jeweils ein Schalter angesteuert. Somit erzeugt der D/A-Konverter eine analoge Ausgangsspannung, die mit dem gegebenen Binärwort korrespondiert. Wenn am Eingang des skizzierten D/A-Umsetzers ein 4-Bit-Datenwort b_3 b_2 b_1 b_0 anliegt, wobei die b-Koeffizienten die Werte Null oder Eins annehmen können, dann ergibt sich der analoge Ausgang zu

$$U_a = \frac{R_0}{R}\left(b_3 + \frac{b_2}{2} + \frac{b_1}{4} + \frac{b_0}{8}\right) \cdot U_{ref}.$$

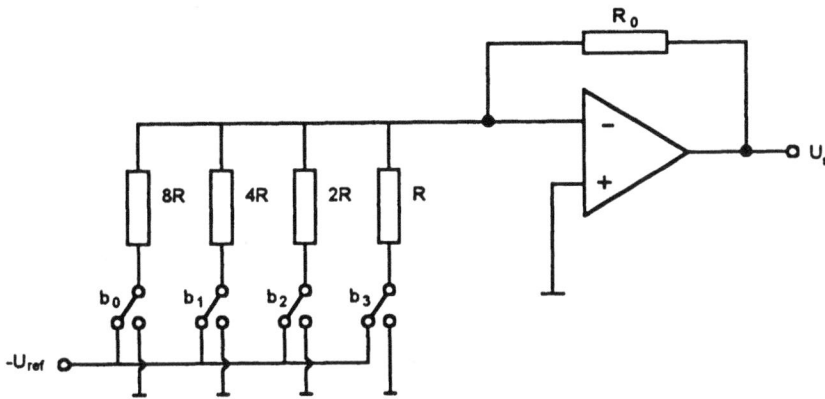

Bild 1.4: Schematischer Aufbau des D/A-Wandlers auf dem Prinzip gewichteter Ströme

Dabei sollte beachtet werden, daß mit zunehmender Wortlänge die entsprechenden Widerstände entsprechend groß werden und somit die Genauigkeit
des D/A-Konversion zu wünschen übrig läßt. Die Behandlung weiterer
D/A-Konverter soll jedoch der Spezialliteratur vorbehalten bleiben.

2 Die diskrete Übertragungsfunktion

Für die Analyse und Synthese diskreter Regelkreise ist die z-Transformation das am meisten verwendete mathematische Rüstzeug. Die z-Transformation spielt für diskrete Systeme die gleiche maßgebliche Rolle wie die Laplace-Transformation für kontinuierliche Systeme. Das dynamische Verhalten eines linearen diskreten Regelkreises wird durch eine lineare Differenzengleichung beschrieben. Zur Bestimmung der Systemantwort ist bei bekannter Eingangsgröße eine solche Differenzengleichung zu lösen. Unter Verwendung der z-Transformation wird die lineare Differenzengleichung zu einer algebraischen Gleichung. (In Analogie dazu wird mit Hilfe der Laplace-Transformation aus einer linearen zeitinvarianten Differentialgleichung eine algebraische Gleichung in s.)

Zeitdiskrete Signale entstehen dann, wenn in einem System ein kontinuierliches Signal abgetastet wird. Das abgetastete Signal soll mit $e(0), e(T), e(2T), \dots$, bezeichnet werden, wobei T die sogenannte Abtastperiode ist.

Die diskrete Wertefolge wird mit $e(kT)$, oder auch e_k bezeichnet, wobei $k = 0, 1, 2, \dots$ laufende Variable ist. Die Wertefolge $e(k)$ ist eine Zahlensequenz, die als Abtastwerte eines kontinuierlichen Signals $e(t)$ betrachtet werden kann.

2.1 Die z-Transformation

Im folgenden wird die z-Transformierte einer Zeitfunktion $e(t)$ oder einer Zahlensequenz $e(kT)$ definiert. Soll eine Zeitfunktion $e(t)$ in den z-Bereich transformiert werden, so werden von dieser Funktion nur die Abtastwerte $e(0), e(T), e(2T), \dots$, herangezogen. Die z-Transformierte einer Zeitfunktion $e(t)$ mit $t \geq 0$ oder einer Wertesequenz $e(kT)$ mit $k = 0, 1, 2, \dots$ ist durch folgende Gleichung

$$E(z) = Z\{e(t)\} = Z\{e(kT)\} = \sum_{k=0}^{\infty} e(kT)\, z^{-k} \qquad (2.1)$$

definiert.

Dabei ist z eine komplexe Variable, für die Gleichung (2.1) konvergiert.

Mit Hilfe der Laplace-Transformation bekommt die Variable z folgendes Aussehen:

Die kontinuierliche Zeitfunktion $e(t)$ wird über

$$e^*(t) = \sum_{k=0}^{\infty} e_k \cdot \delta(t - kT)$$

zur <u>Impulsfolge</u>.

Die Laplace-Transformierte der Impulsfolge liefert die komplexe Funktion

$$E^*(s) = \sum_{k=0}^{\infty} e_k \cdot e^{-kTs} \,.$$

Setzt man nun

$$z = e^{sT},$$

so wird aus der komplexen Funktion $E^*(s)$ eine Potenzreihe in z

$$\left[E^*(s)\right]_{e^{sT}=z} = \sum_{k=0}^{\infty} e_k \cdot z^{-k} = E(z),$$

allerdings mit negativem Exponenten.

Diese komplexe Funktion nennt man die z-Transformierte der Impulsfolge $e^*(t)$ und bezeichnet sie mit $E(z)$,

$$E(z) = \left[\mathcal{L}\{e^*(t)\}\right]_{e^{sT}=z} = \left[E^*(s)\right]_{e^{sT}=z} = \sum_{0}^{\infty} e_k \cdot z^{-k}$$

In Übereinstimmung mit der Bezeichnungsweise der Laplace-Transformation schreibt man auch

$$e^*(t) \;\circ\!\!-\!\!\!-\!\!\bullet\; E(z)$$

beziehungsweise

$$\left(e_k\right) \;\circ\!\!-\!\!\!-\!\!\bullet\; E(z).$$

Beispiel 2.1:

Zur Illustration der Gleichung (2.1) gehen wir davon aus, daß die Impulsfolge e_k aus Abtastwerten des kontinuierlichen Zeitsignals $\varepsilon(t) \cdot e^{-at}$ mit der Abtastperiode T entstanden ist.

Damit gilt: $\left(e_k\right) = e^{-akT} \cdot \varepsilon(t)$.

Die *z*-Transformierte der Impulsfolge ergibt sich somit zu

$$E(z) = \sum_{k=0}^{\infty} e^{-akT} z^{-k} = \sum_{k=0}^{\infty} \left(e^{-aT} \cdot z^{-1}\right)^k = \frac{1}{1 - e^{-aT} z^{-1}} = \frac{z}{z - e^{-aT}}$$

mit $e^{-aT} < |z| < \infty$. □

Die Analyse weiterer Signale soll noch in einem späteren Kapitel fortgesetzt werden.

2.2 Rechenregeln der *z*-Transformation

Um die Korrespondenz-Tabellen optimal nutzen zu können, muß man imstande sein, einige Eigenschaften der *z*-Transformation anwenden zu können, die sich direkt aus der Definition der *z*-Transformation ergeben.

Die Rechenregeln der *z*-Transformation geben an, wie sich eine Operation, angewandt auf die Zeitfunktionen, in den zugehörigen *z*-Transformierten widerspiegelt.

2.2.1 Linearität

Eine Funktion $f(x)$ ist bekanntlich linear, wenn

$$f\left(\alpha \cdot x_1 + \beta \cdot x_2\right) = \alpha \cdot f\left(x_1\right) + \beta \cdot f\left(x_2\right)$$

ist.

Wendet man diesen Satz auf die Definition der *z*-Transformation an, so folgt sofort

$$Z\{\alpha \cdot f_1(kT) + \beta \cdot f_2(kT)\} = \sum_{k=0}^{\infty} \{\alpha \cdot f_1(k) + \beta \cdot f_2(k)\} z^{-k}$$

$$= \alpha \cdot Z\{f_1(k)\} + \beta \cdot Z\{f_2(k)\}$$

$$= \alpha \cdot F_1(z) + \beta \cdot F_2(z).$$

Somit gilt die <u>Korrespondenz</u>

$$\alpha \cdot f_1(k) + \beta \cdot f_2(k) \quad \circ\!\!-\!\!\!-\!\!\!\bullet \quad \alpha \cdot F_1(z) + \beta \cdot F_2(z) \tag{2.2}$$

2.2.2   Faltung

$$Z\left\{\sum_{l=0}^{\infty} f_1(l) \cdot f_2(k-l)\right\} = F_1(z) \cdot F_2(z) \tag{2.3}$$

(Die Herleitung dieses Satzes ist in der Spezialliteratur nachzulesen).

In Analogie zur Faltung kontinuierlicher Systeme, bei denen aus der Faltung zweier Funktionen im Zeitbereich das Produkt der Laplace-Transformierten wird, ergibt die Faltung zweier Impulsfunktionen das Produkt der entsprechenden z-Transformierten.

2.2.3   Verschiebungssatz

Für $F(z) = Z\{f(t)\}$ und $f(t) = 0$ für $t < 0$ wird der <u>Rechtsverschiebungssatz</u> zu

$$Z\{f(t-nT)\} = z^{-n}F(z) \tag{2.4}$$

und der <u>Linksverschiebungssatz</u> zu

$$Z\{f(t+nT)\} = z^n\left[F(z) - \sum_{k=0}^{n-1} f(kT)z^{-k}\right], \tag{2.5}$$

wobei $n \geq 0$ und ganzzahlig.

Herleitung der Gleichung (2.4):

$$Z\{f(t-nT)\} = \sum_{k=0}^{\infty} f(kT-nT)z^{-k}$$

$$= z^{-n}\sum_{k=0}^{\infty} f(kT-nT)z^{-(k-n)}.$$

Setzt man $j = k - n$, so wird obige Gleichung zu

$$Z\{f(t-nT)\} = z^{-n}\sum_{j=-n}^{\infty} f(jT)z^{-j} = z^{-n}F(z).$$

Weil jedoch $f(jT) = 0$ für $j < 0$ ist, kann die untere Grenze der Summation auf $j = 0$ abgeändert werden. Damit ist

$$Z\{f(t-nT)\} = z^{-n}\sum_{j=0}^{\infty}f(jT)z^{-j} = z^{-n}F(z)\,. \quad \text{(q.e.d.)}$$

Die Multiplikation einer z-Transformierten mit z^{-n} wirkt sich somit als zeitliche Rechtsverschiebung der Funktion $f(t)$ um n Abtastschritte aus.

Den Nachweis der Gleichung (2.5) erhält man mit dem Ansatz

$$Z\{f(t+nT)\} = \sum_{k=0}^{\infty}f(kT+nT)z^{-k}$$

$$= z^{n}\sum_{k=0}^{\infty}f(kT+nT)z^{-(k+n)}$$

$$= z^{n}\left[\sum_{k=0}^{\infty}f(kT+nT)z^{-(k+n)} + \sum_{k=0}^{n-1}f(kT)z^{-k}\right.$$

$$\left. - \sum_{k=0}^{n-1}f(kT)z^{-k}\right]$$

$$= z^{n}\left[\sum_{k=0}^{\infty}f(kT)z^{-k} - \sum_{k=0}^{n-1}f(kT)z^{-k}\right]$$

$$= z^{n}\left[F(z) - \sum_{k=0}^{n-1}f(kT)z^{-k}\right]. \quad \text{(q.e.d.)}$$

Beispiel 2.2:

Gesucht ist die z-Transformierte der Wertefolgen $f(k+1)$, $f(k+2)$, $f(k+n)$, $f(k-n)$. Dabei ist zu beachten, daß die ersten drei Sequenzen eine Linksverschiebung und die letzte Sequenz eine Rechtsverschiebung auf die Zeitachse bedeuten. Die z-Transformierte von $f(k+1)$ ergibt sich zu

$$Z\{f(k+1)\} = \sum_{k=0}^{\infty}f(k+1)z^{-k}$$

$$= \sum_{k=1}^{\infty}f(k)z^{-k+1}$$

$$= z\left[\sum_{k=0}^{\infty}f(k)z^{-k} - f(0)\right]$$

$$= z\,F(z) - z\,f(0).$$

Wenn speziell $f(0) = 0$ ist, erhält man

$$Z\{f(k+1)\} = z \cdot Z\{f(k)\}.$$

Analog erhält man

$$Z\{f(k+2)\} = z \cdot Z\{f(k+1)\} - z\,f(1)$$
$$= z^2 F(z) - z^2 f(0) - z\,f(1).$$

Im verallgemeinerten Fall erhält man

$$Z\{f(k+n)\} = z^n F(z) - z^n f(0) - z^{n-1} f(1)$$
$$- z^{n-2} f(2) - \cdots - z\,f(n-1)$$

mit $n \geq 0$ und ganzzahlig.

Wie man sieht, werden die Anfangswerte automatisch mit erfaßt, wenn eine Differenzen-gleichung in den z-Bereich transformiert wird.

Die z-Transformierte von $f(k-n)$ wird gemäß Gleichung (2.4) zu

$$Z\{f(k-n)\} = z^{-n} F(z).$$ □

Beispiel 2.3:

Gesucht ist die z-Transformierte der $\varepsilon(t)$-Funktion, die um eine Abtastperiode, bzw. im anderen Fall um 4 Abtastperioden zeitlich nach rechts verschoben ist.

Gemäß Gleichung (2.4) gilt

$$Z\{\varepsilon(t-T)\} = z^{-1} Z\{\varepsilon(t)\} = z^{-1} \frac{1}{1-z^{-1}} = \frac{z^{-1}}{1-z^{-1}}.$$

Im zweiten Fall erhält man

$$Z\{\varepsilon(t-4T)\} = z^{-4} \frac{1}{1-z^{-1}} = \frac{z^{-4}}{1-z^{-1}}.$$ □

2.2.4   Dämpfungsregel

Die Dämpfungsregel stellt ein weiteres Analogon zur Laplace-Transformation dar.

Man erhält sie, wenn man die Zeitfunktion $f(t)$ mit dem „Dämpfungsfaktor" $e^{a t}$ multipliziert und dann z-transformiert:

$$Z\{f(t) \cdot e^{\alpha t}\} = \sum_{k=0}^{\infty} f(kT) \cdot e^{\alpha kT} z^{-k} =$$

$$= \sum_{k=0}^{\infty} f(kT) \cdot \left(e^{-\alpha T} \cdot z\right)^{-k} = F\left(e^{-\alpha T} \cdot z\right).$$

Somit gilt die Korrespondenz

$$f(t) \cdot e^{\alpha t} \quad \circ\!\!-\!\!\bullet \quad F\left(e^{-\alpha T} \cdot z\right) \tag{2.6}$$

Um aus der *z*-Transformierten von $f(t)$ die *z*-Transformierte von $f(t) \cdot e^{\alpha t}$ zu erhalten, hat man lediglich das Argument z durch $z \cdot e^{-\alpha T}$ zu ersetzen.

Die zu $f(t) \cdot e^{\alpha t}$ gehörige Wertefolge ist $f(kT) \cdot e^{\alpha kT}$.

Beispielsweise sei die Funktion $f(t) = \varepsilon(t) \cdot e^{\alpha t}$ gegeben.

Die *z*-Transformierte von $\varepsilon(t)$ ist bekanntlich

$$F(z) = \frac{z}{z-1}.$$

Damit gilt nach der Dämpfungsregel

$$e^{\alpha t} = \varepsilon(t) \cdot e^{\alpha t} \quad \circ\!\!-\!\!\bullet \quad \frac{z \cdot e^{-\alpha T}}{z \cdot e^{-\alpha T} - 1}.$$

2.2.5 Grenzwertsätze

2.2.5.1 Anfangswertsatz der z-Transformation

Der Anfangswertsatz der *z*-Transformation lautet

$$f_0 = \lim_{z \to \infty} F(z). \tag{2.7}$$

Dieser Satz folgt sofort aus

$$F(z) = f_0 + \frac{f_1}{z} + \frac{f_2}{z^2} + \cdots,$$

indem man gliedweise $z \to \infty$ gehen läßt, was ja zulässig ist, da diese Laurent-Reihe außerhalb eines genügend großen Kreises um Null konvergiert.

2.2.5.2 Endwertsatz der z-Transformation

Der Endwertsatz kann folgendermaßen formuliert werden:

$$\lim_{k \to \infty} f(k) = \lim_{z \to 1} (z-1) \cdot F(z) \tag{2.8}$$

Die Bedingungen bezüglich $F(z)$ stellen sicher, daß der einzige mögliche Pol von $F(z)$, der nicht innerhalb des Einheitskreises liegt, <u>auf</u> dem Einheitskreis liegen muß.

Somit tendieren alle Komponenten von $f(k)$ gegen Null für große k-Werte mit der einen Ausnahme des konstanten Terms, gemäß der Polstelle bei $z = 1$.

Der Wert dieser Konstanten ergibt sich über die Partialbruchzerlegung von $F(z)$ zu

$$C = \lim_{z \to 1} (z-1) \cdot F(z) \quad \text{q.e.d.}$$

Beispiel 2.4:

$$F(z) = \frac{U(z)}{E(z)} = \frac{0{,}58 \cdot (1+z)}{z + 0{,}16}$$

$e(t) = 1$ für $k \geq 0$ bzw.

$$E(z) = \frac{z}{z-1} = \frac{1}{1-z^{-1}};$$

$$U(z) = \frac{0{,}58 \cdot (1+z)}{(1-z^{-1})(z+0{,}16)};$$

$$u(t \to \infty) = \lim_{z \to 1} (z-1) U(z);$$

$$u(t \to \infty) = \lim_{z \to 1} \left[\frac{0{,}58(1+z)}{z + 0{,}16} \right];$$

$$\underline{\underline{u(t \to \infty) = 1}}. \qquad\qquad\qquad\qquad \square$$

Beispiel 2.5:

Gegeben sei das Signal

$$U(z) = \frac{z}{z - 0{,}5} \cdot \frac{T}{2} \cdot \frac{z+1}{z-1}$$

Damit wird

$$\lim_{k \to \infty} u_k = \lim_{z \to 1} (z-1) \frac{z}{z - 0{,}5} \cdot \frac{T}{2} \cdot \frac{z+1}{z-1};$$

$$\lim_{k \to \infty} u_k = \lim_{z \to 1} \frac{z}{z - 0{,}5} \cdot \frac{T}{2} \cdot (z+1)$$

$$\frac{1}{1-0,5} \cdot \frac{T}{2} \cdot (1+1) = 2\,T.$$ □

Der praktische Nutzen des Endwertsatzes besteht darin, daß man bei vielen Anwendungen zunächst die z-Transformierte kennt und aus ihr sofort auf den Grenzwert der Zahlenfolge schließen kann, <u>ohne</u> diese explizit zu berechnen. Allerdings muß man wissen, daß dieser Grenzwert auch tatsächlich existiert und endlich ist.

Dazu ein einfaches Gegenbeispiel:

Beispiel 2.6:

Es sei

$$f(t) = e^t.$$

Dann ist

$$F(z) = \frac{z}{z - e^T};$$

Also ist

$$f_{k \to \infty} = \lim_{z \to 1}(z-1)\,F(z) = 0.$$

Demgegenüber gilt aber:

$$\lim_{k \to \infty} f_k = \lim_{k \to \infty} e^{kT} = \infty.$$ □

2.3   Die Übertragungsfunktion im *z*-Bereich

Die z-Transformation spielt bei diskreten Systemen die gleiche wichtige Rolle wie die Laplace-Transformation bei kontinuierlichen Systemen.

Als Beispiel wird zunächst die diskrete Approximation einer Integration betrachtet:

Dabei wird von einem kontinuierlichen Signal $e(t)$ als Eingang ausgegangen, von dem die Approximation eines Integrals

$$J = \int_0^t e(t)dt \qquad (2.9)$$

erstellt werden soll.

Dabei wird angenommen, daß bereits eine Näherung der Integration von Null bis zum Zeitpunkt t_{k-1} vorliegt, die mit u_{k-1} bezeichnet sein soll.

Aufgabe ist nun die Bestimmung von u_k aus dieser Information.

Weil das Integral die Fläche unter der Kurve $e(t)$ ist, sieht man, daß lediglich eine Näherung der Fläche zwischen den Zeitpunkten t_{k-1} und t_k zu berechnen ist.

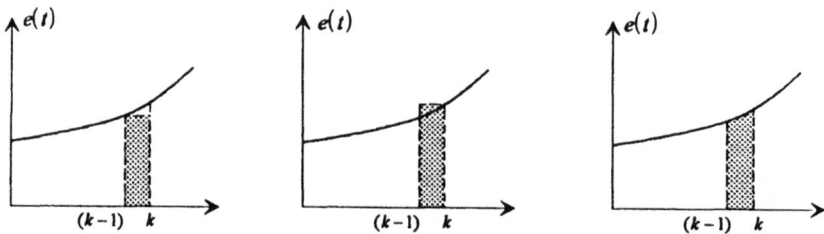

Bild 2.1: Drei alternative Flächenbestimmungen unter der Kurve $e(t)$ unter einem Zeitintervall

Dazu kann man das Rechteck der Höhe e_{k-1}, das Rechteck der Höhe e_k oder das Trapez, das aus der Verknüpfung von e_{k-1} und e_k entsteht, heranziehen.

Wenn man sich für die dritte Alternative entscheidet, so ist die Trapezfläche

$$A = \frac{t_k - t_{k-1}}{2} \cdot \left(e_k + e_{k-1} \right).$$

Wenn die Abtastperiode $T = t_k - t_{k-1}$ ist (T = konstant), so erhält man eine einfache Formel für die diskrete Integration mit Hilfe der Trapezregel:

$$u_k = u_{k-1} + \frac{T}{2}\left(e_k + e_{k-1} \right) \tag{2.10}$$

Hieraus ist zu ersehen, daß Differenzengleichungen direkt von einem Digitalrechner integriert werden können.

Wird nun die Gleichung (2.10) mit z^{-k} multipliziert und über k summiert, so erhält man

$$\sum_{k=0}^{\infty} u_k \cdot z^{-k} = \sum_{k=1}^{\infty} u_{k-1} \cdot z^{-k} + \frac{T}{2}\left[\sum_{k=0}^{\infty} e_k \cdot z^{-k} + \sum_{k=1}^{\infty} e_{k-1} \cdot z^{-k} \right]. \tag{2.11}$$

Aus Gleichung (2.1) folgt, daß die linke Seite der Gleichung (2.11) gerade $U(z)$ ist.

Im ersten Term der rechten Seite wird $j = k - 1$ substituiert; man erhält dann

$$\sum_{k=1}^{\infty} u_{k-1} \cdot z^{-k} = \sum_{j=0}^{\infty} u_j \cdot z^{-(j+1)} = z^{-1} U(z). \qquad (2.12)$$

Durch analoge Operationen am dritten und vierten Term der Gleichung (2.11) erhält man

$$U(z) = z^{-1} \cdot U(z) + \frac{T}{2} \cdot \left[E(z) + z^{-1} E(z) \right]. \qquad (2.13)$$

Die Gleichung (2.13) ist nun eine einfache algebraische Gleichung in z und den Funktionen $U(z)$ und $E(z)$.

Durch Auflösen erhält man

$$U(z) = \frac{T}{2} \cdot \frac{1 + z^{-1}}{1 - z^{-1}} \cdot E(z). \qquad (2.14)$$

Das Verhältnis der z-Transformierten des Ausgangs $U(z)$ zur z-Transformierten des Eingangs $E(z)$ wird als **Übertragungsfunktion** $F(z)$ definiert:

$$\frac{U(z)}{E(z)} := F(z) = \frac{T}{2} \cdot \frac{z + 1}{z - 1}. \qquad (2.15)$$

Gleichung (2.15) ist die Übertragungsfunktion des Integrators gemäß der Trapezregel.

Für die <u>allgemeine Differenzengleichung</u>

$$\begin{aligned} u_k &= -a_1 u_{k-1} - a_2 u_{k-2} - \ldots\ldots - a_n u_{k-n} \\ &\quad + b_0 e_k + b_1 e_{k-1} + \ldots\ldots + b_m e_{k-m} \end{aligned} \qquad (2.16)$$

erhält man durch Anwenden der obigen Vorgehensweise

$$F(z) = \frac{b_0 + b_1 z^{-1} + \ldots\ldots + b_m z^{-m}}{1 + a_1 z^{-1} + a_2 z^{-2} + \ldots\ldots + a_n z^{-n}} \qquad (2.17)$$

beziehungsweise für $n \geq m$

$$F(z) = \frac{b_0 z^n + b_1 z^{n-1} + \ldots\ldots + b_m z^{n-m}}{z^n + a_1 z^{n-1} + a_2 z^{n-2} + \ldots\ldots + a_n} = \frac{b(z)}{a(z)}. \qquad (2.18)$$

Die allgemeine Ein-Ausgangs-Relation zwischen transformierten Differenzengleichungen lautet somit

$$U(z) = F(z) \cdot E(z). \qquad (2.19)$$

Analog zur Laplace-Transformation erhält man die Nullstellen aus $b(z) = 0$ und die Pole aus $F(z) = 0$ bzw. $a(z) = 0$.

Interpretation der Variablen z:

Setzt man alle Koeffizienten in Gleichung (2.18) außer b_1 zu Null und setzt außerdem $b_1 = 1$, dann wird

$$F(z) = z^{-1}.$$

Weil $F(z)$ die z-Transformierte der Gleichung (2.16) ist, lautet die verbleibende Differenzengleichung

$$u_k = e_{k-1}. \tag{2.20}$$

Interpretation der Gleichung (2.20):

Der momentane Wert der Ausgangsgröße u_k entspricht der Eingangsgröße, verschoben um eine Abtastperiode.

Diese Situation wird im folgenden Bild wiedergegeben:

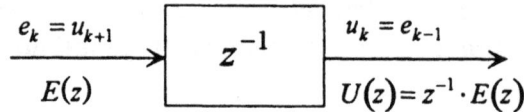

Bild 2.2: Die einfache Verzögerung

Folgendes Bild zeigt das Blockschaltbild gemäß Gleichung (2.10), das heißt

$$u_k = u_{k-1} + \frac{T}{2}\left(e_k + e_{k-1}\right)$$

bei Verwendung des z^{-1}-Operators, wobei das Symbol z^{-1} für eine Zeitverschiebung um T steht:

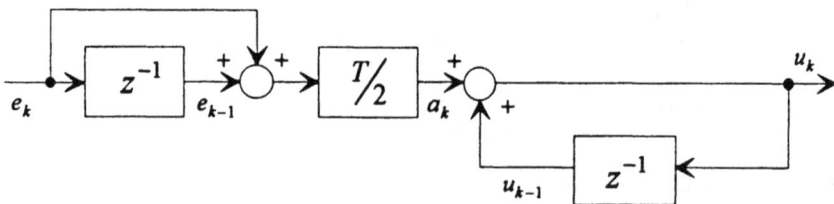

Bild 2.3: Block-Diagramm des Trapez-Integrators

Abschließend soll für eine gegebene Differenzengleichung der Form

$$u_k = b_0 e_k + b_1 e_{k-1} + b_2 e_{k-2} + b_3 e_{k-3} - \left(a_1 u_{k-1} + a_2 u_{k-2} + a_3 u_{k-3}\right)$$

das zugehörige Blockschaltbild und die Übertragungsfunktion im *z*-Bereich ermittelt werden. Nachdem die Multiplikation mit z^{-1} einer zeitlichen Rechtsverschiebung (siehe Gleichung 2.20) um eine Abtastperiode entspricht, läßt sich leicht das zugehörige Blockschaltbild entwickeln, das im folgenden Bild wiedergegeben ist.

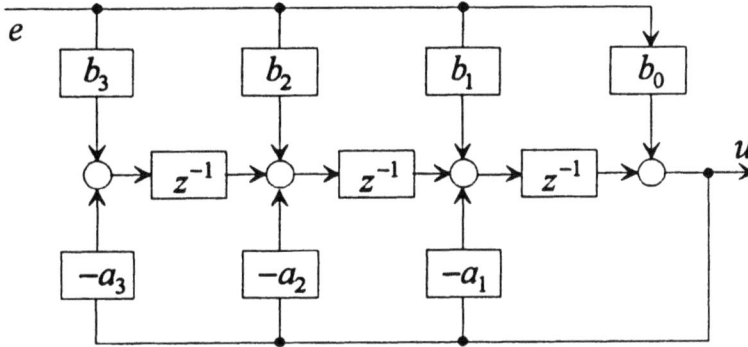

Bild 2.4: Blockschaltbild eines Systems dritter Ordnung ($n = 3$)

Die zugehörige Übertragungsfunktion $F(z)$ ergibt sich aus der gliedweisen Transformation der gegebenen Differenzengleichung in den *z*-Bereich:

$$U(z) = b_0 E(z) + b_1 z^{-1} E(z) + b_2 z^{-2} E(z) + b_3 z^{-3} E(z)$$

$$- \left(a_1 z^{-1} U(z) + a_2 z^{-2} U(z) + a_3 z^{-3} U(z) \right);$$

$$F(z) = \frac{U(z)}{E(z)} = \frac{b_0 + b_1 z^{-1} + b_2 z^{-2} + b_3 z^{-3}}{1 + a_1 z^{-1} + a_2 z^{-2} + a_3 z^{-3}} \quad \Big| \cdot z^3$$

$$F(z) = \frac{U(z)}{E(z)} = \frac{b_0 z^3 + b_1 z^2 + b_2 z + b_3}{a_3 + a_2 z + a_1 z^2 + z^3}.$$

3 Mathematische Beschreibung des Abtastvorgangs

Die in der Praxis zu regelnden Systeme sind kontinuierliche Systeme und werden entsprechend durch kontinuierliche Übertragungsfunktionen im Laplace-Bereich mit der Variablen s bechrieben. Die Schnittstellen zwischen dem kontinuierlichen und dem diskreten Bereich sind der A/D- und der D/A-Converter gemäß folgendem Bild:

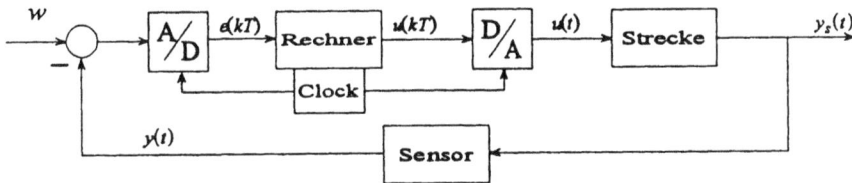

Bild 3.1a: Vereinfachtes Blockschaltbild eines Grundregelkreises

In diesem Kapitel sollen die notwendigen Grundlagen zur Berechnung der diskreten Übertragungsfunktion zwischen den vom A/D-Converter aufgenommenen Meßwerten und dem vom Rechner an den D/A-Converter abgegebenen Signal bereitgestellt werden.

Folgendes Bild zeigt den Prototyp eines Abtastsystems:

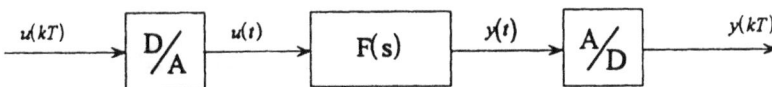

Bild 3.1b: Prototyp eines Abtastsystems

3.1   Die z-Transformierte eines abgetasteten Systems

Es soll die diskrete Übertragungsfunktion zwischen der Eingangsimpulsfolge $u(kT)$ - geliefert von einem Computer - und der Ausgangsimpulsfolge $y(kT)$ - aufgenommen von einem A/D-Wandler - ermittelt werden.

Es wird durchgehend die Konvention verfolgt, daß die diskrete Übertragungsfunktion mit $G(z)$ und die kontinuierliche Übertragungsfunktion mit $F(s)$ bezeichnet wird.

Obwohl $G(z)$ und $F(s)$ grundsätzlich verschiedene Funktionen sind, beschreiben sie trotzdem die gleiche Strecke.

Zur Bestimmung von $G(z)$ ist zu beachten, daß die Impulsfolge $y(kT)$ Abtastwerte des Streckenausgangs sind, deren Eingangsgröße von einem D/A-Converter geliefert wird.

Der D/A-Converter, allgemein bezeichnet als <u>Abtast-Halteglied</u>, nimmt die Impulsfolge $u(kT)$ auf und hält den jeweiligen Impuls am Ausgang auf konstantem Wert bis zum Eintreffen des nächsten Impulses zum Zeitpunkt $t = kT + T$.

Das stückweise konstante Ausgangssignal $u(t)$ des D/A-Converters ist das Eingangssignal der Strecke.

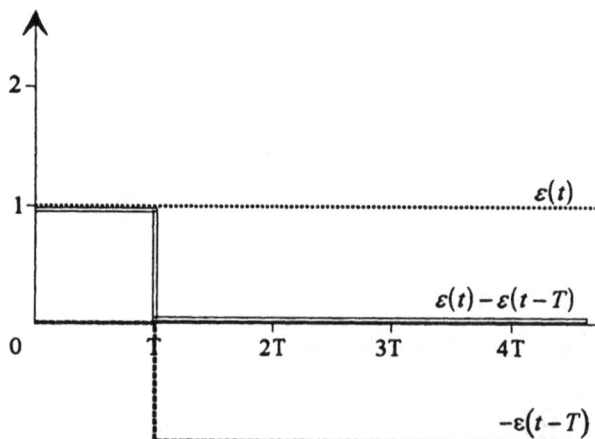

Bild 3.2: D/A-Ausgang für "Einheitsimpuls" am Eingang

Gehen wir aus von $u(kT) = 1$ für $k = 0$ und $u(kT) = 0$ für $k \neq 0$ (Kronek-ker-Delta-Impuls). Der Ausgang des D/A-Converters ist dann ein Puls der Breite T und der Höhe 1, wie Bild 3.2 zeigt.

Mathematisch ist der Einheitsimpuls gegeben durch $\varepsilon(t) - \varepsilon(t - T)$. Der Ausgang der Strecke als Reaktion des Einheitsimpulses sei $y_1(t)$.

$y_1(t)$ entspricht der Differenz zwischen der Sprungantwort zum Zeitpunkt $t = 0$, also $\varepsilon(t)$, und der um T verzögerten Sprungantwort zum Zeitpunkt $t = T$, also $\varepsilon(t - T)$.

- Die Laplace-Transformierte der Sprungantwort am Streckenausgang ist $F(s)/s$.

- Die um T verzögerte Laplace-Transformierte der Sprungantwort am Streckenausgang ist $e^{-sT} \cdot F(s)/s$.

Somit lautet die Impulsantwort der Strecke im Laplace-Bereich

$$Y_1(s) = \left(1 - e^{-sT}\right) \cdot \frac{F(s)}{s}. \tag{3.1}$$

Die gesuchte Übertragungsfunktion der Strecke samt D/A-Wandler (bzw. Abtast-Halte-Glied) ist die z-Transformierte der Inversen von $Y_1(s)$, also

$$G(z) = Z\{y_1(kT)\} = Z\{\mathcal{L}^{-1}\{Y_1(s)\}\} \hat{=} Z\{Y_1(s)\},$$

$$G(z) = Z\left\{\left(1 - e^{-sT}\right) \cdot \frac{F(s)}{s}\right\}.$$

Obige Gleichung besteht aus zwei Summanden, nämlich $Z\{F(s)/s\}$ und $Z\{e^{-sT} \cdot F(s)/s\} = z^{-1} \cdot Z\{F(s)/s\}$, weil ja e^{-sT} exakt eine Rechtsverschiebung um eine Abtastperiode ist.

Somit gilt:

$$\left(Y_1(z)\right) = G(z) = \left(1 - z^{-1}\right) \cdot Z\left\{\frac{F(s)}{s}\right\} \tag{3.2}$$

Diese Form tritt immer auf, wenn ein Abtast-Halte-Glied zusammen mit einer kontinuierlichen Strecke gepaart vorhanden sind.

Beispiel 3.1:

Gegeben sei eine Strecke mit $F(s) = \dfrac{a}{a + s}$.

Gesucht ist die Übertragungsfunktion im z-Bereich, wenn dem gegebenen Übertragungsglied ein Abtast-Halteglied vorgeschaltet wird.

Über die Partialbruchzerlegung erhält man

$$\frac{F(s)}{s} = \frac{a}{s(s+a)} = \frac{1}{s} - \frac{1}{s+a}.$$

Das ist die Laplace-Transformierte der Sprungantwort. Die dazu korrespondierende Zeitfunktion lautet

$$\mathcal{L}^{-1}\left\{\frac{F(s)}{s}\right\} = \varepsilon(t) - e^{-at} \cdot \varepsilon(t) = \varepsilon(t)\left(1 - e^{-at}\right).$$

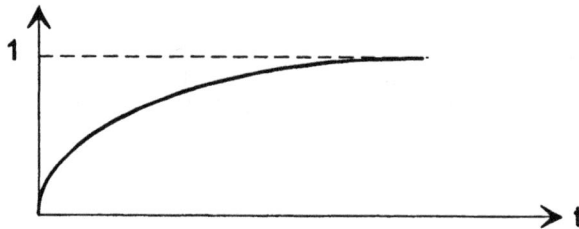

Bild 3.3: Kontinuierliche Zeitfunktion

Die Abtastwerte dieses Signals lauten mit $t = kT$

$$\varepsilon(kT) - \varepsilon(kT) \cdot e^{-akT}.$$

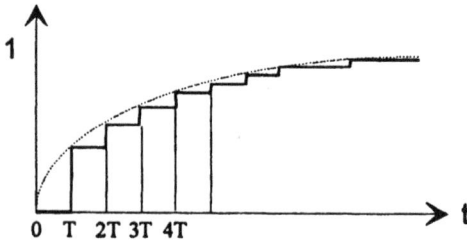

Bild 3.4: Abtastwerte der kontinuierlichen Zeitfunktion

Die z-Transformierte der Abtastwerte lautet

$$Z\left\{\frac{F(s)}{s}\right\} = \frac{z}{z-1} - \frac{z}{z-e^{-aT}} = \frac{z\left(1 - e^{-aT}\right)}{(z-1)\left(z - e^{-aT}\right)}.$$

$$\varepsilon(t) \qquad \varepsilon(t) \cdot e^{-at}$$

(Dieses Ergebnis hätte man auch durch Verwendung entsprechender Korrespondenztabellen im Anhang erhalten). Die gesuchte Übertragungsfunktion
erhält man durch Anwenden der Gleichung (3.2):

$$G(z) = \frac{z-1}{z} \cdot \frac{z\left(1-e^{-aT}\right)}{(z-1)\left(z-e^{-aT}\right)} = \frac{1-e^{-aT}}{z-e^{-aT}}. \qquad \square$$

Beispiel 3.2

Gegeben sei eine Rakete mit dem Stellmoment $M_b(t)$ als Eingang und dem
Auslenkwinkel $\varphi(t)$ als Ausgangsgröße:

$$M_b(t) = J \cdot \frac{d^2\varphi}{dt^2},$$

$$M_b(s) = J \cdot s^2 \cdot \varphi(s),$$

$$F(s) = \frac{\varphi(s)}{M_b(s)} = \frac{1/J}{s^2} = \frac{1}{s^2} \quad \text{mit} \quad J = 1 \quad \text{(Annahme)}.$$

Gesucht ist die Übertragungsfunktion der Strecke, wenn dieser ein D/A-
Wandler (das heißt ein Abtast-Halte-Glied) vorgeschaltet wird.

Lösung:

Es gilt

$$G(z) = \left(1-z^{-1}\right) \cdot Z\left\{\frac{1}{s^3}\right\}.$$

Diesmal soll die Lösung mit Hilfe von Korrespondenztabellen erstellt werden.

Mit Zeile 5 gemäß der Korrespondenztabelle im Anhang B folgt

$$Z\left\{\frac{1}{s^3}\right\} = \frac{T^2}{2} \cdot \frac{z(z+1)}{(z-1)^3}.$$

Die z-Transformierte aus D/A-Wandler und Strecke ergibt sich somit zu

$$G(z) = \frac{z-1}{z} \cdot \frac{T^2}{2} \cdot \frac{z(z+1)}{(z-1)^3}.$$

Durch entsprechendes Kürzen folgt:

$$G(z) = \frac{T^2}{2} \cdot \frac{(z+1)}{(z-1)^2} \qquad \square$$

Beispiel 3.3: *z*-Transformierte eines Systems mit Totzeit

In diesem Beispiel soll die diskrete Übertragungsfunktion eines kontinuierlichen Systems mit Totzeit ermittelt werden. (Bekanntlich treten solche Systeme sehr häufig in der Verfahrentechnik und bei Temperaturregelungen auf.) Totzeiten sind begründet durch endliche Transportgeschwindigkeiten von Materialien, Energien oder Fluiden zwischen dem Prozeß und den Sensoren.

Außerdem muß man manchmal von endlicher Rechengeschwindigkeit im Regler ausgehen, was exakt dem gleichkommt, als wäre das zu regelnde System mit einer echten Totzeit behaftet.

Mit der bisher entwickelten Vorgehensweise läßt sich die diskrete Übertragungsfunktion solcher Systeme herleiten; siehe folgendes Beispiel.

Gegeben sei eine verzögerungsbehaftete Strecke mit Totzeit zu

$$F(s) = e^{-sT_t} \cdot \frac{a}{s+a} = e^{-sT_t} \cdot H(s).$$

Der Term e^{-sT_t} repräsentiert bekanntlich die zeitliche Rechtsverschiebung um T_t Sekunden aufgrund einer Prozeßverzögerung (und der Rechenzeit, soweit diese in die Betrachtung mit einbezogen werden muß). Um die Totzeit in den *z*-Bereich transformieren zu können, werden folgende Definitionen getroffen:

  l: ganzzahlige positive Konstante

  m: Gleitpunkt-Zahl < 1,0.

Unter Verwendung von *l* und *m* folgt

  $$T_t = lT - mT.$$

Mit diesen Definitionen folgt nun

  I.) $$\frac{F(s)}{s} = e^{-lTs} \cdot \frac{e^{mTs} \cdot H(s)}{s}.$$

Weil *l* eine ganzzahlige Konstante ist, wird

  $$e^{-lTs} \rightarrow z^{-l},$$

wenn die *z*-Transformation durchgeführt wird.

Der restliche Ausdruck läßt sich direkt transformieren: Unter Verwendung der Partialbruchzerlegung wird

  $$\frac{H(s)}{s} = \frac{a}{s(s+a)} = \frac{1}{s} - \frac{1}{s+a}.$$

Somit wird Gleichung (I) unter Einschluß des Abtasters zu

$$I') \quad G(z) = \frac{z-1}{z^{l+1}} \cdot Z\left\{ \frac{e^{mTs}}{s} - \frac{e^{mTs}}{s+a} \right\}.$$

Zur Vervollständigung der gesuchten z-Transformierten sind die z-Transformierten der Terme in der Klammer zu berechnen:

Der erste Term ist ein um mT Sekunden nach links verschobener Einheitssprung, der zweite Term ist eine Exponentialfunktion, die ebenso um mT Sekunden nach links verschoben ist.

Wegen $m < 1$ ist die Verschiebung kleiner als eine Abtastperiode, somit wird der entsprechende Funktionswert für negative Zeiten nicht abgetastet. Folgendes Bild zeigt die entsprechenden Signale:

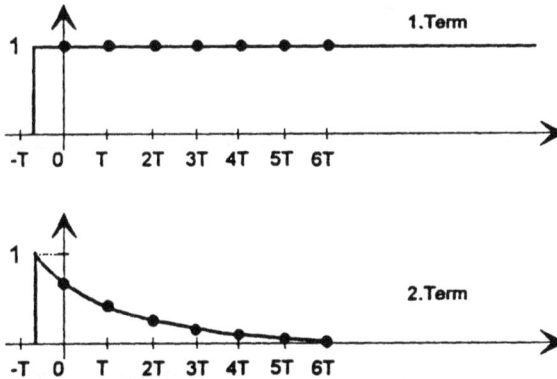

Bild 3.5: Skizze der verschobenen Signale

Die Abtastwerte sind gegeben durch

$$\varepsilon(kT) \text{ und } e^{-aT(k+m)} \cdot \varepsilon(kT).$$

Die dazu korrespondierenden z-Transformierten lauten

$$\frac{z}{z-1} \text{ und } \frac{z \cdot e^{-amT}}{z-e^{-aT}}.$$

Somit ergibt sich die gesuchte z-Transformierte Übertragungsfunktion zu

$$G(z) = \frac{z-1}{z} \cdot \frac{1}{z^l} \cdot \left\{ \frac{z}{z-1} - \frac{z \cdot e^{-amT}}{z-e^{-aT}} \right\},$$

$$G(z) = \frac{z-1}{z} \cdot \left\{ \frac{z\left[z-e^{-aT}-(z-1)\cdot e^{-amT}\right]}{(z-1)(z-e^{-aT})} \right\} \frac{1}{z^l},$$

$$G(z) = \left(1 - e^{-amT}\right) \cdot \frac{z + \alpha}{z^l\left(z - e^{-aT}\right)},$$

mit der Nullstelle

$$-\alpha = -\frac{\left(e^{-amT} - e^{-aT}\right)}{1 - e^{-amT}}.$$

(Dabei ist zu beachten, daß diese Nullstelle in der Umgebung des Ursprungs der z-Ebene liegt, wenn m gegen 1 geht und daß sich die Nullstelle aus dem Einheitskreis hinausbewegt, wenn m gegen 0 geht.)

Um obiges Beispiel zu vereinfachen, gehen wir aus von

$$a = 1; \quad T = 1; \quad T_t = 1{,}5.$$

Damit wird

$$l = 2; \quad m = 0{,}5.$$

Für diese Werte wird die obige (noch allgemeine) Übertragungsfunktion zu

$$G(z) = \frac{z + 0{,}6065}{z^2\left(z - 0{,}3679\right)}. \qquad \qquad \Box$$

3.2 Analyse des Übergangsverhaltens im z-Bereich

Im Kapitel 2.3 wurde gezeigt, daß das Übertragungsverhalten nur von der Systemgleichung abhängt (siehe Gleichung (2.18)); entsprechend wird dieses Verhältnis als Übertragungsfunktion bezeichnet.

Die Vorgehensweise zur Untersuchung linearer Systeme besteht deshalb aus folgenden Schritten:

1. Die Berechnung der Übertragungsfunktion $F(z)$.

2. Berechnung der z-Transformierten des Eingangs $E(z)$.

3. Erstellung des Produktes $E(z) \cdot F(z)$, das ja die z-Transformation des Ausgangs $U(z)$ darstellt.

4. Aus der Inversion von $U(z)$ erhält man schließlich die Impulsfolge $u(kT)$.

Einleitend zu den oben aufgezählten Schritten soll die z-Transformierte einiger elementarer Signale berechnet werden.

3.2.1 *z*-Transformierte elementarer Signale

3.2.1.1 Der Einheitsimpuls (Kronecker-Impuls)

Es gilt

$$e_1(k) = 1 = \delta_k \ \text{ für } k = 0$$

$$e_1(k) = 0 \qquad \text{ für } k \neq 0.$$

Somit lautet die *z*-Transformierte gemäß Gleichung (2.1)

$$E_1(z) = \sum_{k=0}^{\infty} \delta_k \cdot z^{-k} = z^0 = 1 \qquad (3.3)$$

bzw. $\delta(t) \ \circ\!\!\!\xrightarrow{\ z\ }\!\!\bullet\ 1$.

Wie man sieht, ist dieses Ergebnis zur Laplace-Transformation des Impulses analog.

Die Transformierte $E_1(z)$ des Impulses ermöglicht eine unmittelbare Methode, Signale zu Systemen in Relation zu setzen:

Wenn nämlich ein beliebiges System mit der Übertragungsfunktion $F(z)$ mit obigem Einheitsimpuls stimuliert wird, ergibt sich gemäß Gleichung (3.3) die Impulsantwort zu

$$U(z) = F(z).$$

3.2.1.2 Transformation des Einheitssprungs

Es gilt

$$e_2(k) = 1 \ \text{ für } k \geq 0$$

$$e_2(k) = 0 \ \text{ für } k < 0$$

$$e_2(k) := \varepsilon(k).$$

Für diese Funktion ergibt sich die *z*-Transformierte zu

$$E_2(z) = \sum_{k=0}^{\infty} e_2(k) \cdot z^{-k} = \sum_{k=0}^{\infty} z^{-k} = 1 + z^{-1} + z^{-2} + z^{-3} + \cdots, \qquad (*)$$

$$E_2(z) = \frac{1}{1 - z^{-1}} = \frac{z}{z - 1}; \quad (|z| > 1) \qquad (3.4)$$

beziehungsweise

$$\varepsilon(k) \ \circ\!\!\!\xrightarrow{\quad}\!\!\bullet\ \frac{z}{z - 1}.$$

Bemerkung:

Bei obiger Gleichung handelt es sich um eine geometrische Reihe. Unter einer geometrischen Reihe versteht man eine Anordnung von Zahlen $a_1, a_2, a_3, \ldots$, die alle von Null verschieden sind mit der Eigenschaft, daß der Quotient

$$|q| = \frac{|a_i|}{|a_{i-1}|}$$

für alle i denselben von 1 verschiedenen Wert hat. Die Summe der geometrischen Reihe lautet

$$S = \sum_{i=1}^{\infty} a_i = a_1 \cdot \sum_{i=1}^{\infty} q^{i-1} = \frac{a_1}{1-q}.$$

Die Laplace-Transformierte der Sprungfunktion ist bekanntlich $1/s$. Somit liegt die Assoziation nahe, daß ein Pol bei $s = 0$ eines kontinuierlichen Systems mit einem Pol bei $z = 1$ für diskrete Systeme korrespondiert.

Um den Zusammenhang zwischen dem Zeitbereich und der z-Ebene hervorzuheben, wird im folgenden Bild die z-Ebene mit dem Einheitskreis samt Polstelle ($\times$) und Nullstelle (O) eingetragen. Daneben ist die Impulsfolge $e_2(k)$ skizziert.

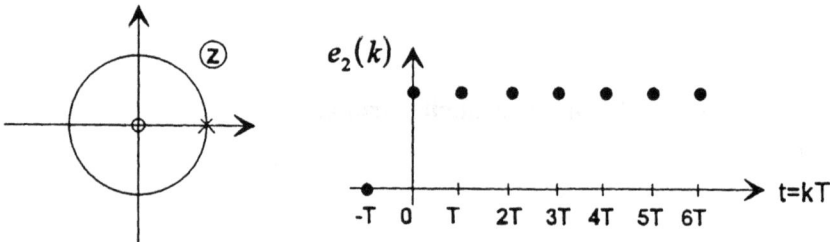

Bild 3.6: Pol- und Nullstelle von $E_2(z)$; Impulsfolge $e_2(k)$

3.2.1.3 Die Exponentialfunktion mit der Basis e

Es ist

$$e_3(t) = e^{\alpha t} \cdot \varepsilon(t).$$

Damit wird die Impulsfolge zu

$$e_3(kT) = e^{\alpha kT}.$$

Die gesuchte z-Transformierte $E_3(z)$ wird damit zu

$$E_3(z) = \sum_{k=0}^{\infty} e^{\alpha k T} z^{-k} = \sum_{k=0}^{\infty} \left(e^{\alpha T} z^{-1} \right)^k.$$

Das ist wieder eine geometrische Reihe mit dem Quotienten $\left| e^{\alpha T} z^{-1} \right| \overset{!}{<} 1$, wenn die Reihe konvergent sein soll mit dem Anfangswert 1.

Die Summe lautet somit

$$E_3(z) = \frac{1}{1 - e^{\alpha T} z^{-1}} = \frac{z}{z - e^{\alpha T}}. \tag{3.5}$$

Somit gilt die Korrespondenz

$$e^{\alpha t} \circ\!\!-\!\!\!-\!\!\!\bullet \frac{z}{z - e^{\alpha T}}.$$

Übrigens sieht man, daß hier der Fall der Sprungfunktion für $\alpha = 0$ enthalten ist. Folgendes Bild zeigt noch das Pol-Nullstellendiagramm sowie die Zeitfunktion:

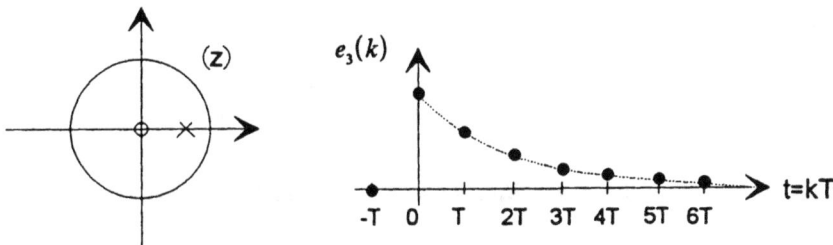

Bild 3.7: Pol- und Nullstelle von $E_3(z)$; Impulsfolge $e_3(k)$

3.2.1.4 Exponentialfunktion mit der Basis *r*

Es gilt die Zeitfunktion

$$e_4(k) = r^k \text{ für } k \geq 0, \tag{3.6}$$

$$e_4(k) = 0 \quad \text{für } k < 0.$$

Die zugehörige *z*-Transformierte erhält man auf üblichem Weg zu

$$E_4(z) = \sum_{k=0}^{\infty} r^k z^{-k} = \sum_{k=0}^{\infty} \left(r z^{-1} \right)^k = \frac{1}{1 - r z^{-1}}.$$

Somit gilt:

$$E_4(z) = \frac{z}{z - r}; \quad (|z| > |r|) \tag{3.7}$$

beziehungsweise

$$r^k \circ\!\!-\!\!-\!\!\bullet \frac{z}{z-r}.$$

Die Polstelle der Funktion $E_4(z)$ liegt bei $z = r$. Aus Gleichung (3.6) sieht man, daß $e_4(k)$ für $|r| > 1$ über alle Grenzen wächst.

Aus Gleichung (3.7) ist zu sehen, daß eine z-Transformierte mit einem Pol außerhalb $|z| = 1$ mit einem ständig wachsenden Signal korrespondiert (siehe Gleichung (3.6)). Somit kann ein System mit einem solchen Ausgangssignal als **instabil** bezeichnet werden.

Das folgende Bild zeigt wieder Pol- und Nullstelle in der z-Ebene sowie das dazu korrespondierende Zeitverhalten von $E_4(z)$ als $e_4(k)$ für den Fall $r = 0{,}6$.

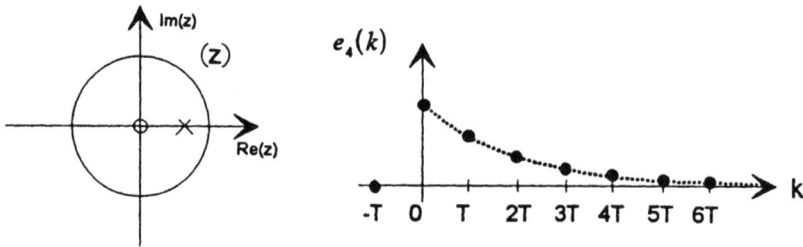

Bild 3.8: Pol- und Nullstellen von $E_4(z)$ in der z-Ebene; Impulsfolge von $e_4(k)$

3.2.1.5 Allgemeine Sinusfunktion

Das folgende (und letzte) Beispiel betrachtet die modulierte Sinusfunktion gemäß

$$e_5(k) = \left[r^k \cdot \cos k\Theta \right] \cdot \varepsilon(k) \tag{3.8}$$

mit r und $\Theta > 0$ und konstant.

Bekanntlich läßt sich diese Funktion in zwei Summanden von je einer Exponentialfunktion zerlegen:

$$e_5(k) = \varepsilon(k) \cdot r^k \cdot \left(\frac{e^{jk\Theta} + e^{-jk\Theta}}{2} \right).$$

Aufgrund der Linearität der z-Transformation braucht man nur jede einzelne komplexe Exponentialfunktion in den z-Bereich transformieren und beide Summanden addieren.

Der erste Ausdruck

$$e_{s1}(k) = r^k \cdot e^{jk\Theta} \cdot \varepsilon(k) \tag{3.9}$$

wird zu

$$E_{s1}(z) = \sum_{k=0}^{\infty} r^k e^{j\Theta k} z^{-k} = \sum_{k=0}^{\infty} \left(r e^{j\Theta} z^{-1} \right)^k = \frac{1}{1 - r e^{j\Theta} z^{-1}};$$

$$E_{s1}(z) = \frac{z}{z - r e^{j\Theta}} \quad \text{mit } (|z| > r), \tag{3.10}$$

beziehungsweise

$$e_{s1}(k) \;\circ\!\!-\!\!\bullet\; \frac{z}{z - r e^{j\Theta}}.$$

Das Signal $e_{s1}(k)$ wächst nur dann ohne Grenzen, wenn $r > 1$; ein System mit dieser Pulsantwort ist nur dann stabil, wenn $r < 1$ ist. Die Stabilitätsgrenze ist damit der Einheitskreis.

Der zweite Ausdruck

$$e_{s2}(k) = r^k \cdot e^{-jk\Theta}$$

ergibt sich direkt aus dem ersten durch Ersatz von Θ mit $-\Theta$ in Gleichung (3.10), das heißt

$$E_{s2}(z) = Z\left\{ r^k \cdot e^{-j\Theta k} \cdot \varepsilon(k) \right\} = \frac{z}{z - r \cdot e^{-j\Theta}}; \quad (|z| > r); \tag{3.11}$$

Somit wird die *z*-Transformierte der Gleichung (3.8) zu

$$E_s(z) = \frac{1}{2} \cdot \left(\frac{z}{z - r \cdot e^{j\Theta}} + \frac{z}{z - r \cdot e^{-j\Theta}} \right)$$

beziehungsweise

$$E_s(z) = \frac{z(z - r \cdot \cos\Theta)}{z^2 - 2rz\cos\Theta + r^2} \quad (|z| > r). \tag{3.12}$$

Folgendes Bild zeigt das Pol-Nullstellen-Diagramm der *z*-Ebene von $E_s(z)$ sowie das Zeitverhalten für $r = 0{,}7$ und $\Theta = 45°$:

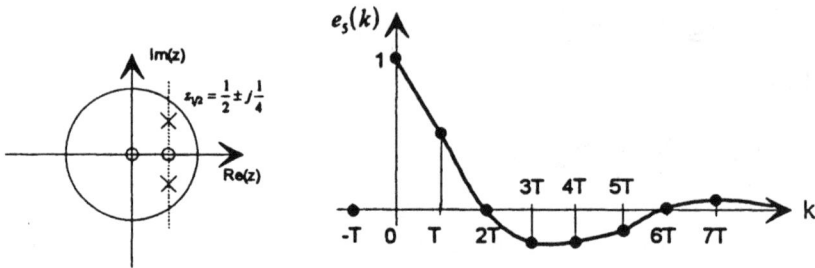

Bild 3.9: Pol-Nullstellen-Diagramm von $E_5(z)$ für $\Theta = 45°$ und $r = 0{,}7$ in der z-Ebene sowie die Impulsfolge $e_5(k)$

Bemerkung:

Für $\Theta = 0$ reduziert sich $e_5(k)$ zu $e_4(k)$; mit zusätzlich $r = 1$ zu $e_2(k)$, somit sind drei der behandelten Signale Spezialfälle von $e_5(k)$.

Durch Ausnutzen der Eigenschaften von $E_5(z)$ lassen sich eine Reihe von Schlußfolgerungen bezüglich der Pollagen in der z-Ebene und dem entsprechenden Zeitverhalten ziehen:

- Die Dauer eines transienten Übergangs wird vorwiegend vom Radius r der jeweiligen Polstelle bestimmt:

  a) $\underline{r >}$ korrespondiert mit einem ständig ansteigenden Signal und ist somit Synonym eines instabilen Systems.

  b) $\underline{r = 1}$ korrespondiert mit einem Signal konstanter Amplitude und kann somit als grenzstabil bezeichnet werden.

  c) $\underline{r < 1}$ korrespondiert mit einem Signal abnehmender Amplitude. Je näher r am Ursprung liegt, desto kürzer ist die Dauer des Übergangsverhaltens.

  d) Ein Pol bei $\underline{r = 0}$ korrespondiert mit einem Übergang endlicher Dauer.

- Die Zahl der Abtastwerte (Abtastungen) pro Periode eines sinusförmigen Signals ist durch Θ festgelegt:

  Wenn wir ausgehen von

  $$\cos(\Theta k) = \cos(\Theta(k + N)),$$

  so folgt daraus, daß eine Periode von 2π N Abtastungen enthält, also

  $$N = \frac{2\pi}{\Theta}\bigg|_{rad} = \frac{360}{\Theta}\bigg|_{grad} \qquad [\text{Abtastungen pro Zyklus}].$$

Für $\Theta = 45°$ erhält man $N = 8$; das Zeitdiagramm im obigen Bild bezüglich $e_s(k)$ zeigt somit die 8 Abtastwerte innerhalb des ersten Zyklus deutlich.

3.2.2 Abbildung der s-Ebene in die z-Ebene

Im Rahmen der Dimensionierung kontinuierlicher Regelkreise ist bekanntlich die Lage der Pole in der s-Ebene maßgeblich für das Zeitverhalten der
Regelgröße. Dementsprechend ist auch die Lage der Pole und Nullstellen in
der z-Ebene ein wichtiges Kriterium bei der Auslegung diskontinuierlicher
Regelsysteme.

Im folgenden soll aufgezeigt werden, in welche Punkte Pole und Nullstellen
der s-Ebene in die z-Ebene abgebildet werden. Die komplexen Variablen s
und z stehen bei diskreten Systemen im Zusammenhang

$$z = e^{sT}.$$

Weil die komplexe Variable s einen Realteil σ und einen Imaginärteil ω
besitzt, muß gelten

$$s = \sigma + j\omega,$$

damit gilt

$$z = e^{(\sigma + j\omega)T} = e^{\sigma T} \cdot e^{j\omega T} = e^{\sigma T} \cdot e^{j(\omega T + 2\pi k)}.$$

Aus der letzten Gleichung ist zu sehen, daß Pole und Nullstellen der s-
Ebene für Frequenzen, die ein ganzzahlig mehrfaches der Abtastkreisfrequenz $2\pi/T$ sind, in den selben Punkt der z-Ebene abgebildet werden. Das
wiederum bedeutet, daß eine unendliche Anzahl von s-Werten für einen z-
Wert existiert. Weil der Realteil σ in der linken s-Ebene negativ ist, korrespondiert die linke s-Halbebene mit

$$|z| = e^{\sigma T} < 1.$$

Die Imaginär-Achse der s-Ebene muß deshalb mit $|z| = 1$ korrespondieren.
Das heißt, die Imaginär-Achse der s-Ebene (die Linie $\sigma = 0$) wird in den
Einheitskreis der z-Ebene abgebildet und das Innere des Einheitskreises kor-
respondiert mit der linken s-Halbebene.

Ein kontinuierliches System ist bekanntlich stabil, wenn sämtliche Pole ihrer
Übertragungsfunktion in der linken s-Halbebene liegen. Somit ist ein diskre-
tes System nur dann stabil, wenn sämtliche Pole iherer z-transformierten
Übertragungsfunktion innerhalb des Einheitskreises der z-Ebene liegen.

3.2.2.1 Primärstreifen und komplementäre Streifen

Ausgehend von einem beliebigen Punkt auf der $j\omega$-Achse der s-Ebene ist festzustellen, daß $|z| = 1$ und $-\pi \leq \alpha(z) \leq \pi$ im Gegenuhrzeigersinn wird, wenn der (beliebig angenommene) Punkt von $-j\omega_s/2$ bis $+j\omega_s/2$ läuft. Wenn der repräsentative Punkt von $j\omega_s/2$ bis $j\,3\omega_s/2$ auf der $j\omega$-Achse bewegt wird, läuft der entsprechende Punkt in der z-Ebene erneut im Gegenuhrzeigersinn durch den Einheitskreis. Wird also die Imaginärachse von $-j\infty$ bis $+j\infty$ durchlaufen, so wird der Einheitskreis zwangsläufig unendlich mal durchlaufen.

Aus dieser Betrachtung ist zu ersehen, daß jeder Streifen der Breite ω_s in der linken s-Halbebene in das Innere des Einheitskreises der z-Ebene abgebildet wird. Das bedeutet, daß die s-Ebene in eine unendliche Zahl periodischer Streifen unterteilt werden kann, wie folgendes Bild zeigt.

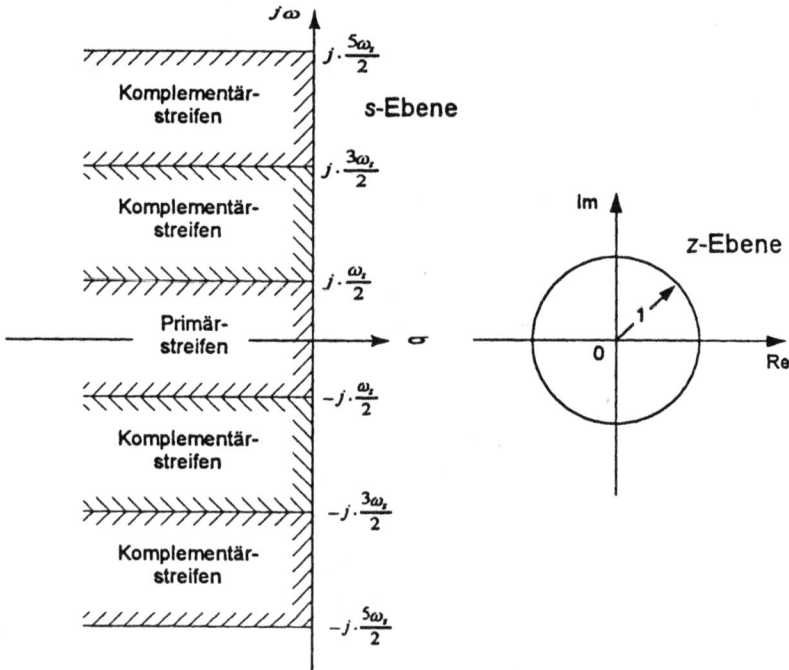

Bild 3.10: Periodische Streifen der s-Ebene und korrespondierendes Gebiet (Einheitskreis) in der z-Ebene

Weil die gesamte linke s-Halbebene in das Innere des Einheitskreises abgebildet wird, muß zwangsläufig die gesamte rechte s-Halbebene in die äußere Umgebung des Einheitskreises der z-Ebene abgebildet werden.

Dabei sollte man beachten, daß jeder Punkt des Einheitskreises Frequenzen zwischen $-\omega_s/2$ und $+\omega_s/2$ repräsentiert, wenn die Abtastkreisfrequenz ω_s doppelt so groß als die höchste im System vorkommende Frequenzkomponente ist.

3.2.2.2 Linien konstanten Betrags in der z-Ebene

Linien mit konstantem Realteil, also $\sigma =$ konst., in der s-Ebene werden in Kreise mit dem Radius $z = e^{\sigma T}$ gemäß folgenden Bildes in der z-Ebene abgebildet.

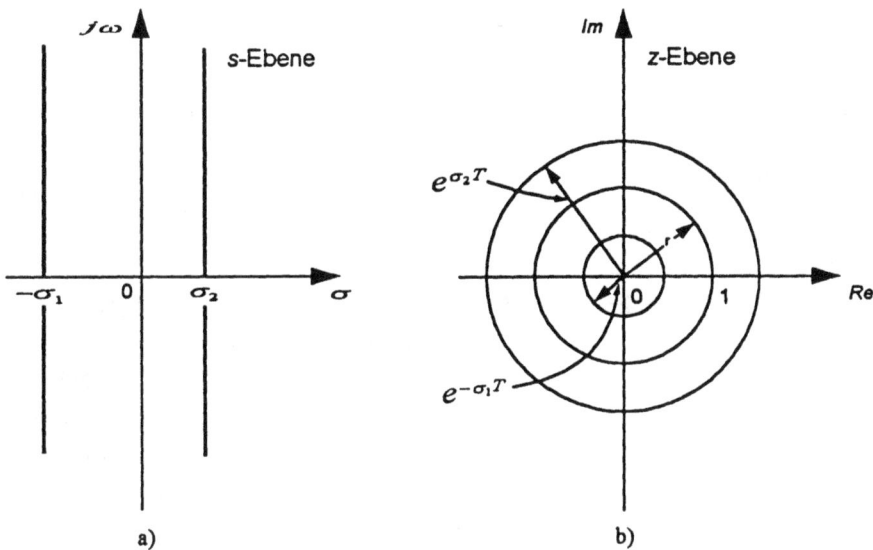

Bild 3.11: a) Linien mit $\sigma =$ konst. in der s-Ebene; b) korrespondierende Kreise in der z-Ebene

3.2.2.3 Linien konstanter Frequenz in der z-Ebene

Eine Linie konstanter Frequenz $\omega = \omega_1$ in der s-Ebene wird in radiale Geraden in die z-Ebene abgebildet, die mit der reellen Achse den Winkel $\omega_1 T$ (im Bogenmaß) einschließen; siehe dazu folgendes Bild.

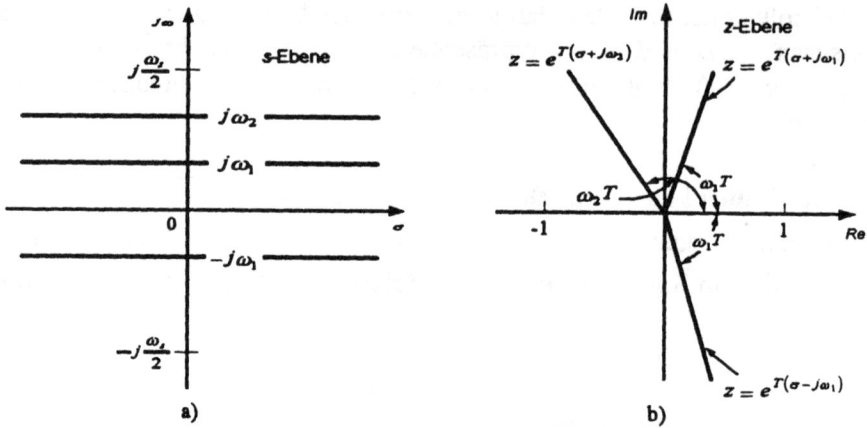

Bild 3.12: a) Linien konstanter Frequenz in der s-Ebene; b) korrespondierende Linien in der z-Ebene.

Dabei sollte man beachten, daß die Linien $\omega = \pm 1/2\,\omega_s$ der linken s-Halbebene mit der negativ reellen Achse der z-Ebene zwischen Null und -1 korrespondieren, weil ja $\left(\pm 1/2\,\omega_s\right) T = \pm\pi$ ist. Linien mit $\omega = \pm 1/2\,\omega_s$ der rechten s-Halbebene korrespondieren mit der negativ reellen Achse der z-Ebene zwischen -1 und $-\infty$. Die negativ reelle Achse der s-Ebene wird in die positiv reelle Achse der z-Ebene zwischen 0 und $+1$ abgebildet. Schließlich werden Linien konstanter Frequenz, nämlich $\omega = \pm n\omega_s$ $(n = 1, 2, \ldots)$ der rechten s-Halbebene auf die positiv reelle Achse der z-Ebene zwischen 1 und ∞ abgebildet.

3.2.2.4 Linien konstanter Dämpfung in der z-Ebene

Eine Linie konstanter Dämpfung in der s-Ebene (radiale Gerade) wird in der z-Ebene als logarithmische Spirale abgebildet. Dies soll im folgenden gezeigt werden. In der s-Ebene erhält man eine Linie konstanter Dämpfung aus

$$s = -\omega_0 d + j\omega_0 \sqrt{1 - d^2} = -\omega_0 d + j\omega_d,$$

wobei $\omega_d = \omega_0 \sqrt{1 - d^2}$ die Eigenfrequenz des gedämpften Systems ist; siehe folgendes Bild.

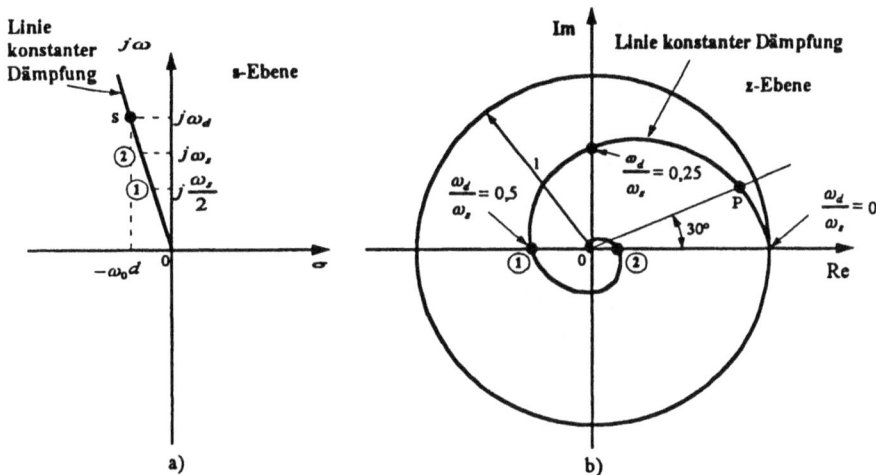

Bild 3.13: a) Linie konstanter Dämpfung im *s*-Bereich b) korrespondierende Linie im *z*-Bereich

In der *z*-Ebene wird eine Linie konstanter Dämpfung zu

$$z = e^{sT} = \exp\left(-\omega_0 dT + j\omega_d T\right)$$

$$z = \exp\left(\frac{-2\pi d}{\sqrt{1-d^2}} \cdot \frac{\omega_d}{\omega_s} + j2\pi \cdot \frac{\omega_d}{\omega_s}\right).$$

Damit wird der Betrag von *z* zu

$$|z| = \exp\left(\frac{-2\pi d}{\sqrt{1-d^2}} \cdot \frac{\omega_d}{\omega_s}\right) \tag{3.13}$$

und die Phase zu

$$\alpha(z) = 2\pi \frac{\omega_d}{\omega_s}. \tag{3.14}$$

Aus den beiden letzten Gleichungen ist zu erkennen, daß mit steigendem ω_d der Betrag von *z* abnimmt und die Phase linear zunimmt; dies geht im übrigen auch aus Bild 3.13,b hervor. Der Verlauf einer solchen Kurve wird im übrigen als logarithmische Spirale bezeichnet. Für ein vorgegebenes Verhältnis ω_d/ω_s hängt $|z|$ nur noch von der Dämpfung *d* ab und der Winkel von *z* wird zu einer Konstanten.

Wenn zum Beispiel die Dämpfung $d = 0,3$ vorgegeben sei, dann erhält man für $\omega_d/\omega_s = 0,25$

$$|z| = \exp\left(\frac{-2\pi \, 0{,}3}{\sqrt{1-0{,}3^2}} \cdot 0{,}25\right) = 0{,}610$$

und

$$\alpha(z) = 2\pi \cdot 0{,}25 = 90°.$$

Für $\omega_d / \omega_s = 0{,}5$ wird

$$|z| = \exp\left(\frac{-2\pi \, 0{,}3}{\sqrt{1-0{,}3^2}} \cdot 0{,}5\right) = 0{,}3725$$

und

$$\alpha(z) = 2\pi \cdot 0{,}5 = 180°.$$

Damit kann die logarithmische Spirale in Abhängigkeit der bezogenen Frequenz ω_d / ω_s (siehe Bild 3.13,b) parametrisiert werden. Wenn also die Abtastfrequenz ω_s festgelegt ist, kann der entsprechende Zahlenwert von ω_d auf jedem beliebigen Punkt der Spirale ermittelt werden. Beispielsweise erhält man in Punkt P im Bild 3.13,b die Eigenfrequenz ω_d des gedämpften Systems folgendermaßen:

Wenn zum Beispiel $\omega_s = 10\pi$ rad/sec als vorgegeben angenommen wird, dann gilt für den Punkt P

$$\alpha(z) = \frac{\pi}{6} = 2\pi \frac{\omega_d}{\omega_s}$$

und damit

$$\omega_d = \frac{1}{12}\omega_s = \frac{5}{6}\pi \text{ rad/sec}.$$

Bild 3.14 zeigt Spiralen konstanter Dämpfung für $d = 0$; 0,2; 0,4; 0,6; 0,8 und 1,0.

Dabei sollte beachtet werden, daß die Linien nur in der oberen z-Halbebene gemäß $0 \le \omega \le \omega_s/2$ eingetragen sind. Die dazu spiegelbildlich liegenden Linien in der unteren z-Halbebene würde man für $-\omega_s/2 \le \omega \le 0$ erhalten.

Schließlich ist es noch wichtig festzustellen, daß die Linien konstanter Dämpfung senkrecht zu den Kurven konstanter Eigenfrequenz ω_0 in der s-Ebene verlaufen, wie Bild 3.15 zeigt.

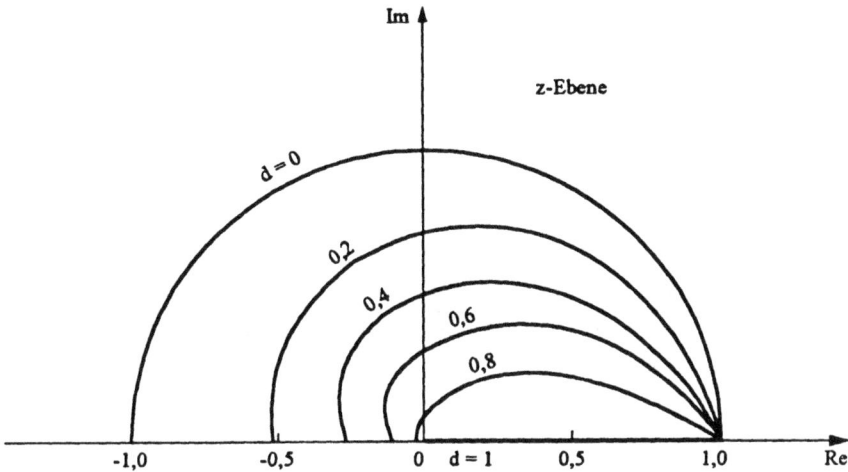

Bild 3.14: Linien konstanter Dämpfung im *z*-Bereich

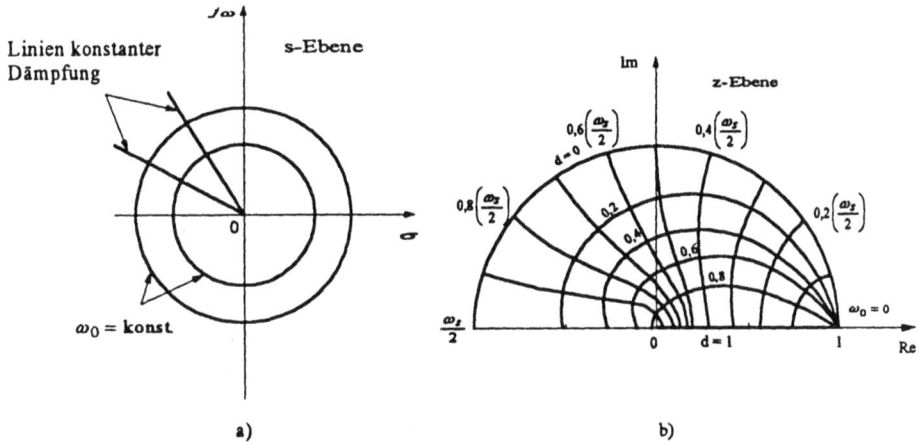

Bild 3.15: a) Orthogonalität von Linien konstanter Dämpfung *d* und konstanter Eigenfrequenz ω_0 in der *s*-Ebene; b) korrespondierende Linien in der *z*-Ebene

In der *z*-Ebene schneiden die Linien konstanter Eigenfrequenz ω_0 die Spiralen konstanter Dämpfung *d* ebenso im rechten Winkel, wie aus obigem Bild hervorgeht. Abbildungen dieser Art werden in der Mathematik als <u>konforme Abbildung</u> bezeichnet.

3.2.3 Die Stabilität von Abtastsystemen

In den bisherigen Kapiteln ist bereits verschiedentlich der Begriff der Stabilität angesprochen worden. In diesem Kapitel soll nun im wesentlichen aufgezeigt werden, wo die Pole eines stabilen Systems in der z-Ebene liegen müssen und mit welchen numerischen Verfahren die Stabilität in der z-Ebene überprüft werden kann.

Wir gehen aus von einem Übertragungsglied mit der Eingangsgröße $e(t)$ und der Ausgangsgröße $u(t)$. Beide Größen werden nur zu den Abtastzeitpunkten kT, $k = 0,1,2,...$ betrachtet. Zu den Wertefolgen $e(kT)$ und $u(kT)$ kann man die z-Transformierten

$$E(z) = \sum_{k=0}^{\infty} e_k \cdot z^{-k},$$

$$U(z) = \sum_{k=0}^{\infty} u_k \cdot z^{-k}$$

bilden.

Der Zusammenhang zwischen beiden Größen ist bekanntlich durch die Beziehung

$$U(z) = G(z) \cdot E(z) \tag{3.15}$$

beziehungsweise

$$U(z) = F(z) \cdot E(z) \tag{3.16}$$

gegeben.

Wir wollen nun hinsichtlich der Stabilität von der Definition Gebrauch machen und das System dann als stabil bezeichnen, wenn es auf jede beschränkte Eingangsgröße mit einer beschränkten Ausgangsgröße reagiert, wie dies auch in der (klassischen) analogen Regelungstechnik der Fall ist. Diese Art der Stabilität wird in der amerikanischen Literatur als BIBO-Stabilität (bounded input - bounded output) bezeichnet. Die Benennung **Übertragungsstabilität** trifft den Sachverhalt wohl am besten.

Die entscheidende Frage lautet also:

Wie kann man auf möglichst einfache Weise erkennen, ob ein Abtastsystem stabil ist ?

Hierzu verwenden wir unsere Kenntnisse hinsichtlich der Stabilitätsbeurteilung analoger Systeme. Dort wurde die Definition getroffen, daß ein System genau dann stabil ist, wenn seine Gewichtsfunktion asymptotisch gegen Null geht; das heißt für ein stabiles System muß gelten:

$$\lim_{t \to \infty} g(t) = 0. \tag{3.17}$$

Da $G(s)$ die Laplace-Transformierte der Gewichtsfunktion ist, lautet die Stabilitätsbedingung der Gleichung (3.17):

Ein System ist dann stabil, wenn seine sämtlichen Eigenwerte negativen Realteil haben.

Bekanntlich läßt sich die Übertragungsfunktion des betrachteten Systems allgemein anschreiben als

$$G(s) = \frac{Z(s)}{N(s)} = \frac{Z(s)}{a_0 + a_1 s + \cdots + a_n s^n}. \tag{3.18}$$

Die Eigenwerte erhält man als Lösungen der charakteristischen Gleichung:

$$N(s) = 0. \tag{3.19}$$

Aus dieser Gleichung erhält man die Eigenwerte zu $s_1, s_2, \ldots, s_n$.

Mit Hilfe der Partialbruchzerlegung wird die Gewichtsfunktion $g(t)$ zu

$$g(t) = k_1 \cdot e^{s_1 t} + k_2 \cdot e^{s_2 t} + \ldots + k_n \cdot e^{s_n t}, \tag{3.20}$$

wobei hier von lauter einfachen Eigenwerten ausgegangen wurde. Diese Überlegung zeigt nun deutlich, daß das betrachtete System genau dann stabil und somit Gleichung (3.17) erfüllt ist, wenn sämtliche Pole der Gleichung (3.18) negativen Realteil haben; das heißt wenn sämtliche Lösungen der charakteristischen Gleichung $N(s) = 0$ links der Imaginärachse der s-Ebene liegen.

Die Beurteilung der Stabilität von Abtastsystemen wird jetzt trivial, wenn man sich die Beziehung

$$z = e^{sT} \tag{3.21}$$

zunutze macht. Durch die Gleichung (3.21) wird nämlich die linke s-Ebene in das Innere des Einheitskreises der z-Ebene abgebildet; siehe hierzu folgendes Bild:

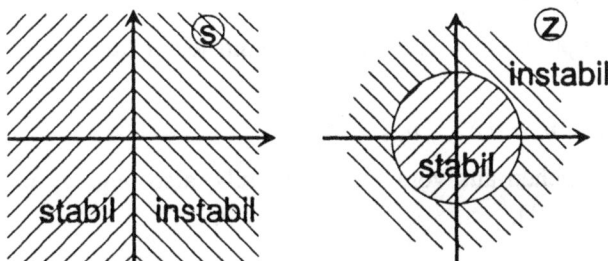

Bild 3.16: Stabiler und instabiler Bereich im s- und z-Bereich

Auf diesem Weg sind wir so zum grundlegenden Stabilitätskriterium im z-Bereich gekommen:

Ist

$$G(z) = \frac{Z(z)}{N(z)}$$

die z-Übertragungsfunktion eines Abtastsystems und haben $Z(z)$ und $N(z)$ keine gemeinsame Nullstelle, so ist das Abtastsystem genau dann stabil, wenn sämtliche Nullstellen von $N(z)$ innerhalb des Einheitskreises der z-Ebene liegen.

Ergänzend sei noch erwähnt, obwohl hierüber in einem späteren Kapitel ausführlicher die Rede sein wird, daß speziell bei der Untersuchung des Stabilitätsverhaltens einer Abtastregelung die charakteristische Gleichung aus der Führungsübertragungsfunktion

$$F_W(z) = \frac{G_o(z)}{1 + G_o(z)} \tag{3.22}$$

oder der Störübertragungsfunktion

$$F_{st}(z) = \frac{1}{1 + G_o(z)} \tag{3.23}$$

zu

$$N(z) = 1 + F_o(z) = 0 \tag{3.24}$$

folgt, wobei $F_o(z)$ die Übertragungsfunktion des offenen Regelkreises ist.

Beispiel 3.4:

Als einleitendes Beispiel gehen wir aus von der Differenzengleichung (2.16), wobei alle Koeffizienten außer a_1 und b_0 zu Null gesetzt werden:

Damit wird Gleichung (2.16) zu

$$u_k = a_1 u_{k-1} + b_0 e_k.$$

Die Einheitsimpuls-Antwort erhält man dann leicht aus den ersten Termen zu

$$u_0 = b_0; \quad u_1 = a_1 b_0; \quad u_2 = a_1^2 b_0; \dots.$$

(Beachte: Wir gehen aus vom Einheitsimpuls, also liegt e_k nur einmal an, und zwar für $k = 0$).

Allgemein gilt somit:

$$u_k = b_0 a^k \quad \text{mit } k \geq 0.$$

Damit wird

$$\sum_{l=0}^{\infty} b_0 |a^l| = b_0 \cdot \frac{1}{1-|a|} \qquad \textit{für} \quad |a| < 1$$

$$= \infty \qquad \textit{für} \quad |a| \geq 1.$$

Daraus kann man schließen, daß das beschriebene System BIBO-stabil ist für $|a| < 1$, sonst aber instabil ist.   □

Beispiel 3.5:

Gegeben sei folgender einfacher Regelkreis:

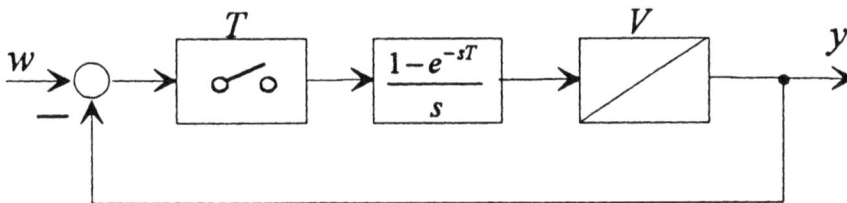

Bild 3.17: Einfache Abtastregelung

Bei dieser Abtastregelung wird die Übertragungsfunktion des offenen Kreises zu

$$F_o(z) = Z\left\{\frac{1-e^{-sT}}{s} \cdot \frac{V}{s}\right\} = V \cdot \frac{z-1}{z} \cdot Z\left\{\frac{1}{s^2}\right\},$$

beziehungsweise

$$F_o(z) = V \cdot \frac{z-1}{z} \cdot \frac{T \cdot z}{(z-1)^2} = \frac{V \cdot T}{z-1}.$$

Für die Transformation $Z\{1/s^2\}$ wurde Zeile 4 der Korrespondenztabelle verwendet.

Damit lautet die charakteristische Gleichung

$$1 + F_o(z) = 0$$

beziehungsweise

$$\frac{V \cdot T}{z-1} + 1 = 0,$$

$$z - 1 + VT = 0,$$

woraus die Lösung

$$z_1 = \beta = 1 - VT$$

folgt.

Da V und T sicher positiv sind und alle Lösungen für stabiles Verhalten im Bereich ± 1 liegen müssen, ist der geschlossene Kreis genau dann stabil, wenn

$$VT < 2$$

gilt, das heißt genau dann liegt die Nullstelle der charakteristischen Gleichung innerhalb des Einheitskreises.   □

Für Systeme höherer Ordnung hat man bekanntlich Schwierigkeiten, sämtliche Eigenwerte zu berechnen und aufgrund ihrer Lage in der z-Ebene die Stabilität zu beurteilen.

Dazu wurden Verfahren entwickelt, die eine Beurteilung der Stabilität ermöglichen, ohne die charakteristischen Eigenwerte zu berechnen. Im analogen Fall wurde ein solches Testverfahren von Routh-Hurwitz aufgestellt; für den diskreten Fall wurde das bekannteste Testverfahren von Jury (1961) erarbeitet. Dieses Verfahren ist analog zum Routh-Test aufgebaut:

Gehen wir aus von der allgemeinen Übertragungsfunktion eines Systems mit

$$F(z) = \frac{b(z)}{a(z)} \quad \text{(System ohne Abtaster)}$$

beziehungsweise

$$G(z) = \frac{b(z)}{a(z)} \quad \text{(System mit Abtaster)}.$$

Das System ist stabil, wenn alle Wurzeln der charakteristischen Gleichung

$$a(z) = a_0 z^n + a_1 z^{n-1} + \ldots + a_n = 0$$

innerhalb des Einheitskreises der z-Ebene liegen.

Im **ersten Schritt** ist die charakteristische Gleichung, falls notwendig, mit -1 zu multiplizieren, damit das Vorzeichen von a_0 positiv wird.

Im **zweiten Schritt** sind in der ersten Zeile die Koeffizienten a_0 bis a_n von links nach rechts und in der zweiten Zeile von rechts nach links aufzureihen.

$$a_0 \quad a_1 \quad a_2 \quad \ldots \quad a_n$$
$$a_n \quad a_{n-1} \quad a_{n-2} \quad \ldots \quad a_0$$

Aus diesen Koeffizienten werden im **dritten Schritt** durch eine Reihe von zwei-mal-zwei Determinanten die Koeffizienten b_0 bis b_{n-1} berechnet, wobei b_0 bis b_{n-1} wieder von links nach rechts und in der nächsten Zeile b_0 bis b_{n-1} von rechts nach links darunter zu schreiben ist. Somit entsteht nun folgendes Schema:

Zeile:

1	a_0	a_1	$\cdots$ a_{n-1}	a_n
2	a_n	a_{n-1}	$\cdots$ a_1	a_0
3	b_0	b_1	$\cdots$ b_{n-1}	
4	b_{n-1}	b_{n-2}	$\cdots$ b_0	

$\vdots$

Die Einträge der Zeilen drei und vier ergeben sich also durch die Bildung von 2×2-Determinanten, wobei die letzten beiden Spalten der ersten zwei Zeilen mit sämtlichen Elementen, von links beginnend, zu Determinanten zu kombinieren sind.

Die Koeffizienten b_0 bis b_{n-1} ergeben sich dann zu

$$b_0 = \frac{\det\begin{bmatrix} a_0 & a_n \\ a_n & a_0 \end{bmatrix}}{a_0}$$

$$b_1 = \frac{\det\begin{bmatrix} a_1 & a_n \\ a_{n-1} & a_0 \end{bmatrix}}{a_0}$$

$$b_k = \frac{\det\begin{bmatrix} a_k & a_n \\ a_{n-k} & a_0 \end{bmatrix}}{a_0}.$$

Die Elemente der fünften und sechsten Zeile entstehen nun in analoger Weise aus den Koeffizienten der dritten und vierten Zeile, wobei die Koeffizienten c_0 bis c_{n-2} von links nach rechts in der fünften Zeile und c_0 bis c_{n-2} von rechts nach links in der sechsten Zeile anzuordnen sind.

Die Elemente der 5. Zeile ergeben sich analog zu

$$c_k = b_k - \frac{b_{n-1}}{b_0} \cdot b_{n-1-k} = \frac{\det\begin{bmatrix} b_k & b_{n-1} \\ b_{n-1-k} & b_0 \end{bmatrix}}{b_0}.$$

Dieses Verfahren ist nun solange fortzusetzen, bis nur noch eine Zeile mit einem Element entsteht.

Die Aussage des Jury-Kriteriums besteht nun darin, daß das gegebene System stabil ist, (das heißt alle Wurzeln der charakteristischen Gleichung liegen innerhalb des Einheitskreises der z-Ebene) wenn alle Terme der ungeradzahligen Zeilen in der ersten Spalte positiv sind, d.h. wenn $a_0 > 0$, $b_0 > 0$, $c_0 > 0$, ...

Zur Illustration des Jury-Kriteriums sollen nun einige Beispiele eingefügt werden.

Beispiel 3.6:

Gegeben sei das charakteristische Polynom

$$a(z) = z^2 + a_1 z + a_2 .$$

Damit wird das Jury-Schema zu

Zeile:

1	1	a_1	a_2
2	a_2	a_1	1
3	$1 - a_2^2$	$a_1 - a_1 a_2$	
4	$a_1 - a_1 a_2$	$1 - a_2^2$	
5	$\dfrac{\left(1 - a_2^2\right)^2 - a_1^2\left(1 - a_2\right)^2}{1 - a_2^2}$		

Aus Zeile 3 ergibt sich die Bedingung $1 - a_2^2 > 0$ woraus folgt, daß

$$\underline{-1 < a_2 < +1}$$

gelten muß.

Aus Zeile 5 folgt durch eine kurze Zwischenrechnung

$$\left(1 + a_2\right)^2 > a_1^2$$

und damit

$$\underline{\left(a_2 + 1\right) > a_1} \quad \text{und} \quad \underline{\left(a_2 + 1\right) < -a_1} .$$ ☐

Beispiel 3.7:

In diesem Beispiel lautet das charakteristische Polynom

$$a(z) = z^3 - 2{,}1 z^2 + 1{,}6 z - 0{,}4 .$$

Das Jury-Schema ergibt sich hier zu

Zeile

1	1	−2,1	1,6	−0,4
2	−0,4	1,6	−2,1	1
3	0,84	−1,46	0,76	
4	0,76	−1,46	0,84	
5	0.,1524	−0,139		
6	−0,139	0,1524		
7	0,0256			

Der Jury-Test, angewandt auf die ungeradzahligen Reihen, ergibt

$$1 > 0; \quad 0,84 > 0; \quad 0,1524 > 0; \quad 0,0256 > 0.$$

Daraus ist zu schließen, daß das betrachtete System mit der gegebenen charakteristischen Gleichung stabil ist.

Unter Verwendung von MATLAB soll nun ergänzend geprüft werden, ob aufgrund der mit Jury ermittelten Stabilität die Pole tatsächlich innerhalb des Einheitskreises liegen. MATLAB ist ein interaktives Softwarepaket für wissenschaftliche Berechnungen und hat sich im besonderen für die Simulation und Untersuchung transienter Vorgänge im Zeit- und Frequenzbereich bewährt. Die Aufgabe besteht hier nicht in der Aufzählung sämtlicher Vorteile von MATLAB, sondern darin, von Fall zu Fall MATLAB bei entsprechenden Aufgabenstellungen heranzuziehen. Die ideale Kombination für regelungstechnische Zwecke besteht in der Kombination der MATLAB-Grundversion mit den Toolboxen „Control System" und „Signal Processing". Im Rahmen dieses Beispiels werden mit dem folgenden Programm die Polstellen berechnet und zur Bestimmung der Stabilität des Einheitskreises in die *z*-Ebene eingetragen.

Wie anhand des folgenden Bildes zu erkennen ist, liegen die Polstellen an den Koordinaten $z_1 = 0,5$; $z_{2/3} = 0,8 \pm j0,4$; somit liegt also tatsächlich ein stabiles System vor, was ja im übrigen bereits anhand des Jury-Test festgestellt wurde.

```
% Pol-Nullstellen-Konfiguration zu Beispiel 3.7:
%
num = 1;                    % Zählerpolynom (Dummy)
a = [1 -2.1 1.6 -0.4];      % Koeffizienten des Nennerpo-
                            % lynoms
pzmap(num,a)                % Ausgabe der Pol-
                            % Nullstellenkonfiguration
```

```
axis('equal')              % Gleiche Teilung für Re(z) und
                           % Im(z)
hold                       % Koordinaten-System beibehal-
                           % ten
zgrid([],[])               % Ausgabe des Einheitskreises
grid                       % Gitterraster plotten
hold                       % Umschalten auf Default
```

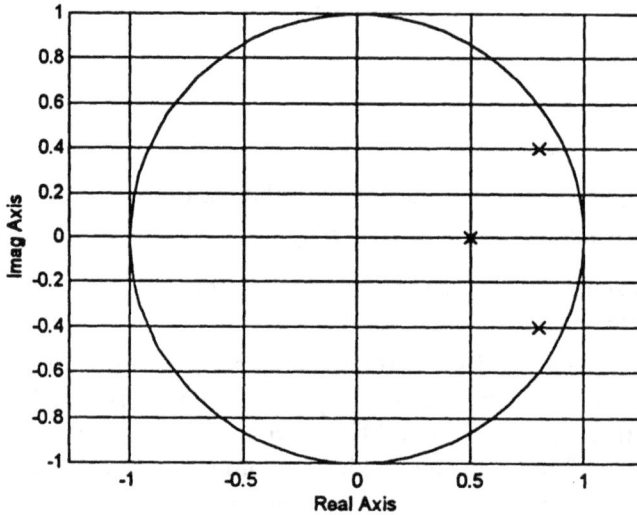

Bild 3.18: Pol/Nullstellenkonfiguration zu Beispiel 3.7   □

Beispiel 3.8:

Gegeben sei das charakteristische Polynom

$$a(z) = z^3 - 2{,}6z^2 + 2{,}4z - 0{,}8.$$

Die Zeilen mit ungeradzahliger Nummer ergeben sich durch Anwenden des Jury-Schemas zu

	Zeile:			
(a)	1	1	−2,6	2,4	−0,8
(b)	3	0,36	−0,68	0,32
(c)	5	0,0765	−0,0765	
(d)	7	0		

Aus obigem Zahlenschema ist zu sehen, daß nicht alle Wurzeln des charakteristischen Polynoms innerhalb des Einheitskreises liegen, weil der letzte Term (d_0) Null ist. Eine nur geringe Störung würde den instabilen Pol innerhalb oder außerhalb des Einheitskreises verschieben, das heißt es muß eine Wurzel exakt auf dem Einheitskreis liegen. Eine entsprechende Rechnung liefert auch tatsächlich die charakteristischen Lösungen zu

$$z_1 = 1; \quad z_{2/3} = 0,8 \pm j0,4.$$

Als zusätzliche Hilfe bezüglich der Stabilitätsprüfung kann gezeigt werden, daß der Polynomwert $a(z)$ eines stabilen Systems für $z = 1$ positiv sein muß. Darüberhinaus muß für geradzahliges n der Polynomwert $a(z = -1)$ positiv und für ungeradzahliges n $a(z = -1)$ negativ sein.

Für $z = 1$ ergibt sich $a(z)$ einfach als Summe der Polynomkoeffizienten, für $z = -1$ ergibt sich entsprechend $a(z = -1)$ als Summe der Polynomkoeffizienten mit alternierendem Vorzeichenwechsel (siehe Exponent von z).

Diese Rechnung ist schnell durchgeführt und kann dem Anwender viel Zeit sparen, wenn nur die Stabilität des Systems mit „ja" oder „nein" beurteilt werden soll.

Im Fall des gegebenen Beispiels ist die Summe einer jeden Zeile Null, einschließlich der ersten. Somit bräuchte zur Beurteilung der Stabilität das gesamte Jury-Schema erst gar nicht aufgestellt werden. □

Zusammengefaßt kann das Stabilitätskriterium nach Jury folgendermaßen formuliert werden:

Ein System mit der charakteristischen Gleichung $a(z) = 0$ ist stabil, wenn sämtliche folgenden Bedingungen erfüllt sind:

1. $|a_n| < a_0$

2. $a(z = 1) > 0$

3. $a(z = -1) \begin{cases} > 0 & \text{für } n \text{ gerade} \\ < 0 & \text{für } n \text{ ungerade} \end{cases}$

3.3 Rücktransformation (Umkehrung der z-Transformation)

3.3.1 Problemstellung

Bei der Untersuchung von Abtastsystemen hat man häufig die Aufgabe, aus einer gegebenen Funktion $F(z)$ bzw. $G(z)$ die zugehörige Zahlenfolge (f_k) zu bestimmen, für die bekanntlich

$$F(z) = \sum_{k=0}^{\infty} f_k \cdot z^{-k} \; . \tag{3.25}$$

Dazu entwickelt man die Funktion $F(z)$ nach den Potenzen z^{-k}, also in eine <u>Potenzreihe</u> mit nicht-positiven Exponenten:

$$F(z) = f_0 z^0 + f_1 z^{-1} + f_2 z^{-2} + f_3 z^{-3} + \cdots \tag{3.26}$$

Mit der Zahlenfolge (f_k) ist natürlich auch die Impulsfolge

$$f^*(t) = \sum_{k=0}^{\infty} f_k \cdot \delta(t - kT) = f(t) \cdot \sum_{0}^{\infty} \delta(t - kT) \tag{3.27}$$

eindeutig definiert.

Der Zusammenhang zwischen der Zahlenfolge (f_k) und der zugehörigen z-Transformierten $F(z)$ soll durch die Gleichung

$$(f_k) = Z^{-1}\{F(z)\} \tag{3.28}$$

zum Ausdruck gebracht werden. Entsprechend kann man für die durch (f_k) bestimmte Impulsfunktion $f^*(t)$ schreiben:

$$f^*(t) = Z^{-1}\{F(z)\}. \tag{3.29}$$

Beispiel 3.9

Es sei $F(z) = \dfrac{z}{z - \beta} = \dfrac{1}{1 - \beta \cdot z^{-1}}$ mit $\beta \neq 0$.

Die Reihenentwicklung ist hier einfach, da der Summenausdruck der geometrischen Reihe vorliegt:

Damit ist also

$$f_k = \beta^k, \qquad k = 0,1,2\ldots.$$

Da man allgemein eine Potenz a^k in der Form

$$a^k = e^{k \cdot \ln a} \quad \text{mit } a \neq 0$$

ausdrücken kann, läßt sich für die erhaltene Folge auch schreiben:

$$f_k = e^{k \cdot \ln \beta}, \qquad k = 0,1,2\ldots. \qquad \qquad \square$$

Diese soeben beschriebene Methode der Rücktransformation ist natürlich auf alle z-transformierten Signale anwendbar, die im Zeitbereich einer geometrischen Reihe unterliegen.

3.3.2 Rücktransformation rationaler Funktionen von *z* durch Polynomdivision

Im Bereich der kontinuierlichen Systeme spielen rationale Funktionen der komplexen Variable *s* bekanntlich eine sehr wichtige Rolle.

Geht man mit Hilfe der z-Transformation in den Bereich der komplexen Variable *z* über, so gehen rationale Funktionen von *s* in rationale Funktionen von *z* über.

Wie man bei der Rücktransformation einer rationalen Funktion grundsätzlich vorzugehen hat, liegt (analog zur Rücktransformation im *s*-Bereich) auf der Hand:

Man zerlegt mit Hilfe der Polynomdivision die gebrochen rationale Funktion $F(z)$ in eine Potenzreihe mit negativen Potenzen von *z* und erhält damit gemäß Gleichung (3.27) automatisch die gesuchte Impulsfolge.

Beispiel 3.10:

Gegeben sei ein System 1.Ordnung gemäß

$$F(s) = \frac{U(s)}{E(s)} = \frac{1}{s+a} \quad \text{beziehungsweise}$$

$$F(z) = \frac{1}{1 - \alpha \cdot z^{-1}} \quad \text{mit } \alpha = e^{-aT}.$$

Das Eingangssignal *e(t)* sei der Einheitsimpuls gemäß

$$e(0) = 1,$$

$$e(k) = 0 \quad \text{für } k \neq 0.$$

Die z-Transformierte des Einheitsimpulses lautet bekanntlich (siehe Korrespondenztabelle)

$$E(z) = 1.$$

Somit wird das Ausgangssignal im z-Bereich zu

$$U(z) = E(z) \cdot F(z) = \frac{1}{1 - \alpha \cdot z^{-1}}.$$

Um die Ausgangsfolge u_k zu finden, wird obige Gleichung durch ihren Nenner dividiert:

$$1 : \left(1 - \alpha \cdot z^{-1}\right) = 1 + \alpha \cdot z^{-1} + \alpha^2 z^{-2} + \alpha^3 z^{-3} + \cdots$$

$$\underline{-\left(1 - \alpha \cdot z^{-1}\right)}$$

$$\alpha \cdot z^{-1}$$

$$\underline{-\left(\alpha \cdot z^{-1} - \alpha^2 z^{-2}\right)}$$

$$\alpha^2 z^{-2}$$

$$\underline{-\left(\alpha^2 z^{-2} - \alpha^3 z^{-3}\right)}$$

$$\alpha^3 z^{-3}$$

Damit lautet die unendliche Reihe der Ausgangsgröße im z-Bereich

$$U(z) = 1 + \alpha \cdot z^{-1} + \alpha^2 z^{-2} + \alpha^3 z^{-3} + \cdots.$$

Gemäß Gleichung (3.27) und (3.28) ergibt sich die Wertefolge des Ausgangssignals zu

$$\left(u_k\right) = u^*(t) = \sum_{k=0}^{\infty} f_k \cdot \delta(t - kT) \quad \text{beziehungsweise}$$

$$\left(u_k\right) = 1 \cdot \delta(t - 0) + \alpha \cdot \delta(t - T)$$

$$+ \alpha^2 \cdot \delta(t - 2T) + \alpha^3 \cdot \delta(t - 3T) + \cdots.$$

$\square$

Beispiel 3.11

Gegeben sei das Eingangssignal eines Systems als geometrische Reihe mit

$$E(z) = \frac{z}{z - 0,5}$$

gemäß $e_4(k)$ mit $r = 0,5$; (siehe Kapitel 3.2.1). Das Übertragungsglied sei ein Trapezintegrator mit der bekannten Übertragungsfunktion

$$F(z) = \frac{T}{2} \cdot \frac{z+1}{z-1}.$$

Gesucht ist der zeitliche Verlauf des Ausgangssignals (u_k) bzw. die Impulsfolge $u_k^*(t)$ zu den Abtastzeitpunkten.

Lösung:

Es gilt:

$$U(z) = E(z) \cdot F(z),$$

$$U(z) = \frac{z}{z-0,5} \cdot \frac{T}{2} \cdot \frac{z+1}{z-1};$$

$$U(z) = \frac{T}{2} \cdot \frac{z(z+1)}{(z-0,5)(z-1)} = \frac{T}{2} \cdot \frac{z^2+z}{z^2-1,5z+0,5}.$$

Obige Gleichung repräsentiert die z-Transformierte des System-Ausgangs $u(k)$. Dividiert man Zähler und Nenner durch z^2, so erhält man

$$U(z) = \frac{T}{2} \cdot \frac{1+z^{-1}}{1-1,5z^{-1}+0,5z^{-2}}.$$

Führt man nun eine Polynomdivision durch und läßt zunächst $T/2$ außer acht, so erhält man

$$(1+z^{-1}):(1-1,5z^{-1}+0,5z^{-2}) = 1 + 2,5z^{-1} + 3,25z^{-2} + 3,625z^{-3} + \cdots$$

$$\underline{-(1-1,5z^{-1}+0,5z^{-2})}$$

$$2,5z^{-1} - 0,5z^{-2}$$

$$\underline{-(2,5z^{-1} - 3,75z^{-2} + 1,25z^{-3})}$$

$$3,25z^{-2} - 1,25z^{-3}$$

$$\underline{-(3,25z^{-2} - 4,875z^{-3} + 1,625z^{-4})}$$

$$3,625z^{-3} - 1,625z^{-4}$$

Durch einen direkten Vergleich mit $U(z) = \sum_{k=0}^{\infty} u(k) \cdot z^{-k}$ folgt

$$u_0 = u(t = 0) \ = (T/2) \cdot 1;$$

$$u_1 = u(t = T) \ = (T/2) \cdot 2{,}5;$$

$$u_2 = u(t = 2T) = (T/2) \cdot 3{,}25;$$

$$u_3 = u(t = 3T) = (T/2) \cdot 3{,}625;$$

$$\vdots$$

$$u_{k \to \infty} = 2T \quad \text{(siehe Beispiel bezüglich Endwertsatz)}.$$

Wie man sieht, ist dieser Prozeß identisch mit der Konversion von $F(z)$ in die äquivalente Differenzengleichung und der Auflösung nach der Einheits-impuls-Antwort. □

Beispiel 3.12:

Dieses Beispiel soll die Berechnung der Impulsfolge mit Hilfe eines Digital-rechners aufzeigen. Gegeben sei die Übertragungsfunktion

$$F(z) = \frac{z}{(z-2)(z-3)}.$$

Gesucht ist die Systemantwort auf den Einheitsimpuls.

Lösung:

Mit $E(z)$ als Einheitsimpulsfunktion, deren z-Transformierte Eins ist, wird

$$U(z) = E(z) \cdot \frac{z}{(z-2)(z-3)} = E(z) \cdot \frac{z}{z^2 - 5z + 6} \quad \Big| : z^2$$

Daraus erhält man

$$U(z) = E(z) \cdot \frac{z^{-1}}{1 - 5z^{-1} + 6z^{-2}} \quad \text{beziehungsweise}$$

$$U(z) \cdot \left[1 - 5z^{-1} + 6z^{-2} \right] = z^{-1} \cdot E(z).$$

Die zu obiger Gleichung korrespondierende Differenzengleichung lautet somit

$$6 \cdot u(n-2) - 5 \cdot u(n-1) + u(n) = e(n-1),$$

wobei für den Einheitsimpuls bekanntlich gilt: $e(0) = 1$ und $e(n) = 0$ für alle anderen n-Werte.

Die Lösung dieser Differenzengleichung hängt ab von den Anfangsbedingungen von $u(0)$ und $u(1)$.

Den Wert von $u(0)$ erhält man durch Substitution von $n = 0$ in obiger Differenzengleichung; das Ergebnis ist $u(0) = 0$.

Analog ergibt sich der Wert für $u(1)$ durch Substitution von $n = +1$ in obiger Differenzengleichung; als Ergebnis erhält man $u(1) = 1$.

Die Berechnung von $u(n)$ ergibt sich dann einfach durch Lösen der Differenzengleichung mit folgenden Bedingungen:

$$u(0) = 0; \quad u(1) = 1;$$

$$e(0) = 1; \quad e(n) = 0 \quad \text{für alle anderen } n.$$

Folgende Tabelle zeigt ein *BASIC-Programm zur Lösung der Differenzengleichung gemäß obiger Anfangsbedingungen*:

```
1    READ U0,U1,E0,E1
2    FOR N=0 TO 5
3    U2=E1-6U0+5U1
4    PRINT N,U2
5    U0=U1
6    U1=U2
7    E1=E0
8    E0=0
9    NEXT N
10   DATA 0,1,1,0
```

Der Programm-Output des obigen Rechenprogramms ist in folgender Tabelle aufgezeigt:

Tabelle 3.1: Programm-Output von Beispiel 3.12	*n*	*u(n)*
	0	0
	1	1
	2	5
	3	19
	4	65
	5	211

Das obige Programm ist gut geeignet zur Lösung von Differenzengleichungen und ist für jeweils andere Probleme nur bezüglich der Anfangsbedingungen (Zeile 10) und der Elemente der Differenzengleichung (Zeile 3) abzuändern.

Bei der bisherigen Aufgabenstellung und den entsprechenden Beispielen muß betont werden, daß bei den betrachteten Systemen kein Abtaster involviert war. Mit den nunmehr bekannten Gleichungen ist es jedoch auch möglich, das Ausgangsverhalten des Systems zu bestimmen, wenn

a) die Eingangsfunktion eine beliebige Zeitfunktion, und

b) vor das gegebene System ein Abtast-Halteglied eingebaut ist; siehe hierzu folgendes Bild:

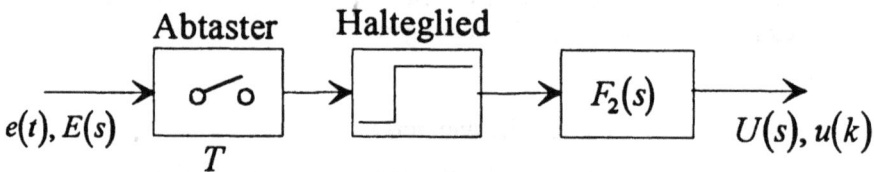

Bild 3.19: Abtaster und Halteglied an gegebenem System $F_2(s)$

Die z-Übertragungsfunktion dieses Systems ist gegeben zu

$$F(z) = F_1(z) \cdot F_2(z),$$

wobei $F_1(z)$ die z-Transformierte des Halteglieds und $F_2(z)$ die z-Transformierte des gegebenen Systems sind.

Beispiel 3.13:

Gegeben sei $F_2(s) = \dfrac{1}{s+1}$ und $T = 1\,\text{sec}$.

Die Laplace-Transformierte des Halteglieds lautet bekanntlich

$$F_1(s) = \frac{1 - e^{-sT}}{s}.$$

Damit lautet die gesamte Übertragungsfunktion im Laplacebereich

$$G(s) = F_1(s) \cdot F_2(s) = \left(\frac{1 - e^{-sT}}{s}\right) \cdot \left(\frac{1}{s+1}\right) \quad \text{bzw.}$$

$$G(s) = \left(1 - e^{-sT}\right) \cdot \frac{1}{s(s+1)}. \tag{3.30}$$

Mit Hilfe der Partialbruchzerlegung kann Gleichung (3.30) geschrieben werden als

$$G(s) = \left(1 - e^{-sT}\right) \cdot \left(\frac{1}{s} - \frac{1}{s+1}\right).$$

Diese Gleichung wird mit Hilfe von Korrespondenztabellen umgeformt in die *z*-Transformierte Übertragungsfunktion

$$G(z) = (1 - z^{-1}) \cdot \left(\frac{z}{z-1} - \frac{z}{z - e^{-1}} \right).$$

Diese Gleichung läßt sich schließlich zu folgendem Ausdruck vereinfachen:

$$G(z) = \frac{1 - e^{-1}}{z - e^{-1}} \quad \text{beziehungsweise}$$

$$G(z) = \frac{0,632}{z - 0,367}. \tag{3.31}$$

Für eine gegebene Eingangsgröße $e(t)$ mit der *z*-Transformierten $E(z)$ erhält man die *z*-Transformierte $U(z)$ des Ausgangssignals zu

$$U(z) = E(z) \cdot G(z). \qquad \qquad \Box$$

Beispiel 3.14:

Für das obige Beispiel soll die Antwortfunktion für eine rampenförmige Eingangsgröße berechnet werden; außerdem sei $T = 1\,\text{sec}$.

Mit $e(t) = \varepsilon(t) \cdot t$

erhält man aus der Korrespondenztabelle die zugehörige *z*-Transformierte zu

$$E(z) = \frac{T \cdot z}{(z-1)^2}.$$

Wegen $T = 1\,\text{sec}$ wird $E(z)$ zu

$$E(z) = \frac{z}{(z-1)^2}. \tag{3.32}$$

Mit Gleichung (3.31) und (3.32) folgt

$$U(z) = \frac{0,632}{z - 0,367} \cdot \frac{z}{(z-1)^2} \quad \text{beziehungsweise}$$

$$U(z) = \frac{0,632 \cdot z}{z^3 - 2,37z^2 + 1,74z - 0,37}. \tag{3.33}$$

Die inverse *z*-Transformierte des Ausgangssignals, das heißt die entsprechende Impulsfolge erhält man durch Umformung der Gleichung (3.33) in eine Potenzreihe in *z* und anschließender Rücktransformation der Summenterme der Potenzreihe. Dies geschieht wiederum, wie anschließend gezeigt wird, mit Hilfe der Polynomdivision.

$$0,63z : \left(z^3 - 2,37z^2 + 1,74z - 0,37\right)$$
$$= 0,63z^{-2} + 1,5z^{-3} + 2,45z^{-4} + 3,43z^{-5} + 4,4z^{-6} + \cdots$$

Die Impulsfunktion des Ausgangssignals wird damit zu

$$u^*(t) = 0,63 \cdot \delta(t-2) + 1,5 \cdot \delta(t-3) + 2,45 \cdot \delta(t-4)$$
$$+ 3,43 \cdot \delta(t-5) + 4,4 \cdot \delta(t-6) + \cdots.$$

Das Ergebnis ist im folgenden Bild skizziert.

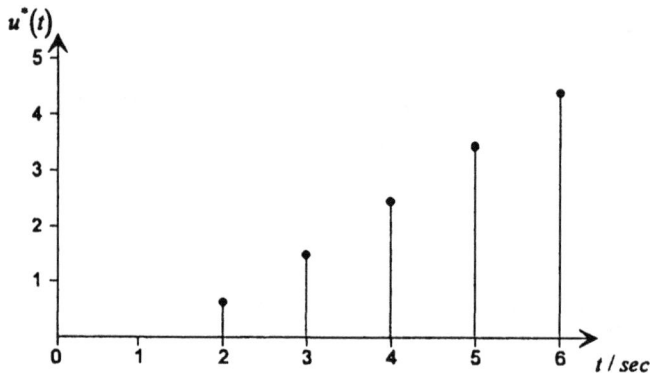

Bild 3.20: Rampenantwort eines Verzögerungsgliedes 1. Ordnung

Beispiel 3.15:

Die unten skizzierte Dreiecksfunktion $r(t)$ ist Eingang eines Tiefpaßfilters $F_2(s)$ mit Abtaster und Halteglied $F_1(s)$:

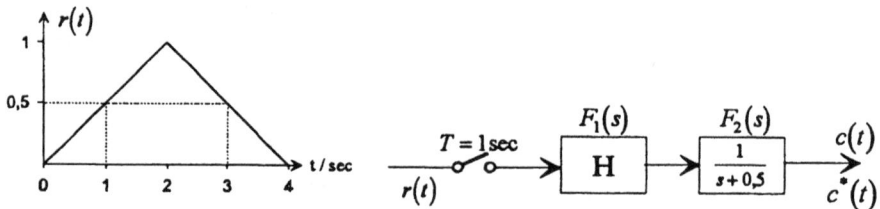

Bild 3.21: Untersuchung eines Tiefpasses mit Abtaster und Halteglied

a) Wie lautet die z-Transformierte $R(z)$ der Eingangsimpulsfolge $r^*(t)$?

b) Ermitteln Sie die z-Transformierte $C(z)$ der Ausgangsimpulsfolge $c^*(t)$.

c) Schreiben Sie unter Verwendung Ihrer bisherigen Ergebnisse die Ausgangsimpulsfolge $c^*(t)$ an; (mindestens vier Werte).

d) Berechnen Sie $c(0)$ und $c(\infty)$ unter Anwendung des Anfangs-Endwertsatzes der *z*-Transformation.

e) Skizzieren Sie schließlich $c(t)$ unter Verwendung Ihrer Ergebnisse aus c) und d).

Lösung:

a) *z*-Transformierte der Eingangsimpulsfolge

$$r^{*}(t) = \sum_{k=0}^{\infty} r(kT) \cdot \delta(t - kT);$$

mit gegebenem Diagramm folgt

$$r^{*}(t) = 0{,}5 \cdot \delta(t - 1) + 1 \cdot \delta(t - 2) + 0{,}5 \cdot \delta(t - 3);$$

obige Reihe *z*-transformiert ergibt

$$R(z) = \sum_{k=0}^{\infty} r(kT) \cdot z^{-k} = 0 \cdot z^{0} + 0{,}5 \cdot z^{-1} + 1 \cdot z^{-2} + 0{,}5 \cdot z^{-3}$$

$$\underline{R(z) = 0{,}5 \cdot z^{-1} + 1 \cdot z^{-2} + 0{,}5 \cdot z^{-3}}$$

b) *z*-Transformierte der Ausgangsimpulsfolge

Zunächst gilt:

$$C(z) = R(z) \cdot Z\big[F_{1}(s)F_{2}(s)\big].$$

$$Z\big[F_{1}(s)F_{2}(s)\big] = Z\left[\frac{1 - e^{-sT}}{s} \cdot \frac{1}{s + 0{,}5}\right] = \left(1 - z^{-1}\right) \cdot Z\left[\frac{1}{s(s + 0{,}5)}\right]$$

$$= \frac{z - 1}{z} \cdot Z\left[\frac{1}{s(s + 0{,}5)}\right].$$

Geklammerten Ausdruck in Partialbrüche zerlegen:

$$\frac{1}{s(s + 0{,}5)} = \frac{k_{1}}{s} + \frac{k_{2}}{s + 0{,}5}.$$

Durch Einsetzen günstiger *s*-Werte folgt:

$$k_{1} = 2; \quad k_{2} = -2.$$

Damit gilt:

$$\frac{1}{s(s+0,5)} = \frac{2}{s} - \frac{2}{s+0,5}.$$

$$Z\left[\frac{2}{s} - \frac{2}{s+0,5}\right] = 2\cdot\frac{z}{z-1} - 2\cdot\frac{z}{z-e^{-0,5}} \quad \text{mit } T = 1\,\text{sec.}$$

Damit ist

$$Z[F_1(s)F_2(s)] = \frac{z-1}{z}\cdot 2\cdot\left[\frac{z}{z-1} - \frac{z}{z-e^{-0,5}}\right] = 2 - 2\cdot\frac{z-1}{z-e^{-0,5}} =$$

$$= 2 - 2\cdot\frac{z-1}{z-0,6065} =$$

$$= \frac{2\cdot(z-0,6065-z+1)}{z-0,6065} = \frac{0,7870}{z-0,6065}.$$

Damit kann $C(z)$ komplett angeschrieben werden. Durch Polynomdivision erhält man

$$C(z) = R(z)\cdot Z[F_1(s)F_2(s)] = \left(0,5z^{-1} + z^{-2} + 0,5z^{-3}\right)\cdot\frac{0,7870}{z-0,6065} =$$

$$\left(0,3935z^{-1} + 0,7870z^{-2} + 0,3935z^{-3}\right):(z-0,6065) \quad = \quad 0,3935z^{-2}$$

$$\underline{-0,3935z^{-1} + 0,2386z^{-2}} \qquad\qquad\qquad\qquad\qquad +1,0256z^{-3}$$

$$1,02566z^{-2} + 0,3935z^{-3} \qquad\qquad\qquad +1,0155z^{-4}$$

$$\underline{-1,02566z^{-2} + 0,6220z^{-3}} \qquad\qquad +0,6159z^{-5}$$

$$+1,0155z^{-3} \qquad\qquad +0,3736z^{-6}$$

$$\underline{-1,0155z^{-3} + 0,6159z^{-4}} \qquad +0,2266z^{-7}$$

$$-0,6159z^{-4} + 0,3736z^{-5} \qquad +0,1374z^{-8}$$

$$0,3736z^{-5} \qquad +0,0834z^{-9}$$

$$\underline{-0,3736z^{-5} + 0,2266z^{-6}} \qquad +\cdots\cdots$$

$$0,2266z^{-6} + 0,1374z^{-7}$$

$$\underline{0,1374z^{-7} + 0,0834z^{-8}}$$

$$0,0834z^{-8}$$

c) Ausgangsimpulsfolge $c^*(t)$

$$c^*(t) = 0,3935 \cdot \delta(t-2) + 1,0256 \cdot \delta(t-3) + 1,0155 \cdot \delta(t-4) +$$
$$+ 0,6159 \cdot \delta(t-5) + 0,3736 \cdot \delta(t-6) + \cdots.$$

d) Anfangs-/Endwertsatz der z-Transformation

$$c(0) = \lim_{z \to \infty} C(z) = \lim_{z \to \infty}\left[\left(0,5z^{-1} + z^{-2} + 0,5z^{-3}\right) \cdot \frac{0,787}{z - 0,6065} \right]$$

$$\underline{c(0) = 0}.$$

$$c(\infty) = \lim_{z \to 1}(z-1)C(z) = \lim_{z \to 1}\left(1 - z^{-1}\right)\ldots = 0$$

$$\underline{c(\infty) = 0}.$$

e) Skizze von $c(t)$

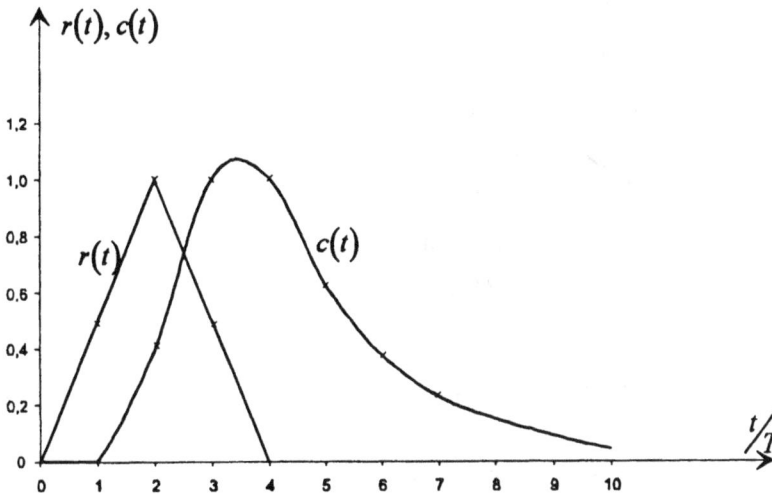

Bild 3.22: Eingangs- und Antwortfunktion

3.3.3 Rücktransformation mittels Partialbruchzerlegung

Die im folgenden vorzustellende Methode der Rücktransformation mit Hilfe der Partialbruchzerlegung verläuft analog zur Vorgehensweise im Laplace-Bereich. Diese Methode setzt allerdings voraus, daß alle Terme in der in

Partialbrüche zerlegten Form einfach mit Korrespondenztabellen zurück-transformiert werden können.

Um die Inverse einer Variablen $U(z)$ (als z-transformierte Ausgangsgröße eines Systems) zu bestimmen, muß $U(z)/z$ oder $U(z)$ in eine Summe einfacher Terme erster oder zweiter Ordnung überführt werden, wenn $U(z)$ eine oder mehrere Nullstellen bei $z=0$ hat. Der Grund dafür, daß $U(z)/z$ und nicht $U(z)$ in Partialbrüche zerlegt wird besteht darin, daß dadurch jeder Term der Reihe eine Form annimmt, die in jeder üblichen Korrespondenztabelle zu finden ist. Im folgenden Beispiel soll zunächst der Verschiebungssatz, der gerade bei der Partialbruchzerlegung von großer Bedeutung ist, in Erinnerung gerufen werden.

Beispiel 3.16:

Gegeben sei die Funktion

$$U(z) = \frac{z^{-1}}{1 - a\,z^{-1}}.$$

Mit der Definition $z \cdot U(z) = Y(z)$ erhält man

$$z \cdot U(z) = Y(z) = \frac{1}{1 - a\,z^{-1}}.$$

Unter Verwendung der Korrespondenztabelle in Anhang B erhält man die inverse z-Transformierte von $Y(z)$ zu

$$Z^{-1}\{Y(z)\} = y(k) = a^k.$$

Die (gesuchte) inverse z-Transformierte von $U(z) = z^{-1}Y(z)$ ist damit gegeben zu

$$Z^{-1}\{U(z)\} = u(k) = y(k-1).$$

Weil außerdem $y(k) = 0$ für $k < 0$ vorausgesetzt wird, erhält man

$$u(k) = \begin{cases} y(k-1), & \text{für } k = 1,2,3,\dots \\ 0, & \text{für } k \leq 0. \end{cases} \qquad \square$$

In den meisten Fällen ist $U(z)$ als Quotient zweier Polynome gegeben, das heißt

$$U(z) = \frac{b_0 z^m + b_1 z^{m-1} + \dots + b_{m-1} z + b_m}{z^n + a_1 z^{n-1} + \dots + a_{n-1} z + a_n}, \quad m \leq n.$$

Um für solche Beispiele $U(z)$ in Partialbrüche zerlegen zu können, muß zunächst der Nenner (mit Hilfe der Pole) in der faktorisierten Form angeschrieben werden:

$$U(z) = \frac{b_0 z^m + b_1 z^{m-1} + \ldots + b_{m-1} z + b_m}{(z - p_1)(z - p_2) \cdots (z - p_n)}.$$

Im nächsten Schritt wird $U(z)/z$ in Partialbrüche zerlegt, damit jeder einzelne Term mit Hilfe von Korrespondenztabellen einfach transformiert werden kann.

Die allgemeine Vorgehensweise für den Fall, daß sämtliche Pole einfach auftreten und mindestens eine Nullstelle im Ursprung liegt (das heißt $b_m = 0$) besteht darin, beide Seiten der Gleichung für $U(z)$ durch z zu dividieren und dann $U(z)/z$ in Partialbrüche zu zerlegen. Dadurch erhält man

$$\frac{U(z)}{z} = \frac{a_1}{z - p_1} + \frac{a_2}{z - p_2} + \cdots + \frac{a_n}{z - p_n}.$$

Die Koeffizienten a_i erhält man durch Multiplikation der beiden Seiten obiger Gleichung mit $z - p_i$ und setzt anschließend $z = p_i$. Damit verbleibt auf der rechten Seite nur der Term mit a_i. Damit erhält man

$$a_i = \left[(z - p_i) \cdot \frac{U(z)}{z} \right]_{z = p_i}. \tag{3.34}$$

Wenn $U(z)/z$ mehrfache Pole enthält, beispielsweise einen Doppelpol an der Stelle $z = p_1$ und sonst keine Pole, dann wird $U(z)/z$ zu

$$\frac{U(z)}{z} = \frac{c_1}{(z - p_1)^2} + \frac{c_2}{(z - p_1)}.$$

Die Koeffizienten c_1 und c_2 erhält man dann über

$$c_1 = \left[(z - p_1)^2 \cdot \frac{U(z)}{z} \right]_{z = p_1} \tag{3.35}$$

und

$$c_2 = \left\{ \frac{d}{dz} \left[(z - p_1)^2 \cdot \frac{U(z)}{z} \right] \right\}_{z = p_1} \tag{3.36}$$

Einige Beispiele sollen die Vorgehensweise für Aufgaben dieser Art zeigen.

Beispiel 3.17:

Für die Funktion

$$U(z) = \frac{\left(1 - e^{-aT}\right)z}{(z-1)\left(z - e^{-aT}\right)},$$

wobei a eine Konstante und T die Abtastperiode ist, soll die inverse z-Transformierte $u(kT)$ mit Hilfe der Partialbruchzerlegung ermittelt werden.

Lösung:

Die Partialbruchzerlegung von $U(z)/z$ ergibt sich über eine kurze Zwischenrechnung zu

$$\frac{U(z)}{z} = \frac{1}{z-1} - \frac{1}{z - e^{-aT}}.$$

Damit ist

$$U(z) = \frac{z}{z-1} - \frac{z}{z - e^{-aT}}.$$

Unter Verwendung der Korrespondenztabelle folgt

$$Z\left\{\frac{z}{z-1}\right\} = 1 \quad \text{und} \quad Z^{-1}\left\{\frac{z}{z - e^{-aT}}\right\} = e^{-akT}.$$

Somit lautet die inverse z-Transformierte von $U(z)$:

$$u(kT) = 1 - e^{-akT} \quad \text{mit} \quad k = 0,1,2,\dots. \qquad \square$$

Beispiel 3.18

Gegeben ist die Funktion

$$U(z) = \frac{z^2 + z + 2}{(z-1)\left(z^2 - z + 1\right)};$$

gesucht ist die inverse z-Transformierte unter Verwendung der Partialbruchzerlegung.

Lösung:

$U(z)$ läßt sich in folgende Partialbrüche zerlegen:

$$U(z) = \frac{4}{z-1} + \frac{-3z+2}{z^2 - z + 1} = \frac{4z^{-1}}{1 - z^{-1}} + \frac{-3z^{-1} + 2z^{-2}}{1 - z^{-1} + z^{-2}}.$$

Weil die beiden Pole des quadratischen Terms obiger Gleichung konjugiert komplex sind, wird $U(z)$ wie folgt umgeschrieben:

$$U(z) = \frac{4z^{-1}}{1-z^{-1}} - 3\left(\frac{z^{-1}-0{,}5z^{-2}}{1-z^{-1}+z^{-2}}\right) + \frac{0{,}5z^{-2}}{1-z^{-1}+z^{-2}},$$

$$U(z) = 4z^{-1}\frac{1}{1-z^{-1}} - 3z^{-1}\frac{1-0{,}5z^{-1}}{1-z^{-1}+z^{-2}} + z^{-1}\frac{0{,}5z^{-1}}{1-z^{-1}+z^{-2}}.$$

Wegen der allgemein gültigen Korrespondenzen

$$Z\{e^{-akT}\cdot\cos\omega kT\} = \frac{1-e^{-aT}z^{-1}\cdot\cos\omega T}{1-2e^{-aT}z^{-1}\cdot\cos\omega T+e^{-2aT}z^{-2}}$$

und

$$Z\{e^{-akT}\cdot\sin\omega kT\} = \frac{e^{-aT}z^{-1}\cdot\sin\omega T}{1-2e^{-aT}z^{-1}\cdot\cos\omega T+e^{-2aT}z^{-2}}$$

kann durch die Identifikation $e^{-2aT}=1$ und $\cos\omega T=1/2$ mit $\omega T=\pi/3$ und $\sin\omega T=\sqrt{3}/2$ ein Bezug zur gegebenen Aufgabenstellung konstruiert werden.

Damit ist

$$Z^{-1}\left\{\frac{1-0{,}5z^{-1}}{1-z^{-1}+z^{-2}}\right\} = 1^k\cdot\cos\left(\frac{k\,\pi}{3}\right)$$

sowie

$$Z^{-1}\left\{\frac{0{,}5z^{-1}}{1-z^{-1}+z^{-2}}\right\} = Z^{-1}\left\{\frac{1}{\sqrt{3}}\cdot\frac{(\sqrt{3}/2)z^{-1}}{1-z^{-1}+z^{-2}}\right\} = \frac{1}{\sqrt{3}}\cdot 1^k\cdot\sin\left(\frac{k\,\pi}{3}\right).$$

Somit lautet die gesuchte inverse *z*-Transformierte

$$u(k) = 4\left(1^{k-1}\right) - 3\left(1^{k-1}\right)\cdot\cos\frac{(k-1)\,\pi}{3} + \frac{1}{\sqrt{3}}\left(1^{k-1}\right)\sin\frac{(k-1)\,\pi}{3}.$$

In verkürzter Form angeschrieben gilt somit

$$u(k) = \begin{cases} 4 - 3\cdot\cos\dfrac{(k-1)\,\pi}{3} + \dfrac{1}{\sqrt{3}}\sin\dfrac{(k-1)\,\pi}{3}; & k=1,2,3,\ldots \\[2mm] 0 & \text{für}\quad k\le 0. \end{cases}$$

Daraus erhält man $u(0)=0$, $u(1)=1$, $u(2)=3$, $u(3)=6$, $u(4)=7$, etc.

Im folgenden soll noch ein alternativer Lösungsweg aufgezeigt werden.

Mit

$$U(z) = 4z^{-1}\left(\frac{1}{1-z^{-1}}\right) - 3\left(\frac{z^{-1}}{1-z^{-1}+z^{-2}}\right) + 2z^{-1}\left(\frac{z^{-1}}{1-z^{-1}+z^{-2}}\right)$$

erhält man mit

$$Z^{-1}\left\{\frac{z^{-1}}{1-z^{-1}}\right\} = \begin{cases} 1 & \text{für} \quad k = 0,1,2,3,\ldots \\ 0 & \text{für} \quad k \le 0 \end{cases}$$

und

$$Z^{-1}\left\{\frac{z^{-1}}{1-z^{-1}+z^{-2}}\right\} = \frac{2}{\sqrt{3}} \cdot \left(1^k\right) \cdot \sin\left(\frac{k\pi}{3}\right)$$

die gesuchte Lösung zu

$$u(k) = \begin{cases} 4 - 2\sqrt{3} \cdot \sin\left(\frac{k\pi}{3}\right) + \frac{4}{\sqrt{3}}\sin\frac{(k-1)\pi}{3}; & k = 1,2,3,\ldots \\ 0 \quad \text{für} \quad k \le 0. \end{cases}$$

Obwohl die beiden Ergebnisse scheinbar von verschiedener Form sind, erhält man trotzdem dieselben Werte für $u(k)$. □

3.3.4 Rücktransformation mit Hilfe des Inversions-Integrals

Die im folgenden zu beschreibende Vorgehensweise ist die aus der Sicht der Mathematik allgemeinste Technik zur Bestimmung der inversen z-Transformierten. Bevor diese Methode für unsere Zwecke angewandt werden kann, ist zunächst ein kurzer Rückblick auf die Funktionentheorie notwendig.

Es sei z_0 ein isolierter singulärer Punkt, also ein Pol, der Funktion $F(z)$. Es kann gezeigt werden, daß eine positive Zahl r_1 derart existiert, daß die Funktion $F(z)$ in jedem Punkt z analytisch ist, für den $0 < |z - z_0| \le r_1$ gilt. Der Kreis mit seinem Mittelpunkt in $z = z_0$ und dem Radius r_1 sei mit C_1 bezeichnet.

Weiterhin soll ein Kreis C_2 mit seinem Mittelpunkt in $z = z_0$ und dem Radius $|z - z_0| = r_2$ definiert werden, wobei gilt $r_2 \le r_1$. Die beiden Kreise C_1 und C_2 mit der Singularität z_0 sind im folgenden Bild gezeigt.

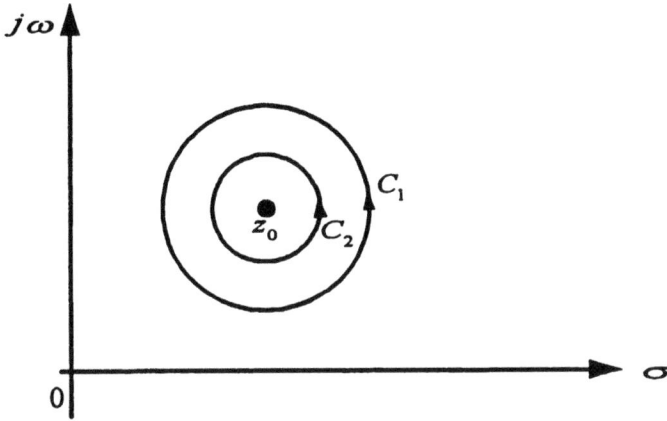

Bild 3.23: Analytisches Gebiet der Funktion $F(z)$

Die Laurent-Reihe der Funktion $F(z)$ um den Pol $z = z_0$ lautet bekanntlich

$$F(z) = \sum_{n=0}^{\infty} a_n \cdot (z - z_0)^n + \sum_{n=1}^{\infty} \frac{b_n}{(z - z_0)^n}, \tag{3.37}$$

wobei die Koeffizienten a_n und b_n gegeben sind zu

$$a_n = \frac{1}{2j\pi} \oint_C \frac{F(z)}{(z - z_0)^{n+1}} dz, \qquad n = 0, 1, 2, \dots$$

$$b_n = \frac{1}{2j\pi} \oint_{C_2} \frac{F(z)}{(z - z_0)^{-n+1}} dz, \qquad n = 1, 2, 3, \dots.$$

Wie man aus obiger Gleichung sieht, ist der Koeffizient b_1 zu bestimmen aus

$$b_1 = \frac{1}{2j\pi} \oint_{C_2} F(z) dz. \tag{3.38}$$

In der einschlägigen (mathematischen) Literatur wird gezeigt, daß das Ergebnis der Integration gemäß Gleichung (3.38) unverändert bleibt, wenn die Kurve C_1 durch eine beliebige Kurve C um den Punkt z_0 ersetzt wird, so daß $F(z)$ auf und innerhalb der Kurve C analytisch ist, außer an der Polstelle $z = z_0$; siehe hierzu Bild 3.24.

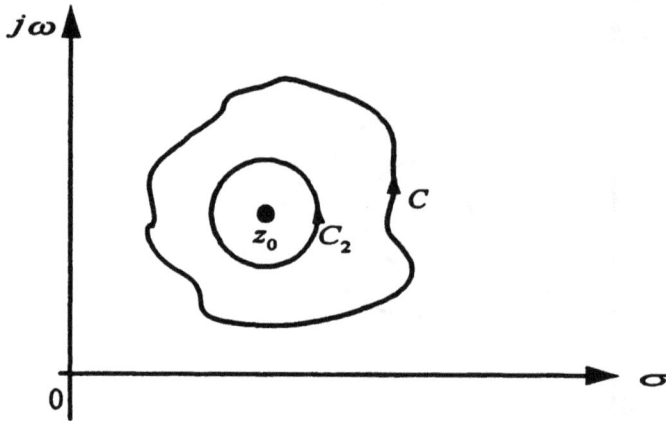

Bild 3.24: Analytisches Gebiet der Funktion $F(z)$ begrenzt durch die geschlossene Kurve C

Die geschlossene Kurve C darf auch außerhalb des Kreises C_1 liegen (soweit keine weiteren Polstellen eingeschlossen werden). Gemäß des Cauchy-Gorsat-Theoremes gilt

$$\oint_C F(z)\,dz = \oint_{C_2} F(z)\,dz \ .$$

Damit kann Gleichung (3.38) geschrieben werden zu

$$b_1 = \frac{1}{2j\pi} \oint_C F(z)\,dz \ . \tag{3.39}$$

Der Koeffizient b_1 wird als <u>Residuum</u> der Funktion $F(z)$ an der Polstelle z_0 bezeichnet.

Im folgenden sei angenommen, daß die Funktion $F(z)$ innerhalb der geschlossenen Kurve C analytisch ist, außer in den m isolierten Polstellen z_1, z_2, ..., z_m, wie im Bild 3.25 gezeigt wird.

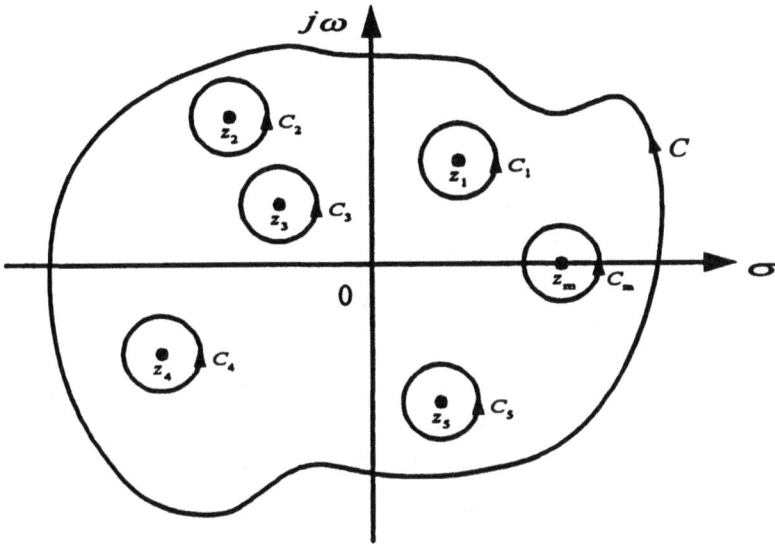

Bild 3.25: Geschlossener Kurvenzug C mit m umlaufenen Polstellen

Gemäß des Cauchy-Goursat-Theorems gilt jetzt

$$\oint_C F(z)\,dz = \oint_{C_1} F(z)\,dz + \oint_{C_2} F(z)\,dz + \cdots + \oint_{C_m} F(z)\,dz \quad ,$$

wobei $C_1, C_2, \ldots, C_m$ geschlossene Kurvezüge um die Polstellen z_1, z_2, ..., z_m sind.

Bezugnehmend auf die obige Gleichung muß jetzt gelten:

$$\oint_C F(z)\,dz = 2j\pi \cdot \left(b_{1,1} + b_{1,2} + \cdots + b_{1,m} \right)$$

$$= 2j\pi \cdot \left(K_1 + K_2 + \cdots + K_m \right),$$

(3.40)

wobei $K_1 = b_{1,1}$, $K_2 = b_{1,2}$, ... , $K_m = b_{1,m}$ die Residuen von $F(z)$ in den Polstellen $z_1, z_2, \ldots, z_m$ sind.

Die Gleichung (3.40) ist in der Mathematik unter dem Begriff <u>Residuen-Theorem</u> bekannt. Es besagt, daß sich das Umlaufintegral im Gegenuhrzeigersinn einer bis auf m Polstellen analytischen Funktion $F(z)$ entlang einer geschlossenen Kurve C zu $2j\pi$, multipliziert mit der Summe der Residuen an den Polstellen $z_1, \ldots, z_m$ ergibt.

Nun soll das Cauchy-Goursat-Theorem und das Residuen-Theorem auf die Rücktransformation z-transformierter Funktionen angewandt werden.

Gemäß der Definition der z-Transformation gilt

$$U(z) = \sum_{k=0}^{\infty} u(kT) \cdot z^{-k} = u(0) + u(T) z^{-1}$$
$$+ u(2T) z^{-2} + \cdots + u(kT) z^{-k} + \cdots.$$

Multipliziert man beide Seiten der obigen Gleichung mit z^{k-1}, so erhält man

$$U(z) \cdot z^{k-1} = u(0) \cdot z^{k-1} + u(T) \cdot z^{k-2}$$
$$+ u(2T) \cdot z^{k-3} + \cdots + u(kT) z^{-1} + \cdots. \tag{3.41}$$

Nun stellt aber gerade die Gleichung (3.41) die Laurent-Reihe der Funktion $U(z) \cdot z^{k-1}$ um den Punkt $z = 0$ dar. Man stelle sich deshalb einen Kreis C mit seinem Mittelpunkt im Ursprung der z-Ebene vor, der alle Polstellen der Funktion $U(z) \cdot z^{k-1}$ umschließt. Beachtet man außerdem, daß der Koeffizient $u(kT)$ als begleitender Faktor von z^{-1} in der Gleichung (3.41) gerade das Residuum ist, so gilt

$$U(kT) = \frac{1}{2j\pi} \oint_C U(z) z^{k-1} dz. \tag{3.42}$$

Die Gleichung (3.42) ist das gesuchte Inversionsintegral für die z-Transformierte. Die Berechnung des Inversionsintegrals wird unter Verwendung des Residuen-Theorems durchgeführt. Für den allgemeinen Fall sei nun angenommen, daß die Pole der Funktion $U(z) \cdot z^{k-1}$ mit z_1, z_2, ..., z_m bezeichnet sein mögen. Weil die geschlossene Kurve C alle Polstellen z_1, z_2, ..., z_m umschließt, muß gemäß Gleichung (3.40) gelten:

$$\oint_C U(z) \cdot z^{k-1} dz = \oint_{C_1} U(z) \cdot z^{k-1} dz + \oint_{C_2} U(z) \cdot z^{k-1} dz +$$
$$+ \cdots + \oint_{C_m} U(z) \cdot z^{k-1} dz \tag{3.43}$$
$$= 2j\pi \left(K_1 + K_2 + \cdots K_m \right),$$

wobei $K_1, K_2, ..., K_m$ die Residuen der Funktion $U(z) \cdot z^{k-1}$ an den Polstellen z_1, z_2, ..., z_m sind und $C_1, C_2, ..., C_m$ kleine geschlossene Kurven um die isolierten Polstellen darstellen. Nun werden die Gleichungen (3.42) und (3.43) kombiniert und man erhält damit

$$u(kT) = u(k) = K_1 + K_2 + \cdots K_m$$
$$= \sum_{i=1}^{m} \left[\text{Residuen von } U(z) \cdot z^{k-1} \text{ an den Polen } z = z_i \right]. \tag{3.44}$$

Wenn die Funktion $U(z) \cdot z^{k-1}$ nur <u>einfache Pole</u> enthält, dann erhält man das Residuum K an der Polstelle $z = z_i$ zu

$$K = \lim_{z \to z_i} \left[(z - z_i) U(z) \cdot z^{k-1} \right].$$

Wenn $U(z) \cdot z^{k-1}$ einen mehrfachen Pol z_j der Ordnung q enthält, dann errechnet sich das Residuum K für solche Fälle zu

$$K = \frac{1}{(q-1)!} \cdot \lim_{z \to z_j} \left\{ \frac{d^{q-1}}{dz^{q-1}} \left[(z - z_j)^q \cdot U(z) \cdot z^{k-1} \right] \right\}.$$

Abschließend sollte erwähnt werden, daß die Berechnung der Residuen relativ aufwendig wird, wenn $U(z) \cdot z^{k-1}$ an der Stelle $z = 0$ einen ein- oder mehrfachen Pol besitzt. Für solche Fälle kommt man mit der Partialbruchzerlegung schneller zum gewünschten Ergebnis.

Beispiel 3.19

Für die *z*-Transformierte

$$U(z) = \frac{z \left(1 - e^{-aT} \right)}{(z - 1)\left(z - e^{-aT} \right)}$$

ist unter Verwendung des Inversions-Integrals die Wertefolge $u(kT)$ zu bestimmen.

Lösung:

Die Funktion

$$U(z) \cdot z^{k-1} = \frac{\left(1 - e^{-aT} \right) z^k}{(z - 1)\left(z - e^{-aT} \right)}$$

hat zwei einfache Pole, $z_1 = 1$ und $z_2 = e^{-aT}$. Aus Gleichung (3.44) folgt für das gegebene Beispiel

$$u(k) = \sum_{i=1}^{2} \left[\text{Residuen von } \frac{\left(1 - e^{-aT} \right) z^k}{(z - 1)\left(z - e^{-aT} \right)} \text{ an den Polen } z = z_i \right]$$

$$= K_1 + K_2$$

mit

$$K_1 = [\text{Residuen an der Polstelle } z = 1],$$

$$K_1 = \lim_{z \to 1} \left[(z-1) \frac{\left(1 - e^{-aT}\right) z^k}{(z-1)\left(z - e^{-aT}\right)} \right] = 1$$

und

$$K_2 = \left[\text{Residuen an der Polstelle } z = e^{-aT}\right],$$

$$K_2 = \lim_{z \to e^{-aT}} \left[\left(z - e^{-aT}\right) \cdot \frac{\left(1 - e^{-aT}\right) z^k}{(z-1)\left(z - e^{-aT}\right)} \right] = e^{-aTk}.$$

Damit wird die gesuchte Wertefolge zu

$$u(kT) = K_1 + K_2 = 1 - e^{-akT} \text{ mit } k = 0,1,2,\dots.$$ $\square$

Beispiel 3.20

Gesucht ist die inverse z-Transformierte der Funktion

$$U(z) = \frac{z^2}{(z-1)^2 \left(z - e^{-aT}\right)}$$

mit Hilfe des Inversions-Integrals.

Lösung:

Es gilt

$$U(z) \cdot z^{k-1} = \frac{z^{k+1}}{(z-1)^2 \left(z - e^{-aT}\right)}.$$

Die Funktion $U(z) \cdot z^{k-1}$ hat für $k = 0,1,2,\dots$ einen einfachen Pol an der Stelle $z_1 = e^{-aT}$ und einen Doppelpol an der Stelle $z_2 = 1$.

Aus Gleichung (3.44) folgt

$$u(k) = \sum_{i=1}^{2} \left[\text{Residuen von } \frac{z^{k+1}}{(z-1)^2 \left(z - e^{-aT}\right)} \text{ an den Polen } z = z_i \right]$$

$$= K_1 + K_2.$$

Die Residuen erhält man aus

$$K_1 = \lim_{z \to e^{-aT}} \left[\left(z - e^{-aT}\right) \cdot \frac{z^{k+1}}{(z-1)^2 \left(z - e^{-aT}\right)} \right] = \frac{e^{-a(k+1)T}}{\left(1 - e^{-aT}\right)^2},$$

$$K_2 = \frac{1}{(2-1)!} \cdot \lim_{z \to 1}\left\{\frac{d}{dz}\left[(z-1)^2 \cdot \frac{z^{k+1}}{(z-1)^2(z-e^{-aT})}\right]\right\},$$

$$K_2 = \lim_{z \to 1}\left\{\frac{d}{dz}\left(\frac{z^{k+1}}{(z-e^{-aT})}\right)\right\},$$

$$K_2 = \frac{k}{1-e^{-aT}} - \frac{e^{-aT}}{(1-e^{-aT})^2}.$$

Damit wird $u(k)$ zu

$$u(k) = K_1 + K_2 = \frac{e^{-aT} \cdot e^{-akT}}{(1-e^{-aT})^2} + \frac{k}{1-e^{-aT}} - \frac{e^{-aT}}{(1-e^{-aT})^2}$$

$$u(k) = \frac{kT}{T(1-e^{-aT})} - \frac{e^{-aT}(1-e^{-akT})}{(1-e^{-aT})^2} \quad \text{mit } k = 0,1,2,\ldots. \qquad \square$$

3.3.5 Sukzessive Berechnung der diskreten Wertefolge

Im folgenden werden zwei Methoden bezüglich der Bestimmung der diskreten Wertefolge erläutert, die sich von den bisherigen Methoden im wesentlichen dadurch unterscheiden, daß für sie keine allgemeine Herleitung existiert, sondern nur auf konkrete Zahlenbeispiele angewandt werden können.

Zu diesen Praktiken zählen

1. die Lösung von Differenzengleichungen und
2. die Bestimmung der diskreten Wertefolge mit MATLAB.

Hierzu soll ein Beispiel der Form

$$F(z) = \frac{0{,}46z^{-1} - 0{,}34z^{-2}}{1 - 1{,}53z^{-1} + 0{,}66z^{-2}} \tag{3.45}$$

betrachtet werden.

Um die inverse z-Transformierte zu bestimmen, wird als Eingangsfunktion, analog zur Laplace-Transformation, der Einheitsimpuls (Kronecker-Delta-Funktion) angewandt, das heißt

$$e(k) = 1 \quad \text{für } k = 0,$$

$$e(k) = 0 \quad \text{für } k \neq 0.$$

Die z-Transformierte des Einheitsimpulses ist bekanntlich $E(z) = 1$.

Mit der Kronecker-Funktion wird Gleichung (3.45) erneut zu

$$F(z) = \frac{U(z)}{E(z)} = \frac{0,46z^{-1} - 0,34z^{-2}}{1 - 1,53z^{-1} + 0,66z^{-2}} = \frac{0,46z - 0,34}{z^2 - 1,53z + 0,66} \qquad (3.46)$$

3.3.5.1 Diskrete Wertefolge durch Lösen der Differenzengleichung

Formt man die Gleichung (3.46) geringfügig um zu

$$\left(z^2 - 1,53z + 0,66\right)U(z) = \left(0,46z - 0,34\right)E(z),$$

so läßt sich daraus unmittelbar die dazu korrespondierende Differenzengleichung anschreiben:

$$u(k+2) - 1,53u(k+1) + 0,66u(k) = 0,46e(k+1) - 0,34e(k). \qquad (3.47)$$

Dabei ist $e(0) = 1$, $e(k) = 0$ für $k \neq 0$ und $u(k) = 0$ für $k < 0$. Die Anfangswerte $u(0)$ und $u(1)$ werden auf folgendem Wege bestimmt:

Setzt man $k = -2$ in Gleichung (3.47), so erhält man mit

$$u(0) - 1,53u(-1) + 0,66u(-2) = 0,46e(-1) - 0,34e(-2)$$

sofort

$$u(0) = 0.$$

Setzt man im nächsten Schritt $k = -1$ in Gleichung (3.47), so wird obige
Gleichung zu

$$u(1) - 1,53u(0) + 0,66u(-1) = 0,46e(0) - 0,34e(-1)$$

und erhält daraus

$$u(1) = 0,46.$$

Die Bestimmung der inversen z-Transformierten von $U(z)$ beschränkt sich
nun auf die Lösung der Differenzengleichung bezüglich $u(k)$:

$$u(k+2) - 1,53u(k+1) + 0,66u(k) = 0,46e(k+1) - 0,34e(k)$$

mit den Anfangswerten

$$u(0) = 0,$$

$$u(1) = 0,46,$$

$$e(k) = 0 \text{ für } k \neq 0.$$

Die Gleichung (3.47) kann nun einfach von Hand oder durch ein kurzes
Computerprogramm gelöst werden.

3.3.5.2 Bestimmung der diskreten Wertefolge mit MATLAB

Wie sich im Anschluß zeigen wird, kann MATLAB sehr gut zur Bestimmung der inversen *z*-Transformierten eingesetzt werden; allerdings natürlich nur, wie bereits erwähnt, für konkrete Zahlenbeispiele. Der Einheitssprung, siehe Gleichung (3.46), wird in MATLAB definiert mit

```
e = [1 zeros(1,(N-1))],
```

wobei N mit der Anzahl der zu bestimmenden, diskreten Werte des zu betrachtenden Systems korrespondiert.

Wegen $E(z) = 1$ wird

$$U(z) = \frac{0{,}46z - 0{,}34}{z^2 - 1{,}53z + 0{,}66}$$

und die inverse *z*-Transformierte von $F(z)$ ist gegeben durch $u(0)$, $u(1)$, $u(2)$,....

Im gegebenen Beispiel sei nun $u(k)$ bis $k = 40$ zu bestimmen. Um diese Aufgabe mit MATLAB zu lösen, sind zunächst die Koeffizienten des Zähler- und Nennerpolynoms von $F(z)$ einzugeben:

```
num = [0, 0.46, -0.34];
den = [1, -1.53, 0.66];
```

Als Eingangsgröße ist dem Rechner nun die Kronecker-Funktion bekannt zu machen:

```
e = [1 zeros(1, 40)];
```

Mit dem folgenden Kommando

```
u = filter(num, den, e)
```

wird am Bildschirm die diskrete Wertefolge $u(k)$ für $k = 0$ bis $k = 40$ wie folgt ausgegeben:

```
u =

  Columns 1 through 7
        0     0.4600     0.3638     0.2530     0.1470
0.0579    -0.0084

  Columns 8 through 14
  -0.0511    -0.0726    -0.0774    -0.0705    -0.0567     -
0.0403    -0.0242

  Columns 15 through 21
  -0.0105     0.0000     0.0069     0.0105     0.0116
0.0108     0.0088

  Columns 22 through 28
```

```
     0.0064      0.0040      0.0018      0.0002     -0.0009    -
 0.0015     -0.0017
```

```
    Columns 29 through 35
     -0.0016     -0.0014    -0.0010     -0.0006     -0.0003    -
 0.0001      0.0001
```

```
    Columns 36 through 41
      0.0002      0.0003     0.0002      0.0002      0.0002
 0.0001
```

»

Die in obiger Tabelle eingetragenen Zahlenwerte stellen die Werte der inversen z-Transformierten von $F(z)$ bzw. $U(z)$ dar, das heißt

$$u(0) \quad = \quad 0$$

$$u(1) \quad = \quad 0{,}46$$

$$u(2) \quad = \quad 0{,}3638$$

$$\vdots$$

$$u(40) \quad = \quad 0{,}0001.$$

Abschließend sollen die Werte $u(k)$ der inversen z-Transformierten von $U(z)$ über k aufgetragen werden.

Hierzu wird im folgenden das dazu notwendige MATLAB-Programm aufgezeigt.

```
% Systemantwort auf den Kronecker-Impuls
%
% Koeffizienten des Zählerpolynoms
num = [0, 0.46, -0.34];
% Koeffizienten des Nennerpolynoms
den = [1, -1.53, 0.66];
% Definition des Kronecker-Impulses
e = [1 zeros(1, 40)];
% Produktion des Ausgangs
u = filter(num, den, e);
k = 0:40;          % Zahl der darzustellenden Werte
plot(k, u, 'o')
v = [0 40 -1 1];          % Achsenteilung
axis(v);
grid                      % Rasterung des Diagramms
title('Einheitsimpuls-Antwort')
gtext('k')                % Bezeichnung der Abszisse
gtext('u(k)')             % Bezeichung der Ordinate
```

Im folgenden ist schließlich das dazu korrespondierende Diagramm der Wertefolge $u(k)$ zu sehen.

Einheitsimpuls-Antwort

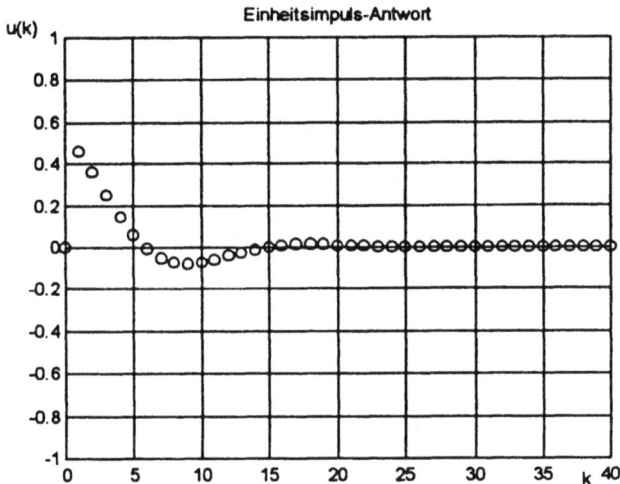

Bild 3.26: Systemantwort auf den Kronecker-Impuls

3.3.6 Die Lösung von Differenzengleichungen mit Hilfe der *z*-Transformation

Differenzengleichungen lassen sich auf einfachem Weg mit einem Digital-rechner lösen, wenn alle Koeffizienten bekannt sind. Abgesehen von Spezi-alfällen kann jedoch für die Reihe der $u(k)$-Werte kein geschlossener Aus-druck gefunden werden.

Betrachten wir hierzu ein lineares zeitinvariantes diskretes System, das durch folgende Differenzengleichung beschrieben ist:

$$u(k) + a_1 u(k-1) + \cdots + a_n u(k-n)$$
$$= b_0 e(k) + b_1 e(k-1) + \cdots + b_n e(k-n). \tag{3.48}$$

mit $u(k)$ als Systemausgang und $e(k)$ als Eingangsgröße.

Wenn diese Gleichung in den *z*-Bereich transformiert werden soll, muß jeder Term in den *z*-Bereich übertragen werden.

Mit $Z\{u(k)\} = U(z)$ können einschließlich der Anfangsbedingungen auch $e(k+1)$, $e(k+2)$, ... und $e(k-1)$, $e(k-2)$ etc. in Abhängigkeit von $U(z)$ und den Anfangsbedingungen ausgedrückt werden.

Für solche Zwecke findet sich im folgenden die entsprechende Tabelle als Stütze für entsprechende Beispiele.

Tabelle 3.2: z-Transformierte diskreter Funktionen

Diskrete Funktion	z-Transformierte
$u(k+4)$	$z^4 U(z) - z^4 u(0) - z^3 u(1) - z^2 u(2) - z u(3)$
$u(k+3)$	$z^3 U(z) - z^3 u(0) - z^2 u(1) - z u(2)$
$u(k+2)$	$z^2 U(z) - z^2 u(0) - z u(1)$
$u(k+1)$	$z U(z) - z u(0)$
$u(k)$	$U(z)$
$u(k-1)$	$z^{-1} U(z)$
$u(k-2)$	$z^{-2} U(z)$
$u(k-3)$	$z^{-3} U(z)$
$u(k-4)$	$z^{-4} U(z)$

Beispiel 3.21

Gesucht ist die Lösung der folgenden Differenzengleichung unter Verwendung der z-Transformation

$$u(k+2) + 3u(k+1) + 2u(k) = 0$$

mit $u(0) = 0$, $u(1) = 1$.

Mit Hilfe obiger Tabelle wird die z-Transformierte der gegebenen Differenzengleichung zu

$$z^2 U(z) - z^2 u(0) - z u(1) + 3z U(z) - 3z u(0) + 2U(z) = 0.$$

Durch Einsetzen der Anfangswerte und entsprechender Vereinfachung erhält man

$$U(z) = \frac{z}{z^2 + 3z + 2} = \frac{z}{(z+1)(z+2)} = \frac{z}{z+1} - \frac{z}{z+2}$$

beziehungsweise

$$U(z) = \frac{1}{1+z^{-1}} - \frac{1}{1+2z^{-1}}.$$

Mit

$$Z^{-1}\left\{\frac{1}{1+z^{-1}}\right\} = (-1)^k \quad \text{und}$$

$$Z^{-1}\left\{\frac{1}{1+2z^{-1}}\right\} = (-2)^k \quad \text{folgt}$$

$$u(k) = (-1)^k - (-2)^k \quad \text{mit } k = 0,1,2\ldots.$$

4 Analyse von Abtastsystemen

4.1 Einleitung

Durch den Einsatz von Digitalrechnern zur Berechnung der Stellgröße eines kontinuierlichen Systems wird die fundamentale Operation der Abtastung eingeführt. Von dem kontinuierlichen Signal einer physikalischen Größe, zum Beispiel einer Position, Geschwindigkeit oder einer Temperatur werden Abtastwerte entnommen, die im digitalen Regler zur Berechnung der Stellgröße verwendet werden.

Systeme dieser Art, bei denen im Regelkreis an manchen Stellen diskrete Signale und an anderen Stellen analoge Signale in Erscheinung treten, werden als Abtastsysteme bezeichnet. In diesem Kapitel soll nun der Abtastvorgang im Zeit- und Frequenzbereich analysiert werden.

4.2 Analyse der Prozesse Abtasten und Halten

Um Abtastwerte eines kontinuierlichen physikalischen Signals in digitaler Form zu erhalten, hat man in der Regel einen Sensor, der eine Spannung an seinem Ausgang liefert, die proportional zur physikalischen Variablen ist und einen Analog-Digital-Converter (ADC), der das Meßsignal in eine digitale Zahl umsetzt.

Um dem digitalen Regler (Computer) eine genaue Darstellung des Signals exakt zum Abtastzeitpunkt kT zu liefern, wird dem A/D-Converter eine elektronische Schaltung vorangesetzt, die als **Abtast-Halteglied** oder im amerikanischen Sprachgebrauch als Sample-and-Hold-Circuit (SHC) bezeichnet wird. Eine einfache Schaltung dieser Art zeigt das folgende Bild, wobei der Schalter S vom Rechnertakt angesteuert wird.

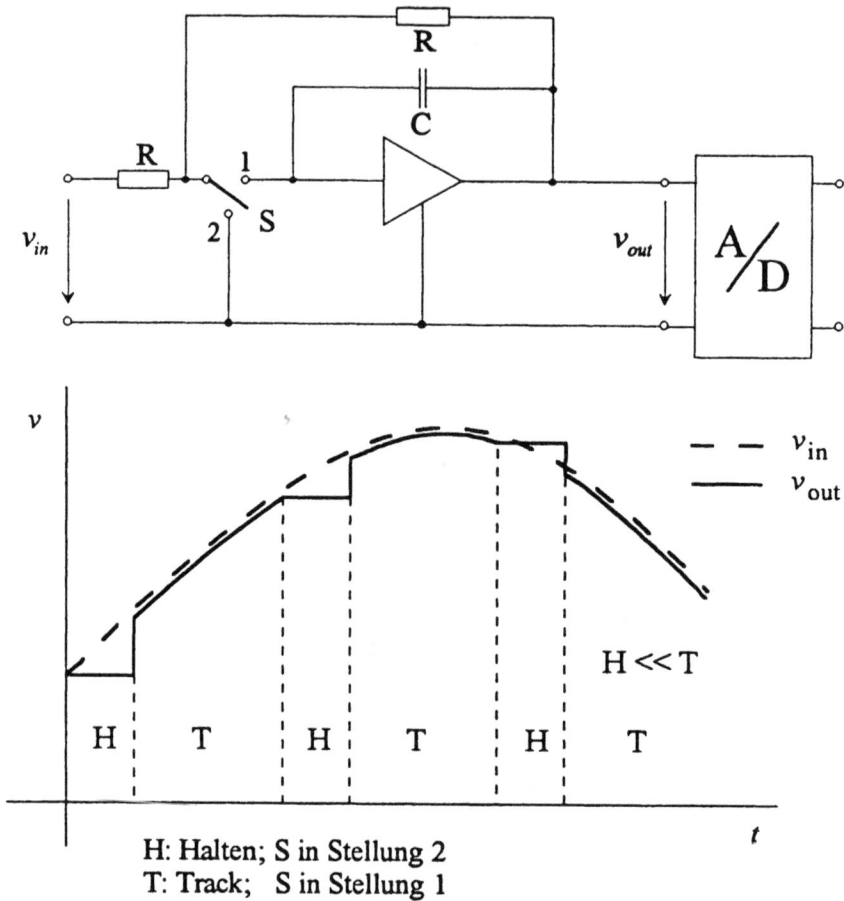

H: Halten; S in Stellung 2
T: Track; S in Stellung 1

Bild 4.1: ADC mit Abtast-Halteglied

Im folgenden wird die Funktionsweise des Abtast-Halteglieds erläutert. Wenn der Schalter S in Position 1 ist, folgt der Verstärker-Ausgang $v_{out}(t)$ (im Englischen „track") der Eingangsspannung $v_{in}(t)$ gemäß einer Übertragungsfunktion $1/(1+sRC)$.

Die Bandbreite $1/RC$ des SHC ist so zu wählen, daß sie groß ist im Vergleich zur Bandbreite des Eingangssignals. Während der Folgezeit („tracking time") bleibt der ADC abgeschaltet; v_{out} wird somit vom ADC ignoriert.

Wenn zum Zeitpukt $t = kT$ eine Abtastung ausgelöst werden soll, wird der Schalter S in die Position 2 gebracht und der Kondensator C hält den Ausgang $v_{out}(kT)$ des Operations-Verstärkers auf dem Signalpegel zum Zeitpunkt $t = kT$ fest. Der ADC konvertiert nun $v_{out}(kT)$ in eine digitale Zahl als wahre Repräsentation seines Eingangssignals zum Zeitpunkt der Abtastung. Diese digitale Zahl steht nach Abschluß der Konversion dem Digitalrechner zur Verfügung, der nun seinerseits auf der Basis des Regelprogramms die entsprechende Stellgröße berechnen kann.

Nun wird der SHC-Schalter (S) in die Position 1 gebracht, wodurch die Schaltung wieder dem Eingangspegel $v_{in}(t)$ bis zur nächsten Abtastung $(k+1)T$ folgt. Der vom ADC gelieferte Zahlenwert wird im Computer innerhalb der gesamten Abtastperiode T gespeichert; die Kombination der elektronischen Schaltung des SHC einschließlich des ADC arbeitet somit insgesamt als Sample-and-Hold für die Abtastperiode T.

Zum Zweck der Analyse wird der Vorgang des Abtastens und Haltens in zwei mathematische Operationen getrennt:

Eine Abtastoperation, dargestellt als Impulsmodulation und eine Halteoperation, repräsentiert als lineares Filter.

Folgendes Bild zeigt schematisch den idealen Abtaster:

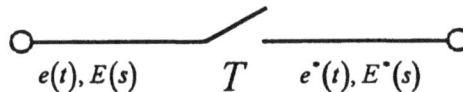

Bild 4.2: Symbol des Abtasters $\quad e(t), E(s) \qquad T \qquad e^*(t), E^*(s)$

Mit obigem Bild soll der Prozeß der periodischen Aufnahme von Abtastwerten aus dem Signal $e(t)$ und die Erzeugung von $e(kT)$ unter der Verwendung der Laplace-Transformation mathematisch beschrieben werden. Ausgehend von der Annahme, daß die Funktion $e(t)$ für negative Zeiten verschwindet, kann die Impulsfolge $e^*(t)$ ausgedrückt werden als

$$e^*(t) = \sum_{k=0}^{\infty} e(t) \cdot \delta(t - kT) \quad \text{oder} \tag{4.1a}$$

$$e^*(t) = \sum_{k=0}^{\infty} e(kT) \cdot \delta(t - kT), \tag{4.1b}$$

wobei $e(kT)$ der Wert von $e(t)$ zum Zeitpunkt $t = kT$ ist; $\delta(t - kT)$ repräsentiert den Einheitsimpuls zum Zeitpunkt kT.

Die Laplace-Transformierte der Gleichung (4.1b) kann geschrieben werden als

$$E^*(s) = \sum_{k=0}^{\infty} e(kT) \cdot e^{-ksT}. \tag{4.2}$$

Die Bezeichnung $E^*(s)$ symbolisiert die Laplace-Transformierte von $e^*(t)$, das getastete oder impulsmodulierte Singal $e(t)$. Weil die z-Transformierte mit der gesternten Laplace-Transformierten identisch ist, wobei lediglich e^{sT} mit z ersetzt wird, kann die z-Transformierte als Kurzbezeichnung für die gesternte Laplace-Transformierte betrachtet werden.

Nachdem nun ein Modell des Abtastvorgangs als Impulsmodulation vorhanden ist, muß jetzt noch die Halteoperation beschrieben werden, um die mathematische Beschreibung der SH-Operation zu vervollständigen.

Das Halteglied übernimmt die vom Abtaster gelieferten Impulse und liefert einen stückweise konstanten Ausgang. Die Übertragungsfunktion des Halteglieds erhält man mit wenig Aufwand aus der Impulsantwort. Diese ergibt sich aus der Überlagerung eines positiven Einheitssprungs zum Zeitpunkt $t = 0$ und eines negativen Einheitssprungs, der um T Sekunden nach rechts verschoben ist, wenn T die bereits bekannte Abtastperiode ist.

Im *Zeitbereich* kann die Impulsantwort ausgedrückt werden als

$$g_h(t) = \varepsilon(t) - \varepsilon(t - T).\tag{4.3}$$

Die Laplace-Transformierte der Gleichung (4.3) lautet

$$G_h(s) = \frac{1}{s} - \frac{1}{s} \cdot e^{-sT} \quad \text{bzw.}$$

$$G_h(s) = \frac{1 - e^{-sT}}{s}.\tag{4.4}$$

Natürlich ist das Signal $e^*(t)$ als „Impulskamm" nur ein hypothetisch eingeführtes Signal, um eine modellhafte Übertragungsfunktion des Halteglieds zu bekommen.

4.3   Das Spektrum eines abgetasteten Signals, Aliasing

Man erhält weitere Einsicht in die Zusammenhänge eines Abtastvorgangs durch eine alternative Darstellung der Transformierten von $e^*(t)$ durch Verwendung der Fourier-Analyse.

Aus Gleichung (4.1) ist zu ersehen, daß $e^*(t)$ ein Produkt des kontinuierlichen Signals $e(t)$ und der Impulskette $\sum \delta(t - kT)$ ist. Die Impulskette - als periodische Funktion - läßt sich mit Hilfe der komplexen Fourier-Reihen darstellen als

$$\sum_{k=0}^{\infty} \delta(t - kT) = \sum_{n=-\infty}^{+\infty} C_n \cdot e^{j(2\pi n/T)t},$$

wobei die Fourier-Koeffizienten C_n als Integral über eine Periode zu

$$C_n = \frac{1}{T} \int_{-T/2}^{T/2} \sum_{k=0}^{\infty} \delta(t - kT) \cdot e^{-jn(2\pi t/T)} dt$$

gegeben sind.

Der einzige Term in der Summe von Impulsen, der innerhalb der Integrationsgrenzen liegt, ist derjenige, der im Ursprung liegt.

Somit reduziert sich obiges Integral zu

$$C_n = \frac{1}{T} \int_{-T/2}^{T/2} \delta(t) \cdot e^{-jn(2\pi t/T)} dt.$$

Weil die Fläche unter jedem Impuls definitionsgemäß den Wert Eins hat, wird das obige Integral zu Eins. Sämtliche Koeffizienten C_n sind deshalb gleich und haben den Wert

$$C_n = \frac{1}{T}.$$

Damit lautet die Darstellung der Impulskette

$$\sum_{k=0}^{\infty} \delta(t - kT) = \frac{1}{T} \cdot \sum_{n=-\infty}^{+\infty} e^{j(2\pi n/T)t}. \tag{4.5}$$

Wir definieren nun noch $\omega_s = 2\pi/T$ als *Abtastkreisfrequenz* und setzen (unter Verwendung von ω_s) die Gleichung (4.5) in Gleichung (4.1) ein und schreiben die Laplace-Transformierte des Ausgangs des Abtasters an:

$$E^*(s) = \mathcal{L}\{e^*(t)\} = \int_0^{\infty} e(t) \cdot \left\{ \frac{1}{T} \cdot \sum_{n=-\infty}^{\infty} e^{jn\omega_s t} \right\} e^{-st} dt.$$

Die gliedweise Integration der Summe führt zu

$$E^*(s) = \frac{1}{T} \cdot \sum_{n=-\infty}^{\infty} \int_0^{\infty} e(t) \cdot e^{jn\omega_s t} \cdot e^{-st} dt.$$

Durch Kombination der Exponenten erhält man

$$E^*(s) = \frac{1}{T} \cdot \sum_{n=-\infty}^{\infty} \int_0^{\infty} e(t) \cdot e^{-(s - jn\omega_s)t} dt.$$

Das Integral stellt die Laplace-Transformierte von $e(t)$ dar mit lediglich einer Änderung der Variablen. Somit kann das Ergebnis angeschrieben werden als

$$E^*(s) = \frac{1}{T} \cdot \sum_{n=-\infty}^{\infty} E(s - jn\omega_s),\tag{4.6}$$

wobei $E(s)$ die Laplace-Transformierte von $e(t)$ ist.

Die Gleichung (4.5) bringt zum Ausdruck, daß die Impulskette mit einer unendlichen Sequenz von Trägerfrequenzen mit den Werten $n\omega_s$ korrespondiert und Gleichung (4.6) zeigt, daß dadurch eine unendliche Anzahl von Seitenbändern produziert wird, die mit $e(t)$ moduliert sind.

Um dies zu zeigen, wollen wir annehmen, daß das kontinuierliche Eingangssignal $e(t)$ ein Frequenzspektrum gemäß folgenden Bildes habe.

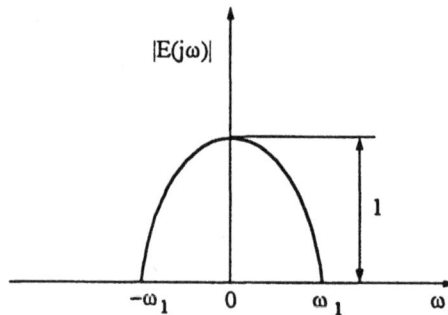

Bild 4.3: Ein hypothetisches Frequenzspektrum

Wie man sieht, hat das Signal $e(t)$ keine Frequenzkomponenten außerhalb ω_1. Wenn die Abtastkreisfrequenz ω_s, definiert als $2\pi/T$ mit T als Abtastperiode, größer als $2\omega_1$ ist, d.h.

$$\omega_s > 2\omega_1,$$

wobei ω_1 die höchste Frequenzkomponente des kontinuierlichen Signals $e(t)$ ist, dann kann $e(t)$ anhand der Abtastwerte $e^*(t)$ eindeutig rekonstruiert werden.

Dieses von Shannon stammende <u>Abtasttheorem</u> besagt, daß aus der Kenntnis der Abtastwerte $e^*(t)$ das Originalsignal theoretisch exakt rekonstruiert werden kann, sofern $\omega_s > 2\omega_1$ gewählt wird.

Um die Gültigkeit dieses Theorems zu zeigen, wird zunächst das Frequenzspektrum des abgetasteten Signals $e^*(t)$ benötigt. Die Laplace-Transformierte von $e^*(t)$ wurde bereits hergeleitet; siehe Gleichung (4.6). Um daraus das Frequenzspektrum zu bekommen, ist lediglich der Laplace-Operator s mit $j\omega$ zu ersetzen.

Damit wird

$$E^*(j\omega) = \frac{1}{T} \cdot \sum_{n=-\infty}^{+\infty} E(j\omega - jn\omega_s) \quad \text{bzw.}$$

$$E^*(j\omega) = \ldots + \frac{1}{T}E(j(\omega+\omega_s)) + \frac{1}{T}E(j\omega) + $$

$$+ \frac{1}{T}E(j(\omega-\omega_s)) + \ldots \tag{4.7}$$

Obige Gleichung stellt das gesuchte Frequenzspektrum des abgetasteten Signals $e^*(t)$ dar.

Wie man sieht wird das Spektrum des ursprünglichen Signals, gewichtet mit $1/T$, unendlich oft reproduziert. Somit erzeugt der Vorgang der Impulsmodulation des kontinuierlichen Signals eine Serie von Seitenbändern in positiver und negativer Richtung bezüglich der Frequenz. Das folgende Bild zeigt Frequenzspektren von $E^*(j\omega)$ für zwei verschiedene Werte der Abtastkreisfrequenz ω_s.

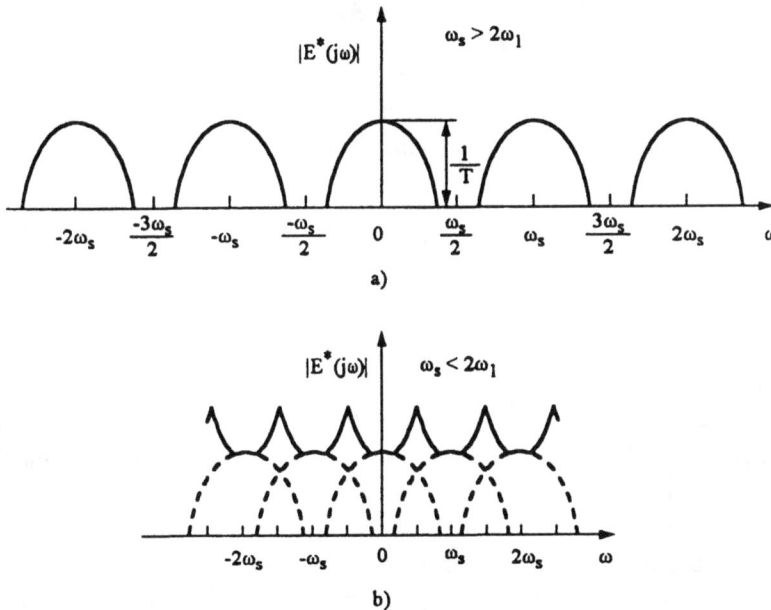

Bild 4.4: Frequenzspektren $\left|E^*(j\omega)\right|$ für a) $\omega_s > 2\omega_1$; und b) $\omega_s < 2\omega_1$

Jedes der beiden Frequenzspektren $\left|E^{*}(j\omega)\right|$ wiederholt sich mit der Periode $\omega_s = 2\pi/T$ auf der Frequenzachse. Die Komponente $\left|E^{*}(j\omega)\right|/T$ wird als <u>Primärkomponente</u>, die weiteren Komponenten $E^{*}(j(\omega \pm n\omega_s))/T$ werden als <u>komplementäre Komponenten</u> bezeichnet.

Für $\omega_s > 2\omega_1$ tritt keine Überlappung zwischen den Komponenten auf, wie aus Bild 4.4a) zu sehen ist. Für $\omega_s < 2\omega_1$ geht der ursprüngliche Verlauf von $\left|E^{*}(j\omega)\right|$ verloren, weil sich die Einzelspektren überlagern. Somit ist festzustellen, daß das kontinuierliche Signal $e(t)$ dann, und nur dann, eindeutig aus den Abtastwerten $e^{*}(t)$ reproduzierbar ist, sofern $\omega_s > 2\omega_1$ gewählt wird.

Zusammenfassung

Ist die Abtastfrequenz ω_s größer als $2\omega_1$, kann das kontinuierliche Signal durch die Verwendung eines dem Abtaster nachgeschalteten idealen Tiefpaß-Filters eindeutig rekonstruiert werden. Das dem Abtaster nachgeschaltete Halteglied entspricht der Charakteristik eines Tiefpaß-Filters; somit wird das abgetastete Signal geglättet, was der Unterdrückung hoher Frequenzkomponenten entspricht.

Bei praktischen Anwendungen wird dem Abtast-Halteglied häufig ein weiterer Tiefpaß vorgeschaltet, um zusätzlich hohe Frequenzanteile des kontinuierlichen Signals schon vor der Abtastung auszufiltern. Die praktische Erfahrung hat weiterhin gezeigt, daß aus Stabilitätsgründen, gerade im Hinblick auf rückgekoppelte Systeme eine Abtastfrequenz von $\omega_s = 10\omega_1$ bis $20\omega_1$ zu wählen ist.

Aliasing

Bei der folgenden Betrachtung wird auf Bild 4.5 Bezug genommen, das ein Frequenzspektrum von $e^{*}(t)$ mit $\omega_s < 2\omega_1$ zeigt.

Betrachten wir einen beliebigen Frequenzpunkt ω_2, der innerhalb des Überlagerungsbereichs der Frequenzspektren liegt. Wie man sieht, umfaßt das Frequenzspektrum an der Stelle $\omega = \omega_2$ zwei Komponenten; nämlich $\left|E^{*}(j\omega_2)\right|$ und $\left|E^{*}(j(\omega_s - \omega_2))\right|$.

Die letztere der beiden Komponenten resultiert aus dem Frequenzspektrum, das an der Stelle $\omega = \omega_s$ zentriert ist. Somit umfaßt das Frequenzspektrum des abgetasteten Signals $e^{*}(t)$ an der Stelle $\omega = \omega_2$ nicht nur eine Komponente der Frequenz ω_2, sondern zusätzlich eine Komponente der Frequenz $\omega_s - \omega_2$. (Allgemein ausgedrückt müßte man sagen, an der Stelle ω_2 entsteht nicht nur eine Komponente der Frequenz ω_2, sondern zusätzliche Komponenten der Frequenzen $n\omega_s \pm \omega_2$ mit n ganzzahlig. Jedoch haben Komponenten für $n > 1$ einen nur noch geringfügigen Einfluß.)

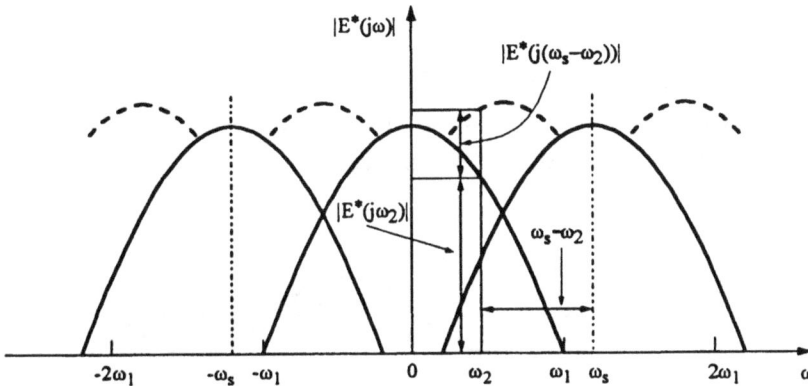

Bild 4.5: Frequenzspektrum bezüglich $e^*(t)$ mit $\omega_s < 2\omega_1$

Die Frequenzkomponente an der Stelle $\omega = n\omega_s \pm \omega_2$ ($n \geq 1$) erscheint am Ausgang, so als wenn es sich um eine Frequenzkomponente an der Stelle $\omega = \omega_2$ handeln würde.

Es kann also nicht zwischen dem Frequenzspektrum an der Stelle $\omega = \omega_2$ und dem Frequenzspektrum an der Stelle $\omega = n\omega_s \pm \omega_2$ unterschieden werden. Dieses Phänomen, wie im Bild 4.5 gezeigt wird, daß die Frequenzkomponente $\omega_s - \omega_2$ (allgemein $n\omega_s \pm \omega_2$) als Frequenzkomponente ω_2 in Erscheinung tritt, wird als Aliasing bezeichnet. Die Frequenz $\omega_s - \omega_2$ (allgemein $n\omega_s \pm \omega_2$) wird als Alias von ω_2 bezeichnet.

Betrachten wir ergänzend zwei Signale mit

$$e_1(t) = \sin(\omega_2 t),$$

$$e_2(t) = \sin((\omega_2 + n\omega_s)t)$$

mit $n \geq 1$ und ganzzahlig.

Die Frequenzen von $e_1(t)$ und $e_2(t)$ unterscheiden sich durch ein ganzzahlig Vielfaches der Abtastfrequenz ω_s. Wenn diese Signale mit der Abtastperiode T ($T = 2\pi/\omega_s$) abgetastet werden, so gilt

$$e_1(kT) = \sin(\omega_2 kT) \quad \text{und}$$

$$e_2(kT) = \sin((\omega_2 + n\omega_s)kT)$$

$$= \sin(\omega_2 kT + 2\pi\, kn);$$

weil k und n ganzzahlig sind, wird

$$e_2(kT) = \sin(\omega_2 kT).$$

Wie man sieht entsprechen sich $e_1(kT)$ und $e_2(kT)$ vollständig. Das folgende Bild zeigt die Signale $e_1(t) = \sin\omega_2 t = \sin t$ und $e_2(t) = \sin\omega_3 t = \sin 4t$ und die jeweiligen Abtastwerte $e_1(k)$ und $e_2(k)$.

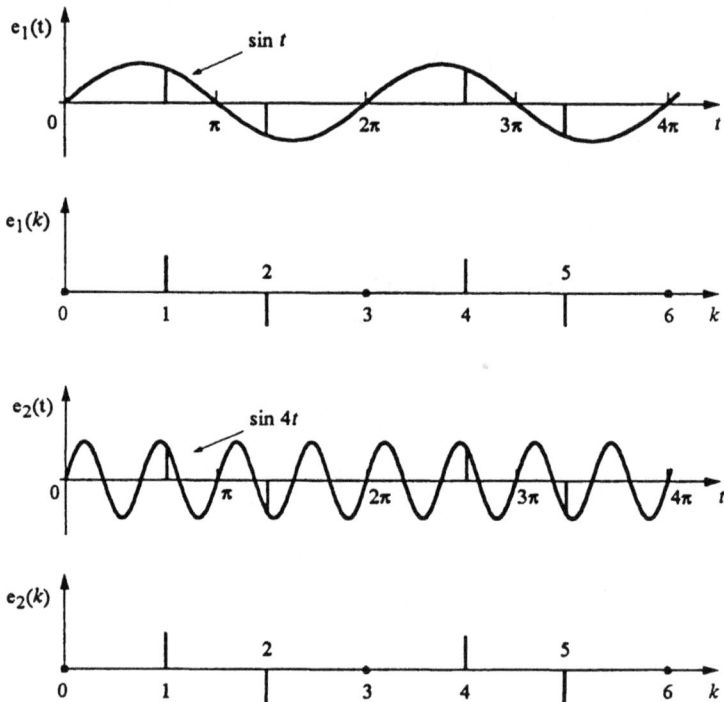

Bild 4.6: Signale $e_1(t)$ und $e_2(t)$ mit den jeweiligen Abtastwerten

Die Abtastfrequenz soll zu $\omega_s = 3$ 1/sec gewählt worden sein. Wie aus obigem Bild zu sehen ist, erhält man von beiden Signalen exakt die gleichen Abtastwerte, obwohl sich beide Signale in ihrer Frequenz unterscheiden. Daraus resultiert, daß zwei Signale mit verschiedener Frequenz identische Abtastwerte haben können und deshalb nicht voneinander unterschieden werden können. Es ist deshalb wichtig festzuhalten, daß sich die Abtastwerte von zwei Signalen nicht voneinander unterscheiden, wenn sich ihre Frequenzen durch ein ganzzahlig Vielfaches der Abtastfrequenz ω_s unterscheiden. Wenn also ein Signal mit einer derart niedrigen Frequenz abgetastet wird, so daß das Abtasttheorem nicht erfüllt ist, dann werden hohe Frequenzen "unterschlagen" (im englischen Sprachgebrauch: "folded out") und erscheinen als niedrigerwertige Frequenzen. Im Hinblick auf die oben behandelten Frequenzsprektren bezüglich der Signale $e_1(t)$ und $e_2(t)$ kann festgestellt werden, daß die beiden Frequenzkomponenten bei $\omega = \omega_2$ und $\omega = \omega_s + \omega_2$ nicht voneinander unterschieden werden können.

Das Phänomen der Überlappung der Frequenzspektren wird als "folding" bezeichnet. Die Frequenz $\omega_s/2$ wird als "Folding-Frequenz" oder auch als Nyquist-Frequenz ω_N bezeichnet; d.h. es ist

$$\omega_N = \frac{\omega_S}{2} = \frac{\pi}{T}.$$

Um den Aliasing-Effekt zu vermeiden, muß entweder die Abtastfrequenz ω_s groß genug gewählt werden, also $\omega_s > 2\omega_1$, wobei ω_1 die höchste im abzutastenden Signal vorkommende Frequenzkomponente ist, oder es muß ein Vorfilter vor den Abtaster eingebaut werden, so daß Frequenzkomponenten mit $\omega > \omega_s/2$ vernachlässigbar klein sind.

4.4   Algebra der Blockschaltbilder im z-Bereich

Bisher wurde im wesentlichen von diskreten, kontinuierlichen und abgetasteten Signalen gesprochen. Zur Analyse von Regelkreisen mit einem Mikroprozessor oder Prozeßrechner müssen wir imstande sein, die Transformierte von Systemausgängen zu berechnen, die an verschiedenen Stellen im Regelkreis einen Abtaster enthalten mögen. Die hierbei einzuhaltende Technik ist eine einfache Erweiterung der Blockbild-Algebra von Systemen, die ausschließlich kontinuierlicher oder ausschließlich diskontinuierlicher Art sind; es sind lediglich einige zusätzliche Regeln zu beachten.

Wir gehen aus von der Abtastung eines kontinuierlichen Signals und einem nachfolgenden Halteglied.

Bild 4.7: Reihenschaltung aus Abtaster und Halteglied

Beispielsweise führt das System von Bild 4.7 zu

$$E(s) = R^*(s) \cdot H(s) \quad \text{und}$$

$$U(s) = E^*(s) \cdot F(s).$$

Als Resultat der Abtastung kontinuierlicher Signale wie zum Beispiel $e(t)$ und $u(t)$ erhält man eine Serie von Seitenbändern gemäß Gleichung (4.6), die periodische Funktionen bezüglich der Frequenz sind.

Wenn die Transformierte eines abzutastenden Signals ein Produkt einer Transformierten einer periodischen Funktion in $2\pi/T$ und einer nichtperiodischen Funktion ist, siehe zum Beispiel $U(s) = E^*(s) \cdot F(s)$, wobei $E^*(s)$ periodisch und $F(s)$ nicht periodisch ist, so kann gezeigt werden, daß $E^*(s)$ als fester Faktor im Ergebnis erhalten bleibt. Dies ist die wichtigste Beziehung für die Analyse von Blockbildern von Abtastsystemen, nämlich

$$U^*(s) = \left(E^*(s) \cdot F(s)\right)^* = E^*(s) \cdot F^*(s). \tag{4.8}$$

Diese Beziehung soll nun mit Hilfe von Gleichung (4.6) bewiesen werden:

Wenn $U(s) = E^*(s) \cdot F(s)$ ist, dann erhält man per Definition gemäß Gleichung (4.6)

$$U^*(s) = \frac{1}{T} \cdot \sum_{n=-\infty}^{+\infty} E^*(s - jn\omega_s) \cdot F(s - jn\omega_s). \tag{4.9}$$

Es ist jedoch

$$E^*(s) = \frac{1}{T} \cdot \sum_{k=-\infty}^{+\infty} E(s - jk\omega_s),$$

somit wird

$$E^*(s - jn\omega_s) = \frac{1}{T} \cdot \sum_{k=-\infty}^{+\infty} E(s - jk\omega_s - jn\omega_s). \tag{4.10}$$

In Gleichung (4.10) setzen wir $k = l - n$ und erhalten

$$E^*(s - jn\omega_s) = \frac{1}{T} \cdot \sum_{l=-\infty}^{+\infty} E(s - jl\omega_s) = E^*(s). \tag{4.11}$$

Mit anderen Worten, weil $E^*(s)$ von vornherein periodisch ist und lediglich um eine konstante Anzahl von Perioden verschoben wird, so bleibt $E^*(s)$ damit natürlich unverändert.

Setzt man Gleichung (4.11) in Gleichung (4.9) ein, so erhält man

$$U^*(s) = E^*(s) \cdot \frac{1}{T} \cdot \sum_{n=-\infty}^{+\infty} F(s - jn\omega_s) = E^*(s) \cdot F^*(s). \quad \text{q.e.d.} \qquad (4.12)$$

Es sollte im besonderen festgehalten werden, was <u>nicht gilt</u>:

Wenn

$$U(s) = E(s) \cdot F(s),$$

dann ist

$$U^*(s) \neq E^*(s) \cdot F^*(s),$$

sondern

$$U^*(s) = (EF)^*(s).$$

(Der periodische Charakter von $E^*(s)$ in Gleichung (4.8) ist unumstößlich und entscheidend.) Ein einfaches Beispiel soll diesen Unterschied aufzeigen. Gehen wir aus von der Reihenschaltung zweier Verzögerungsglieder, die durch einen Abtaster getrennt sind:

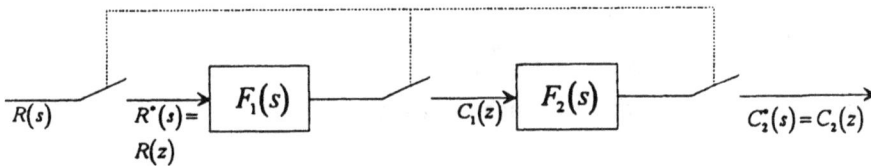

Bild 4.8: Reihenschaltung von Übertragungsgliedern, durch synchronen Abtaster getrennt

Es sei

$$F_1(s) = \frac{1}{s+a} \quad \text{und} \quad F_2(s) = \frac{1}{s+b}.$$

Gemäß Bild 4.8 ist $F(z) = F_1(z) \cdot F_2(z)$.

Unter Verwendung von Korrespondenz-Tabellen folgt

$$F_1(z) = \frac{z}{z - e^{-aT}} \quad \text{und}$$

$$F_2(z) = \frac{z}{z - e^{-bT}}.$$

Damit wird

$$F(z) = F_1(z) \cdot F_2(z),$$

$$F(z) = \frac{z^2}{\left(z - e^{-aT}\right)\left(z - e^{-bT}\right)}.$$

(4.13)

Betrachten wir hingegen nun folgendes Blockschaltbild:

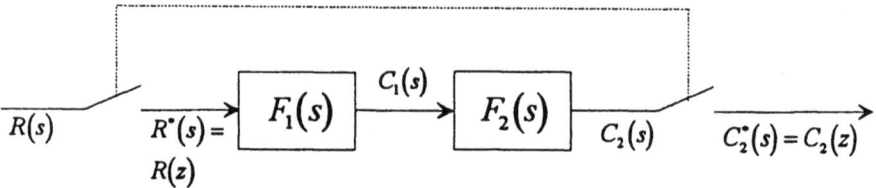

Bild 4.9: Reihenschaltung von Übertragungsgliedern, nicht getrennt durch synchrone Abtaster

Hier ist $F(z) = Z\{F_1(s) \cdot F_2(s)\}$ mit

$$F_1(s) \cdot F_2(s) = \frac{1}{(s+a)(s+b)}.$$

Durch Anwenden der Partialbruchzerlegung wird obige Gleichung zu

$$F_1(s) \cdot F_2(s) = \frac{1}{b-a} \cdot \frac{1}{s+a} + \frac{1}{a-b} \cdot \frac{1}{s+b}.$$

Die z-Transformierte dieser Gleichung wird zu

$$F(z) = \frac{1}{b-a} \cdot \frac{z}{z - e^{-aT}} + \frac{1}{a-b} \cdot \frac{z}{z - e^{-bT}}$$

(4.14)

Der Unterschied zwischen den Gleichungen (4.13) und (4.14) ist offensichtlich.

Schließlich sei noch angemerkt, daß man die zu einer gegebenen Transformierten eines abgetasteten Signals, zum Beispiel $U^*(s)$, die dazu korrespondierende z-Transformierte mit $z = e^{sT}$ erhält, d.h.

$$U(z) = U^*(s)\big|_{z=e^{sT}}.$$

(4.15)

Die inverse Laplace-Transformierte von $U^*(s)$ ist die **Impulssequenz** mit den Amplituden, gegeben durch $u(kT)$. Die inverse z-Transformierte von $U(z)$ ist die **Wertesequenz** $u(kT)$. Natürlich muß dem Impulsmodulator (=Abtaster) immer ein Halteglied (Tiefpaß) folgen. Außerdem kann die Gleichung (4.15) auch in der anderen Richtung angewandt werden, um $U^*(s)$ zu bekommen, also die Laplace-Transformierte der Impulsfolge aus einer gegebenen Funktion $U(z)$.

Im folgenden soll die z-Transformierte des Ausgangs mehrerer Versionen von Abtastsystemen ermittelt werden.

a) Abtaster im Fehlerkanal

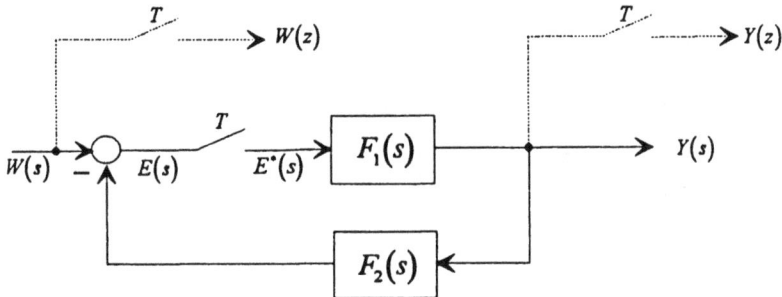

Bild 4.10: Abtaster im Fehlerkanal

Die Übertragungsfunktion des geschlossenen Kreises im z-Bereich ergibt sich zu

$$E(s) = W(s) - F_1(s) \cdot F_2(s) \cdot E^*(s).$$

Obige Gleichung links und rechts „gesternt" ergibt

$$E^*(s) = W^*(s) - \{F_1 F_2\}^*(s) \cdot E^*(s).$$

Auflösen nach $E^*(s)$ ergibt

$$E^*(s) = \frac{W^*(s)}{1 + \{F_1 F_2\}^*(s)}.$$

Wegen $Y(s) = E^*(s) \cdot F_1(s)$ wird $Y(s)$ zu

$$Y(s) = \frac{W^*(s) \cdot F_1(s)}{1 + \{F_1 F_2\}^*(s)}.$$

Die z-Transformation der letzten Gleichung liefert folgendes Ergebnis:

$$Y(z) = \frac{W(z) \cdot F_1(z)}{1 + \{F_1 F_2\}(z)}. \tag{4.16}$$

b) Abtaster in der Rückführschleife

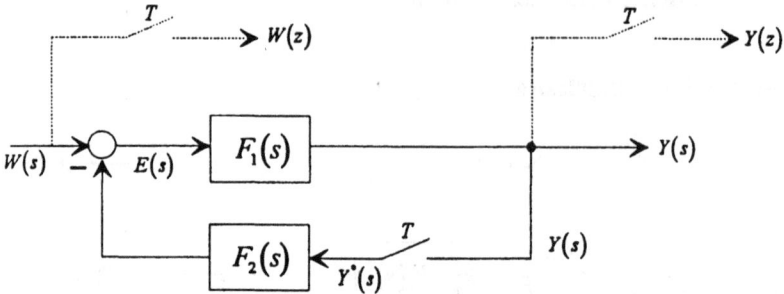

Bild 4.11: Abtaster in der Rückführschleife

Die z-Transformierte des Ausgangs wird folgendermaßen hergeleitet:

Es gilt

$$E(s) = W(s) - F_2(s) \cdot Y^*(s) \quad \text{und}$$

$$Y(s) = F_1(s) \cdot E(s).$$

Einsetzen der ersten Gleichung in die zweite liefert

$$Y(s) = W(s) \cdot F_1(s) - F_1(s) \cdot F_2(s) \cdot Y^*(s).$$

Die z-Transformation der letzten Gleichung liefert

$$Y(z) = \{WF_1\}(z) - \{F_1 F_2\}(z) \cdot Y(z).$$

Durch Vereinfachung erhält man folgendes Ergebnis:

$$Y(z) = \frac{\{WF_1\}(z)}{1 + \{F_1 F_2\}(z)}. \tag{4.17}$$

c) Abtastung des Fehlers und der Regelgröße

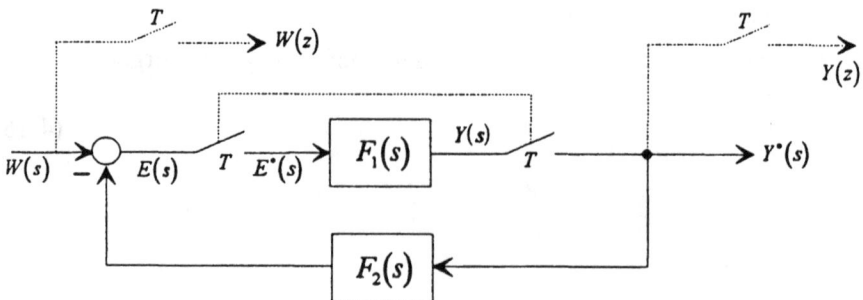

Bild 4.12: Synchrone Abtaster im Vorwärtszweig

Die z-Transformierte des Ausgangs ergibt sich aus folgender Herleitung:

$$E(s) = W(s) - F_1^*(s) \cdot F_2(s) \cdot E^*(s).$$

Es gilt

$$E^*(s) = W^*(s) - F_1^*(s) \cdot F_2^*(s) \cdot E^*(s).$$

Auflösen dieser Gleichung nach $E^*(s)$ liefert

$$E^*(s) = \frac{W^*(s)}{1 + F_1^*(s) \cdot F_2^*(s)}.$$

Weil auch gilt

$$Y^*(s) = E^*(s) \cdot F_1^*(s)$$

erhält man

$$Y^*(s) = \frac{W^*(s) \cdot F_1^*(s)}{1 + F_1^*(s) \cdot F_2^*(s)}.$$

Obige Gleichung liefert somit folgendes Ergebnis:

$$Y(z) = \frac{W(z) \cdot F_1(z)}{1 + F_1(z) \cdot F_2(z)} \qquad (4.18)$$

d) Abtastung im Vorwärtszweig einer Reihenschaltung

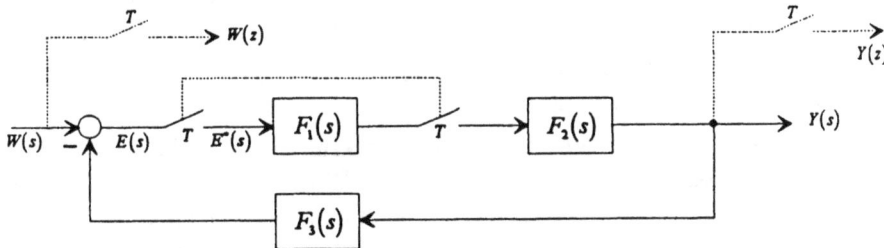

Bild 4.13: Synchrone Abtastung und Reihenschaltung im Vorwärtszweig

Es gilt

$$E(s) = W(s) - F_3(s) \cdot F_2(s) \cdot F_1^*(s) \cdot E^*(s).$$

Obige Gleichung links und rechts gesternt ergibt

$$E^*(s) = W^*(s) - \{F_2 F_3\}^*(s) \cdot F_1^*(s) \cdot E^*(s).$$

Auflösen obiger Gleichung nach $E^*(s)$ liefert

$$E^*(s) = \frac{W^*(s)}{1 + \{F_2 F_3\}^*(s) \cdot F_1^*(s)}.$$

Weil auch gilt

$$Y(s) = E^*(s) \cdot F_1^*(s) \cdot F_2(s)$$

folgt für $Y(s)$

$$Y(s) = \frac{W^*(s) \cdot F_1^*(s) \cdot F_2^*(s)}{1 + \{F_2 F_3\}^*(s) \cdot F_1^*(s)}.$$

Die z-Transformation dieser Gleichung liefert damit folgendes Ergebnis:

$$Y(z) = \frac{W(z) \cdot F_1(z) \cdot F_2(z)}{1 + \{F_2 F_3\}(z) \cdot F_1(z)} \tag{4.19}$$

Resümee:

1) Wenn der Eingang $W(s)$ vom ersten Block im Vorwärtszweig des Regelkreises nicht durch einen Abtaster getrennt ist, können die z-Transformierte der Eingangsgröße $W(s)$ und die Eingangsgröße $E(s)$ des ersten Übertragungsblocks nicht voneinander getrennt werden; somit resultiert ein Term $\{WF_1\}(z)$, siehe hierzu Gleichung (4.17).

2) Wenn für einen Übertragungsblock im Vorwärts- oder Rückführzweig die z-Transformierte gesucht ist, zum Beispiel $F_1(z)$ in Bild 4.11, dann muß dieser Block am Ein- und Ausgang durch je einen Abtaster von allen anderen Blöcken getrennt werden.

3) Wenn ein Block im Vorwärts- oder Rückführzweig nicht durch einen Abtaster von einem anliegenden anderen Block getrennt ist, dann muß die z-Transformierte der Zusammenschaltung der beiden Blöcke (oder des Blocks und das Eingangssignal) ermittelt werden. Beispiele davon sind aufgetreten in den Bildern (4.10) und (4.11) sowie $F_2(s)$ und $F_3(s)$ im Bild (4.13). Die folgende Tabelle soll eine Stütze sein bei ähnlich gelagerten Problemen.

4) Als allgemeine Regel gilt: Es werden zuerst alle kontinuierlichen Glieder zusammengefaßt, die nicht durch Abtaster getrennt sind.

5) Ist ein Halteglied einem kontinuierlichen Übertragungsglied vorgeschaltet, so ist das Halteglied dem kontinuierlichen System zuzurechnen.

Tabelle 4.1: Zusammenstellung der *z*-Übertragungsfunktionen zusammengesetzter Systeme

Nr.	Wirkungsplan	$Y(z)$
1	$U(s)$ — T — $U^*(s) \triangleq U(z)$ — $\boxed{F(s)}$ — $Y(s)$ — T — $Y^*(s) \triangleq Y(z)$	$F(z) \cdot U(z)$
2	$U(s)$ — T — $U^*(s)$ — $\boxed{F_1(s)}$ — $\boxed{F_2(s)}$ — $Y(s)$ — T — $Y^*(s) \triangleq Y(z)$	$\left(F_1 F_2\right)(z) \cdot U(z)$
3	$U(s)$ — $\boxed{F_1(s)}$ — $Y_1(s)$ — T — $Y_1^*(s)$ — $\boxed{F_2(s)}$ — $Y(s)$ — T — $Y^*(s) \triangleq Y(z)$	$\left(F_1 U\right)(z) \cdot F_2(z)$
4	$U(s)$ — T — $U^*(s)$ — $\boxed{F_1(s)}$ — $Y_1(s)$ — T — $Y_1^*(s)$ — $\boxed{F_2(s)}$ — $Y(s)$ — T — $Y^*(s) \triangleq Y(z)$	$F_2(z) \cdot F_1(z) \cdot U($
5	$U(s)$ — T — $U^*(s)$ — [$\boxed{F_1(s)}$ → $Y_1(s)$; $\boxed{F_2(s)}$ → $Y_2(s)$] → $\bigcirc$ — $Y(s)$ — T — $Y^*(s) \triangleq Y(z)$	$\left\{F_2(z) + F_1(z)\right\} \cdot U(z)$
6	$U(s)$ — $\bigcirc$ — $E(s)$ — T — $E^*(s)$ — $\boxed{F_1(s)}$ — $Y(s)$ — T — $Y^*(s) \triangleq Y(z)$; Rückführung $\boxed{F_2(s)}$	$\dfrac{F_1(z) \cdot U(z)}{1 + \left(F_1 F_2\right)(z)}$
7	$U(s)$ — $\bigcirc$ — $E(s)$ — T — $E^*(s)$ — $\boxed{F_1(s)}$ — $Y(s)$ — T — $Y^*(s) \triangleq Y(z)$; Rückführung $\boxed{F_2(s)}$	$\dfrac{F_1(z) \cdot U(z)}{1 + F_1(z) F_2(z)}$
8	$U(s)$ — $\bigcirc$ — $E(s)$ — $\boxed{F_1(s)}$ — $Y(s)$ — T — $Y^*(s) \triangleq Y(z)$; Rückführung $\boxed{F_2(s)}$	$\dfrac{\left(F_1 U\right)(z)}{1 + \left(F_1 F_2\right)(z)}$

Die Regeln bezüglich der Analyse sollen nun anhand des im folgenden Bild wiedergegebenen Regelkreises studiert werden.

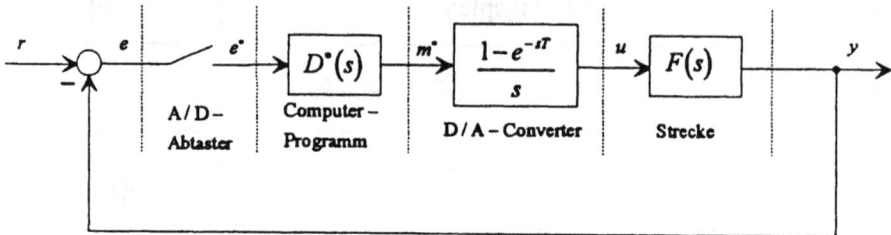

Bild 4.14: Blockdiagramm eines digitalen Regelkreises

Die Abtastwerte des Fehlersignals $e(t)$ werden durch die Differenzenglei-chung des Programms mit der z-Transformierten $D(z)$ aufbereitet. Die vom Regelprogramm produzierten Impulse $m^*(t)$ werden einem Halteglied zuge-führt, aus dem die stückweise kontinuierliche Stellgröße $u(t)$ resultiert.

<u>Zusammenhänge im Laplace-Bereich:</u>

$$E(s) = R(s) - Y(s),\tag{4.20}$$

$$M^*(s) = E^*(s) \cdot D^*(s),\tag{4.21}$$

$$U(s) = M^*(s) \cdot \left[\frac{1 - e^{-sT}}{s}\right],\tag{4.22}$$

$$Y(s) = F(s) \cdot U(s).\tag{4.23}$$

Die übliche Vorgehensweise besteht nun darin, zwischen der Funktion $Y^*(s)$ und dem diskreten Eingang $R^*(s)$ einen Zusammenhang aufzustellen, der bekanntlich der gesuchten z-Übertragungsfunktion entspricht.

Obige Gleichungen links und rechts gesternt ergibt

$$E^*(s) = R^*(s) - Y^*(s),\tag{4.24}$$

$$M^*(s) = E^*(s) \cdot D^*(s),\tag{4.25}$$

$$U^*(s) = M^*(s),\tag{4.26}$$

$$Y^*(s) = \left[F(s) \cdot U(s)\right]^*.\tag{4.27}$$

<u>Beachte:</u> Beim Sternen der Gleichung (4.22) erhält man Gleichung (4.26).

Nachweis: $Z\left\{\dfrac{1 - e^{-sT}}{s}\right\} = \dfrac{z-1}{z} \cdot \dfrac{z}{z-1} = 1.$

Die Gleichung (4.27) zeigt, daß zur Berechnung von $Y^*(s)$ nicht $U^*(s)$, sondern $U(s)$ benötigt wird. Also ist Gleichung (4.22) in Gleichung (4.27) für $U(s)$ einzusetzen.

Dann ist

$$Y^*(s) = \left[F(s) \cdot M^*(s) \cdot \left(\frac{1 - e^{-sT}}{s} \right) \right]^*. \qquad (4.28)$$

Zieht man die periodischen Anteile heraus, was ja die sind, bei denen s nur in der Form e^{sT} erscheint (worunter auch M^* fällt), so folgt

$$Y^*(s) = \left(1 - e^{-sT} \right) \cdot M^*(s) \cdot \left(\frac{F(s)}{s} \right)^*. \qquad (4.29)$$

Setzt man nun aus Gleichung (4.25) $M^*(s)$ ein, so erhält man

$$Y^*(s) = \left(1 - e^{-sT} \right) \cdot E^*(s) \cdot D^*(s) \cdot \left(\frac{F(s)}{s} \right)^* \qquad (4.30)$$

Ersetzt man nun $E^*(s)$ mit Hilfe der Gleichung (4.24), so wird obige Gleichung zu

$$Y^*(s) = \left(1 - e^{-sT} \right) \cdot D^*(s) \cdot \left(\frac{F(s)}{s} \right)^* \cdot \left[R^*(s) - Y^*(s) \right]. \qquad (4.31)$$

Wenn man in Anlehnung an die klassische Regelungstechnik das Produkt sämtlicher Übertragungsfunktionen - ausgehend vom Vergleicher bis zurück zur Vergleichsstelle - als Übertragungsfunktion des offenen Regelkreises $F_o(s)$ bezeichnet, so ist leicht einzusehen, daß der Ausdruck

$$F_o^*(s) \equiv D^*(s)\left(1 - e^{-sT} \right) \cdot \left(\frac{F(s)}{s} \right)^*$$

gerade die Übertragungsfunktion des offenen Regelkreises in gesternter Form darstellt.

Damit wird Gleichung (4.31) zu

$$Y^*(s) = \frac{F_o^*(s)}{1 + F_o^*(s)} \cdot R^*(s). \qquad (4.32)$$

Obige Gleichungen können durch ein einfaches Beispiel erläutert werden.

Beispiel 4.1

Die Strecke habe Übertragungsverhalten 1.Ordnung gemäß

$$F(s) = \frac{a}{s+a},$$

(4.33)

das Regelprogramm entspreche einem diskreten Integrator

$$m(kT) = m(kT - T) + K_0 \cdot e(kT)$$

(4.34)

und der D/A-Wandler des Computers soll den Ausgang jeweils über eine Abtastperiode konstant halten. Weiterhin sei (aus Gründen einfacher Darstellung) die Abtastperiode T so gewählt, daß $e^{-aT} = 1/2$ wird.

Aufgabenstellung ist die Berechnung der Komponenten von $F_o^*(s)$, gegeben in Gleichung (4.30).

Für das Computer-Programm gilt die Differenzengleichung (4.34); ausgedrückt in Abhängigkeit von z wird diese Gleichung zu

$$D(z) = \frac{M(z)}{E(z)} = \frac{K_0}{1 - z^{-1}} = \frac{K_0 \cdot z}{z - 1}.$$

Durch Verwendung der allgemein gültigen Beziehung

$$U(z) = U^*(s)\big|_{z=e^{sT}}$$

erhält man die zu $D(z)$ Laplace-transformierte Form zu

$$D^*(s) = \frac{K_0 \cdot e^{sT}}{e^{sT} - 1}.$$

(4.35)

Für die Strecke und das Halteglied muß gelten

$$\left(1 - e^{-sT}\right)\left(\frac{F(s)}{s}\right)^* = \left(1 - e^{-sT}\right)\left(\frac{a}{s(s+a)}\right)^* = \left(1 - e^{-sT}\right)\left(\frac{1}{s} - \frac{1}{s+a}\right)^*.$$

(Wie man leicht sieht, ist die letzte Klammer über den Weg der Partialbruchzerlegung entstanden.)

Durch Verwendung entsprechender Korrespondenztabellen erhält man

$$\left(1 - e^{-sT}\right)\left(\frac{F(s)}{s}\right)^* = \left(1 - e^{-sT}\right)\left(\frac{1}{1 - e^{-sT}} - \frac{1}{1 - e^{-aT} \cdot e^{-sT}}\right).$$

Wegen der (vereinfachenden) Annahme $e^{-aT} = 1/2$ wird obiger Ausdruck zu

$$\left(1 - e^{-sT}\right)\left(\frac{F(s)}{s}\right)^* = \frac{\left(\tfrac{1}{2}\right) \cdot e^{-sT}}{1 - \left(\tfrac{1}{2}\right) \cdot e^{-sT}} = \frac{\tfrac{1}{2}}{e^{sT} - \tfrac{1}{2}}.$$

(4.36)

Setzt man die Gleichung (4.35) in Gleichung (4.36) ein, so erhält man für dieses Beispiel die gesternte Übertragungsfunktion des offenen Regelkreises zu

$$F_o^*(s) = \frac{K_0}{2} \cdot \frac{e^{sT}}{\left(e^{sT} - 1\right)\left(e^{sT} - 1/2\right)}.$$ (4.37)

Die Gleichung (4.37) kann nun mit Hilfe der Gleichung (4.32) zur Berechnung der Übertragungsfunktion des gesamten Systems herangezogen werden, aus der wiederum das dynamische und statische Systemverhalten - beispielsweise als Funktion von K_0 (Reglerverstärkung) - studiert werden kann. Hierzu eignet sich bekanntlich das Wurzelortskurvenverfahren, wie im Kapitel 5 gezeigt wird. $\square$

Beispiel 4.2

Wir gehen aus von folgendem Blockschaltbild, bei dem im gesamten Kreis *nur ein Abtaster* vorhanden ist.

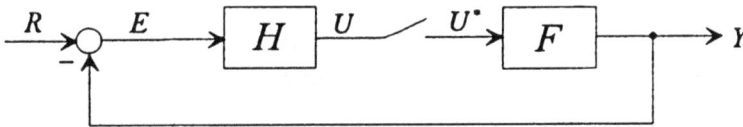

Bild 4.15: Einfaches System, für das keine Übertragungsfunktion existiert

Die beschreibenden Systemgleichungen lauten (im Laplace-Bereich):

$$E = R - Y,$$ (4.38)

$$U = H \cdot E,$$ (4.39)

$$Y = U^* \cdot F;$$ (4.40)

weiter gilt

$$E^* = R^* - Y^*,$$ (4.41)

$$U^* = (HE)^*,$$ (4.42)

$$Y^* = U^* \cdot F^*;$$ (4.43)

Lösung:

In Gleichung (4.42) wird $E(s)$ und nicht $E^*(s)$ benötigt. Deshalb ist Gleichung (4.38) zu verwenden:

$$U^* = \big(H(R-Y)\big)^*$$
$$= (HR)^* - (HY)^*.$$

Durch Verwendung der Gleichung (4.40) für $Y(s)$ folgt

$$U^* = (HR)^* - \big(HU^*F\big)^*.$$

Wenn man nun noch den periodischen Term U^* im zweiten Ausdruck der rechten Seite herauszieht, so erhält man

$$U^* = (HR)^* - U^*(HF)^*.$$

Durch Auflösen nach U^* ergibt sich

$$U^* = \frac{(HR)^*}{1+(HF)^*}. \tag{4.44}$$

Mit Gleichung (4.43) kann man schließlich nach der gesuchten Ausgangsgröße Y^* auflösen:

$$Y^* = \frac{(HR)^*}{1+(HF)^*} \cdot F^*. \tag{4.45}$$

Die Gleichung (4.45) bringt eine Kuriosität zum Vorschein, die bei Systemen ohne Abtaster, also im kontinuierlichen Bereich, nicht in Erscheinung tritt:

Die Transformierte des Eingangs $R(s)$ ist mit $H(s)$ verbunden (siehe Zähler der Gleichung (4.45)) und kann nicht aufgelöst werden in die sonst bekannte Übertragungsfunktion und das entsprechende Eingangssignal. Daraus wiederum resultiert ein ganz wichtiges Faktum:

Ein Abtastsystem ist <u>zeitvariant</u>.

Die Systemantwort $Y(s)$ bzw. $Y^*(s)$ hängt ab vom Zeitpunkt, in dem das Eingangssignal angelegt wird.

Einschränkend sei jedoch bemerkt: Selbst wenn keine Übertragungsfunktion existiert, erlauben die bisherigen Vorgehensweisen trotzdem die Untersuchung der Stabilität und die Berechnung der Systemantwort auf spezielle Eingänge wie zum Beispiel Sprung, Rampe oder Sinusfunktion.

Als generelle Regel bei der Analyse von Blockschaltbildern ist folgendes anzumerken: Bei einem gegebenen Blockschaltbild mit einem oder mehreren Abtastern sind <u>immer die Variablen an den Eingängen der Abtaster als Unbekannte zu wählen</u>. Durch die Abtastung sind diese Variablen - wenn transformiert - periodisch und fallen bei der Auflösung nach der gesuchten System-Ausgangsgröße heraus.   □

Beispiel 4.3

Betrachten wir folgendes Blockschaltbild.

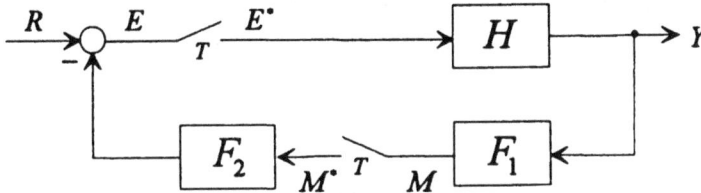

Bild 4.16: Einfaches System, Existenz einer Übertragungsfunktion

Wir wählen jetzt E und M als unabhängige Variablen und erhalten

$$E(s) = R - M^* \cdot F_2, \tag{4.46}$$

$$M(s) = E^* \cdot H \cdot F_1. \tag{4.47}$$

Diese Signale werden abgetastet und wir benutzen wieder die Regel, „wenn periodisch, dann vorweg stellen", gemäß Gleichung (4.8):

$$E^* = R^* - M^* \cdot F_2^*, \tag{4.48}$$

$$M^* = E^* \cdot \left(HF_1\right)^*. \tag{4.49}$$

Wir lösen diese Gleichungen durch Einsetzen von M^* aus Gleichung (4.49) in Gleichung (4.48):

$$E^* = R^* - E^* \cdot \left(HF_1\right)^* \cdot F_2^*,$$

$$E^* = \frac{R^*}{1 + \left(HF_1\right)^* \cdot F_2^*}. \tag{4.50}$$

Zur Bestimmung von Y benutzen wir die Gleichung

$$Y = E^* \cdot H$$

$$Y = \frac{R^* \cdot H}{1 + \left(HF_1\right)^* \cdot F_2^*} \quad \text{und} \tag{4.51}$$

$$Y^* = \frac{R^* \cdot H^*}{1 + \left(HF_1\right)^* \cdot F_2^*}. \tag{4.52}$$

Für dieses Beispiel existiert im Gegensatz zu Beispiel 2 wieder eine Übertragungsfunktion. Die Ursache liegt darin begründet, daß nur <u>Abtastwerte</u> des Eingangs $r(t)$ zur Produktion der Ausgangsgröße benutzt werden (und keine kontinuierlichen Werte). Zur Bestimmung der z-Transformierten der diskreten Ausgangswerte ist in Gleichung (4.52) $e^{sT} = z$ zu setzen. Aus Gleichung (4.51) kann das kontinuierliche Ausgangssignal hergeleitet werden, das in diesem Fall der Ausgang von $H(s)$ ist, an dessen Eingang die vom Abtaster gelieferten Impulse anliegen.   ☐

Beispiel 4.4

Gegeben ist folgender vermaschte Regelkreis, wie er beispielsweise bei einer Drehzahlregelung mit unterlagerter Ankerstromregelung gegeben ist.

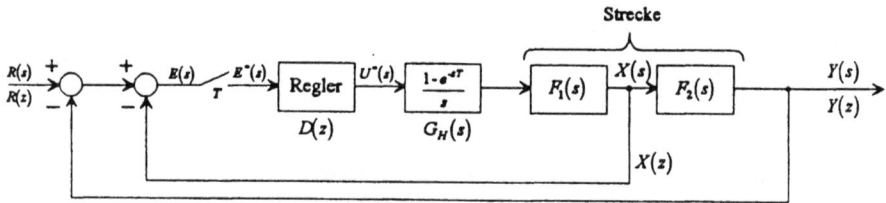

Bild 4.17: Diskreter zweischleifiger Regelkreis

Gesucht ist die Übertragungsfunktion $Y(z)/R(z)$ des gegebenen Regelkreises. Weiterhin ist das Verhältnis $X(z)/R(z)$ gesucht.

Lösung:

Aus obigem Bild folgt

$$Y(s) = G_H(s) \cdot F_1(s) \cdot F_2(s) \cdot U^*(s),$$

$$X(s) = G_H(s) \cdot F_1(s) \cdot U^*(s),$$

$$E(s) = R(s) - X(s) - Y(s).$$

Erzeugt man die „gesternte" Laplace-Transformation der obigen drei Gleichungen, so erhält man

$$Y^*(s) = \left[G_H(s)\, F_1(s)\, F_2(s)\right]^* \cdot U^*(s) = \left[G_H\, F_1\, F_2(s)\right]^* \cdot U^*(s),$$

$$X^*(s) = \left[G_H(s)\, F_1(s)\right]^* \cdot U^*(s) = \left[G_H\, F_1(s)\right]^* \cdot U^*(s),$$

$$E^*(s) = R^*(s) - X^*(s) - Y^*(s).$$

Mit Verwendung des z-Operators lauten obige Gleichungen

$$Y(z) = G_H F_1 F_2(z) \cdot U(z),$$

$$X(z) = G_H F_1(z) \cdot U(z),$$

$$E(z) = R(z) - X(z) - Y(z).$$

Ebenso erhält man aus dem gegebenen Blockschaltbild

$$U(z) = D(z) \cdot E(z).$$

Somit wird

$$U(z) = D(z) \cdot [R(z) - X(z) - Y(z)] \quad \text{oder}$$

$$U(z) = D(z) \cdot [R(z) - G_H \, F_1(z) \, U(z) - G_H \, F_1 \, F_2(z) \cdot U(z)]$$

oder schließlich

$$U(z) \cdot [1 + D(z) \, G_H \, F_1(z) + D(z) \, G_H \, F_1 F_2(z)] = D(z) \cdot R(z).$$

Die Übertragungsfunktion des geschlossenen Kreises erhält man aus

$$Y(z) = G_H \, F_1 \, F_2(z) \, U(z) = \frac{G_H \, F_1 \, F_2(z) \cdot D(z) \cdot R(z)}{1 + D(z) \, G_H \, F_1(z) + D(z) \, G_H \, F_1 \, F_2(z)}$$

zu

$$\frac{Y(z)}{R(z)} = \frac{D(z) \, G_H \, F_1 \, F_2(z)}{1 + D(z) [G_H \, F_1(z) + G_H \, F_1 \, F_2(z)]}.$$

Die Übertragungsfunktion zwischen $X(z)$ und $R(z)$ erhält man aus

$$X(z) = G_H \, F_1(z) \, U(z) = \frac{G_H \, F_1(z) \, D(z) \, R(z)}{1 + D(z) \, G_H \, F_1(z) + D(z) \, G_H \, F_1 \, F_2(z)}$$

zu

$$\frac{X(z)}{R(z)} = \frac{D(z) \, G_H \, F_1(z)}{1 + D(z) [G_H \, F_1(z) + G_H \, F_1 \, F_2(z)]}.$$

$\square$

4.5 Die Übertragungsfunktion digitaler Regler im *z*-Bereich

Die Regeldifferenz als Eingangsgröße des digitalen Reglers soll im folgenden mit $e(k)$, die Ausgangsgröße mit $m(k)$ bezeichnet sein. Damit kann der Reglerausgang $m(k)$ durch folgende Differenzengleichung in allgemeiner Form angeschrieben werden:

$$
\begin{aligned}
m(k) + a_1 m(k-1) &+ a_2 m(k-2) + \cdots + a_n m(k-n) \\
&= b_0 e(k) + b_1 e(k-1) + \cdots + b_n e(k-n)
\end{aligned}
\tag{4.53}
$$

Die z-Transformierte obiger Gleichung ergibt sich zu

$$M(z) + a_1 z^{-1} M(z) + a_2 z^{-2} M(z) + \cdots + a_n z^{-n} M(z)$$
$$= b_0 E(z) + b_1 z^{-1} E(z) + \cdots + b_n z^{-n} E(z);$$

zusammengefaßt erhält man daraus

$$\left(1 + a_1 z^{-1} + a_2 z^{-2} + \cdots + a_n z^{-n}\right) M(z) =$$
$$\left(b_0 + b_1 z^{-1} + \cdots + b_n z^{-n}\right) E(z)^{\cdot}$$

Die gesuchte Übertragungsfunktion $F_R(z)$ des digitalen Reglers lautet damit in der allgemeinen Form

$$F_R(z) = \frac{b_0 + b_1 z^{-1} + \cdots + b_n z^{-n}}{1 + a_1 z^{-1} + a_2 z^{-2} + \cdots + a_n z^{-n}}. \qquad (4.54)$$

Die Übertragungsfunktion $F_R(z)$ in Gestalt der Gleichung (4.54) ermöglicht nun die Analyse des digitalen Relers im z-Bereich.

4.6 Die Übertragungsfunktion des geschlossenen Regelkreises im z-Bereich

Das folgende Bild zeigt das allgemeine Blockschaltbild eines digitalen Regelkreises.

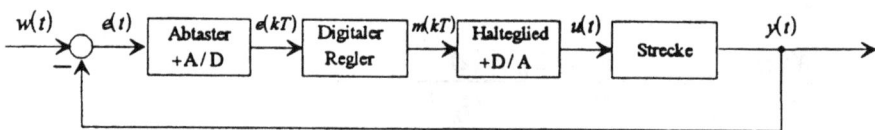

Bild 4.18: Blockschaltbild des digitalen Standard-Regelkreises

Die Kombination aus Abtaster, A/D-Wandler, Digitaler Regler, Halteglied und D/A-Wandler erzeugt das stückweise kontinuierliche Stellsignal $u(t)$ als Eingangsgröße der Strecke. Wie leicht aus obigen Bildern zu sehen ist, wird die Regelgröße $y(t)$ mit der Führungsgröße $w(t)$ verglichen. Das analoge Fehlersignal $e(t) = w(t) - y(t)$ wird abgetastet und mit Hilfe des A/D-Wandlers digitalisiert. Die diskrete Regeldifferenz $e(kT)$ ist Eingangsgröße des digitalen Reglers (z.B. Microcontroller), der seinerseits mit Hilfe des Regel-Algorithmus $F_R(z)$ das Reglerausgangssignal $m(kT)$ produziert.

Das folgende Bild zeigt das zu obigem Blockschaltbild äquivalente System mit den entsprechenden Übertragungsfunktionen und Signalen im Laplace-Bereich.

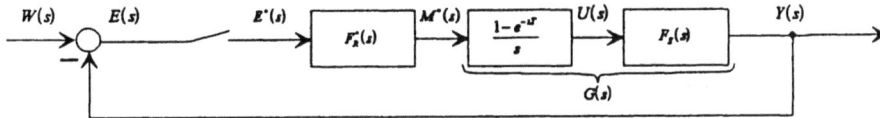

Bild 4.19: Blockschaltbild des digitalen Standard-Regelkreises im Laplace-Bereich

Mit der Definition

$$G(s) = \frac{1-e^{-sT}}{s} \cdot F_S(s)$$

und

$$Y(s) = G(s)\, F_R^*(s)\, E^*(s)$$

folgt

$$Y^*(s) = G^*(s)\, F_R^*(s)\, E^*(s).$$

Mit Hilfe der z-Transformierten erhält man daraus

$$Y(z) = G(z)\, F_R(z)\, E(z).$$

Wegen

$$E(z) = W(z) - Y(z)$$

gilt auch

$$Y(z) = F_R(z)\, G(z)[W(z) - Y(z)].$$

Damit wird die gesuchte Führungsübertragungsfunktion des geschlossenen Regelkreises im z-Bereich zu

$$F_W(z) = \frac{Y(z)}{W(z)} = \frac{F_R(z)\, G(z)}{1 + F_R(z)\, G(z)}.$$

Im folgenden Abschnitt wird ergänzend die Übertragungsfunktion $F_R(z)$ des in der Praxis häufig angewendeten PID-Reglers im z-Bereich hergeleitet.

4.7   Die Übertragungsfunktion des digitalen PID-Reglers

Das Zeitverhalten des analogen PID-Reglers wird bekanntlich durch folgende Gleichung beschrieben:

$$m(t) = K_R\left(e(t) + \frac{1}{T_i}\int e(t)dt + T_d \cdot \frac{de(t)}{dt} \right) \tag{4.55}$$

wobei

$e(t)$ die Regeldifferenz,

$m(t)$ die Reglerausgangsgröße,

K_R die Proportional-Verstärkung,

T_i die Integrierzeit (oder auch Nachstellzeit),

T_d die Differenzierzeit (oder auch Vorhaltezeit) ist.

Um die Übertragungsfunktion des digitalen PID-Reglers im z-Bereich aufzustellen wird die Gleichung (4.55) diskretisiert. Wenn dabei das Integral mit der Trapez-Regel und die Differentiation mit dem Differenzenquotienten approximiert wird, erhält man

$$m(kT) = K_R\left\{ e(kT) + \frac{T}{T_i}\left[\frac{e(0)+e(T)}{2} + \frac{e(T)+e(2T)}{2} + \cdots \right.\right.$$

$$\left.\left. \cdots + \frac{e((k-1)T)+e(kT)}{2} \right] + T_d \cdot \frac{e(kT)-e((k-1)T)}{T} \right\}$$

bzw.

$$m(kT) = K_R\left\{ e(kT) + \frac{T}{T_i}\cdot\sum_{h=1}^{k}\frac{e((h-1)T)+e(hT)}{2} \right.$$

$$\left. + \frac{T_d}{T}\left[e(kT)-e((k-1)T) \right] \right\}. \tag{4.56}$$

Mit der Definition

$$\frac{e((h-1)T)+e(hT)}{2} = f(hT) \quad\text{und}\quad f(0) = 0$$

wird obiger Summenausdruck zu

$$\sum_{h=1}^{k}\frac{e\big((h-1)T\big)+e(hT)}{2}=\sum_{h=1}^{k}f(hT)\,.$$

Im folgenden Bild ist die Funktion $f(hT)$ wiedergegeben.

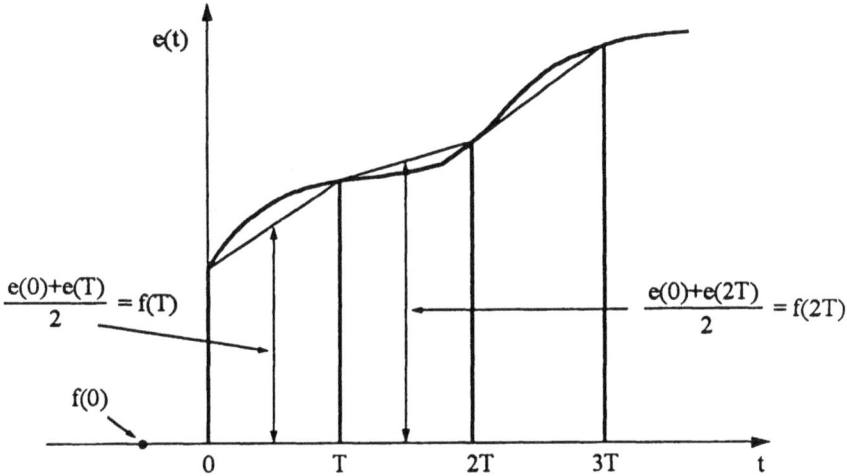

Bild 4.20: Darstellung der Funktion $f(hT)$

Wird der letzte Ausdruck einer z-Transformation unterzogen, so erhält man

$$Z\!\left\{\sum_{h=1}^{k}\frac{e\big((h-1)T\big)+e(hT)}{2}\right\}=Z\!\left\{\sum_{h=1}^{k}f(hT)\right\}=$$

$$=\frac{1}{1-z^{-1}}\big[F(z)-f(0)\big]=\frac{1}{1-z^{-1}}\,F(z).$$

Nachweis:

Mit der Definition

$$y(k)=\sum_{h=0}^{k}f(h)\,,\quad k=0,1,2,\dots$$

gilt

$$y(0) = f(0)$$
$$y(1) = f(0) + f(1)$$
$$y(2) = f(0) + f(1) + f(2)$$
$$\vdots$$
$$y(k) = f(0) + f(1) + f(2) + \cdots + f(k).$$

Damit ist natürlich

$$y(k) - y(k-1) = f(k).$$

Definiert man nun die z-Transformierten von $f(k)$ und $y(k)$ zu $F(z)$ und $Y(z)$ und unterzieht die letzte Gleichung einer z-Transformation, so erhält man

$$Y(z) - z^{-1} Y(z) = F(z).$$

Damit ist

$$Y(z) = \frac{1}{1 - z^{-1}} F(z)$$

oder

$$Z\left[\sum_{h=0}^{k} f(h)\right] = Z[y(k)] = Y(z) = \frac{1}{1 - z^{-1}} F(z) \quad \text{und}$$

$$Z\left[\sum_{h=0}^{k-1} f(h)\right] = Z[y(k-1)] = z^{-1} Y(z) = \frac{z^{-1}}{1 - z^{-1}} F(z). \quad \text{q.e.d.}$$

Mit

$$F(z) = Z[f(hT)] = \frac{1 + z^{-1}}{2} \cdot E(z)$$

folgt

$$Z\left\{\sum_{h=1}^{k} \frac{e((h-1)T) - e(hT)}{2}\right\} = \frac{1 + z^{-1}}{2(1 - z^{-1})} E(z).$$

Damit wird die z-Transformierte der Gleichung (4.56) zu

$$M(z) = K_R\left[1 + \frac{T}{2 T_i} \frac{1 + z^{-1}}{1 - z^{-1}} + \frac{T_d}{T}\left(1 - z^{-1}\right)\right] E(z).$$

Diese Gleichung kann schließlich umgeformt werden zu

$$M(z) = K_R \left[1 - \frac{T}{2T_i} + \frac{T}{T_i} \cdot \frac{1}{1-z^{-1}} + \frac{T_d}{T}\left(1-z^{-1}\right) \right] E(z) \quad \text{bzw.}$$

$$M(z) = \left[K_P + \frac{K_I}{1-z^{-1}} + K_D\left(1-z^{-1}\right) \right] E(z)$$

mit

$$K_P = K_R - \frac{K_R T}{2T_i} = K_R - \frac{K_I}{2} := \text{Proportional-Verstärkung,}$$

$$K_I = \frac{K_R T}{T_i} := \text{Integraler Übertragungsbeiwert,}$$

$$K_D = \frac{K_R T_d}{T} := \text{Differentieller Übertragungsbeiwert.}$$

Dabei sollte erwähnt werden, daß die Proportional-Verstärkung K_P des digitalen PID-Reglers um $K_I/2$ kleiner als die Proportionalverstärkung K_R des analogen PID-Reglers ist.

Die Übertragungsfunktion des digitalen PID-Reglers lautet somit

$$F_R(z) = \frac{M(z)}{E(z)} = K_P + \frac{K_I}{1-z^{-1}} + K_D\left(1-z^{-1}\right). \tag{4.57}$$

Beispiel 4.5

Gegeben ist ein digitaler Regelkreis mit einem PID-Regler gemäß folgenden Bildes.

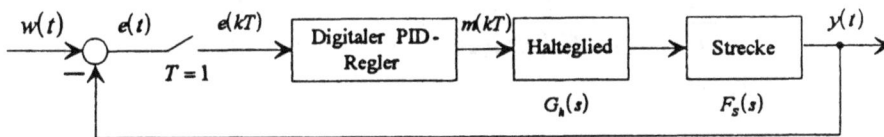

Bild 4.21: Blockschaltbild des gegebenen Regelkreises

Die Übertragungsfunktion der Strecke sei gegeben zu

$$F_S(s) = \frac{1}{s(s+1)}$$

und die Abtastperiode T wird zu 1 sec angenommen. Die Übertragungsfunktion des Halteglieds lautet bekanntlich

$$G_h(s) = \frac{1 - e^{-sT}}{s}.$$

Die Übertragungsfunktion der Kombination Halteglied und Strecke wird im z-Bereich zu

$$G(z) = Z\left\{\frac{1 - e^{-sT}}{s} \cdot \frac{1}{s(s+1)}\right\} = \frac{0{,}3679\,z^{-1} + 0{,}2642\,z^{-2}}{\left(1 - 0{,}3679\,z^{-1}\right)\left(1 - z^{-1}\right)}.$$

Damit kann obiges Blockschaltbild in die folgende Form umgezeichnet werden.

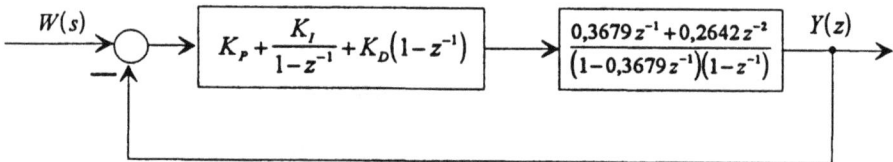

Bild 4.22: Äquivalentes Blockschaltbild im z-Bereich

Es soll nun die Sprungantwort des gegebenen Regelkreises ermittelt werden, wenn der ursprüngliche PID-Regler nur als Proportional-Regler agieren soll, d.h. K_I und K_D werden zu Null gesetzt (der allgemeine Fall, d.h. $K_I, K_D \neq 0$ wird in einem späteren Kapitel behandelt). Damit wird

$$F_R(z) = K_P.$$

Die Proportional-Verstärkung wird (versuchsweise) angenommen zu $K_P = 1$.

Damit wird die Übertragungsfunktion des geschlossenen Regelkreises zu

$$F_W(z) = \frac{Y(z)}{W(z)} = \frac{F_R(z)\,G(z)}{1 + F_R(z)\,G(z)} = \frac{0{,}3679\,z^{-1} + 0{,}2642\,z^{-2}}{1 - z^{-1} + 0{,}6321\,z^{-2}}.$$

Mit $w(t) = \varepsilon(t)$ bzw.

$$W(z) = \frac{1}{1 - z^{-1}}$$

erhält man

$$Y(z) = \frac{0{,}3679\,z^{-1} + 0{,}2642\,z^{-2}}{\left(1 - z^{-1} + 0{,}6321\,z^{-2}\right)\left(1 - z^{-1}\right)}$$

$$= \frac{0{,}3679\,z^{-1} + 0{,}2642\,z^{-2}}{1 - 2\,z^{-1} + 1{,}6321\,z^{-2} - 0{,}6321\,z^{-3}}.$$

$$= 0{,}3679\,z^{-1} + z^{-2} + 1{,}3996\,z^{-3} + 1{,}3996\,z^{-4}$$
$$+ 1{,}1469\,z^{-5} + 0{,}8944\,z^{-6} + 0{,}8015\,z^{-7} + \cdots.$$

Die inverse z-Transformierte von $Y(z)$ wird dann zu $y(0) = 0$; $y(1) = 0{,}3679$; $y(2) = 1{,}000$; $y(3) = 1{,}3996; \dots$.

Den Endwert erhält man zu

$$y(\infty) = \lim_{z \to 1}\left(1 - z^{-1}\right) Y(z) = 1.$$

Folgendes Bild zeigt das Simulationsprogramm mit MATLAB und die Regelgröße $y(k)$ zu den diskreten Zeitpunkten.

```
% P-Regler an integ. Strecke
numz = [0 0.3679 0.2642];
denz = [1 -1 0.6321];
r = ones(1,40);
v = [0 40 0 1.4];
k = 0:39;
y = filter(numz,denz,r);
plot(k,y,'o',k,y)
axis(v)
grid
xlabel('k')
gtext('y(k)')
title('Integrierende Strecke mit P-Regler')
```

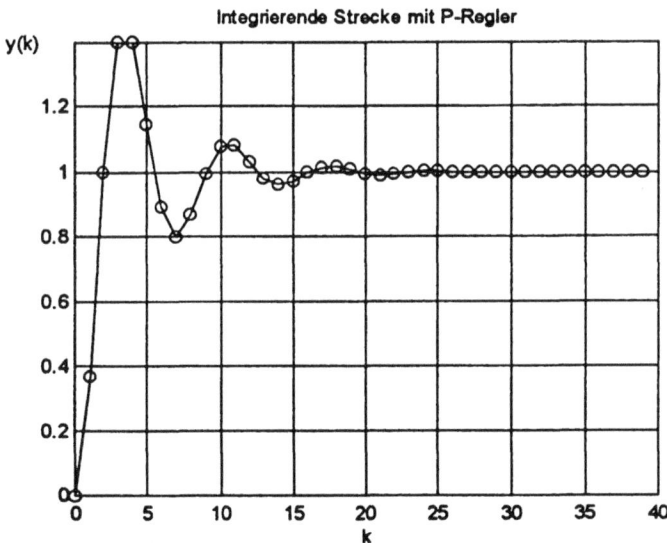

Bild 4.23: $y(k)$ für $w(t) = \varepsilon(t)$ mit $K_P = 1$

5 Das diskrete Filter in Analogie zum kontinuierlichen Filter

5.1 Einleitung

Eines der Hauptanwendungsgebiete digitaler Systeme besteht im Aufbau digitaler Filter.

Definitionsgemäß ist ein Filter eine Vorrichtung, die Signale bestimmter Frequenz passieren lassen soll und Signale anderer Frequenzen blockieren soll. Ein Filter im Radioempfänger soll zum Beispiel die gewünschte Senderfrequenz auf den Eingang, wenn möglich ungehindert, übertragen und alle anderen Frequenzen unterdrücken. Ein Filter dieser Art wird als **Bandpaß** bezeichnet.

Bei langen Telegrafenleitungen treten erfahrungsgemäß Störungen auf, die auf das zu übertragende Signal einwirken. Filter zur Unterdrückung von extern eingestreuten Störungen werden als **Equalizer** bezeichnet.

Bei der Regelung von Prozessen, deren Dynamik im Hinblick auf ein gewünschtes Übergangsverhalten modifiziert werden soll, spricht man gelegentlich von **Kompensatoren** oder **Reglern**.

Wie immer die Vorrichtung bezeichnet sein mag, Filter, Equalizer oder Kompensator, in allen Fällen geht es um folgende Aufgabenstellung: Gegeben ist eine Übertragungsfunktion $F(s)$; festzustellen ist, welche diskrete Übertragungsfunktion annähernd dieselbe Charakteristik aufweist.

Hierzu existieren im wesentlichen zwei verschiedene Methoden zur Erfüllung dieser Aufgabenstellung:

Methode 1:   Numerische Integration

Methode 2:   Pol-Nullstellen-Abbildung vom s- in den z-Bereich

5.2   Entwicklung diskreter Filter durch numerische Integration

Die grundsätzliche Vorgehensweise besteht darin, das gegebene bzw. gewünschte Filter mit der Übertragungsfunktion $F(s)$ als Differentialgleichung darzustellen und aus dieser die Differenzengleichung herzuleiten, deren Lösung eine Approximation der gegebenen Differentialgleichung ist.

Beispielsweise lautet die zu

$$F(s) = \frac{U(s)}{E(s)} = \frac{a}{s+a} \tag{5.1}$$

äquivalente Differentialgleichung

$$\dot{u} + au = ae. \tag{5.2}$$

Die Gleichung (5.2) lautet in integraler Form

$$u(t) = \int_0^t \left[-au(\tau) + ae(\tau) \right] d\tau$$

und in diskreter Form

$$u(kT) = \int_0^{kT-T} \left[-au + ae \right] d\tau + \int_{kT-T}^{kT} \left[-au + ae \right] d\tau$$

bzw.

$$u(kT) = u(kT-T) + \left\{ \begin{array}{l} \textit{Fläche unter } -au + ae \\ \textit{innerhalb } kT-T \le \tau < kT \end{array} \right\}. \tag{5.3}$$

Es gibt nun mehrere Approximationen für den in Gleichung (5.3) geklammerten Term.

5.2.1   „Rechteckregel in Vorwärtsrichtung"

Die <u>erste Approximation</u> beruht auf der Anwendung der „Rechteckregel in Vorwärtsrichtung", bei der die Fläche bekanntlich durch das Rechteck $u(kT-T)$, multipliziert mit der Abtastzeit T, angenähert wird. Das Ergebnis ist eine erste Approximation, bezeichnet mit u_1 :

$$u_1(kT) = u_1(kT-T) + T \cdot \left[-au_1(kT-T) + ae(kT-T) \right]$$

bzw.

$$u_1(kT) = (1 - aT) \cdot u_1(kT - T) + aT\, e(kT - T)\,. \tag{5.4a}$$

Die **Übertragungsfunktion**, korrespondierend mit der <u>Rechteckregel in Vorwärtsrichtung</u> lautet somit für das gegebene Beispiel

$$H_V(z) = \frac{U_1(z)}{E(z)} = \frac{aT\,z^{-1}}{1 - (1 - aT)z^{-1}} \quad \text{bzw.}$$

$$H_V(z) = \frac{a}{(z-1)/T + a}\,. \tag{5.4b}$$

5.2.2 „Rechteckregel in Rückwärtsrichtung"

Eine <u>zweite Approximation</u> ergibt sich aus dem Produkt $u(kT)$, multipliziert mit der Rechteckbreite T in Rückwärtsrichtung. Diese Regel wird deshalb als „Rechteckregel in Rückwärtsrichtung" bezeichnet. Daraus resultiert eine zweite Approximation, deren Ergebnis entsprechend mit u_2 bezeichnet werden soll:

$$u_2(kT) = u_2(kT - T) + T \cdot \left[-a\,u_2(kT) + a\,e(kT) \right]$$

$$u_2(kT) = \frac{u_2(kT - T)}{1 + aT} + \frac{aT}{1 + aT} \cdot e(kT)\,. \tag{5.5a}$$

Wir bilden wieder die z-Transformierte und erhalten daraus die <u>zur Rechteckregel in Rückwärtsrichtung</u> zugehörige Übertragungsfunktion:

$$H_R(z) = \frac{aT}{1 + aT} \cdot \frac{1}{1 - z^{-1}/(1 + aT)} = \frac{aT\,z}{z(1 + aT) - 1} \quad \text{bzw.}$$

$$H_R(z) = \frac{a}{(z-1)/T\,z + a}\,. \tag{5.5b}$$

5.2.3 Trapezregel

Eine **dritte Version** einer Integration der gegebenen Differenzengleichung ist die <u>Trapezregel.</u> Hier wird das Trapez, aufgespannt von $u(kT - T)$ und

$u(kT)$, der Breite T berechnet. Die approximierte Differenzengleichung lautet jetzt

$$u_3(kT) = u_3(kT - T) + \frac{T}{2} \cdot \left[-a\,u_3(kT - T) + \right.$$

$$+ a\,e(kT - T) - a\,u_3(kT) + a\,e(kT) \Big]$$

$$= \frac{1 - (aT/2)}{1 + (aT/2)} \cdot u_3(kT - T) + \qquad (5.6a)$$

$$+ \frac{aT/2}{1 + (aT/2)} \cdot \left[e(kT - T) + e(kT) \right].$$

Die dazu korrespondierende Übertragungsfunktion, resultierend aus der Trapezregel, ergibt sich zu

$$H_T(z) = \frac{aT(z + 1)}{(2 + aT)z + aT - 2} \quad \text{bzw.}$$

$$H_T(z) = \frac{a}{(2/T)[(z - 1)/(z + 1)] + a} \qquad (5.6b)$$

Die folgende Tabelle zeigt eine Zusammenstellung der bisher abgeleiteten Ergebnisse.

Tabelle 5.1: Zusammentstellung der Ergebnisse

$F(s)$	Methode	Übertragungsfunktion
$\dfrac{a}{s + a}$	Vorwärts - Regel	$H_V(z) = \dfrac{a}{(z - 1)/T + a}$
$\dfrac{a}{s + a}$	Rückwärts - Regel	$H_R(z) = \dfrac{a}{(z - 1)/T\,z + a}$
$\dfrac{a}{s + a}$	Trapez - Regel	$H_T(z) = \dfrac{a}{(2/T)[(z - 1)/(z + 1)] + a}$

$$(5.7)$$

Ein Vergleich zwischen $F(s)$ mit den drei Approximationen in obiger Tabelle läßt erkennen, daß jede der drei Methoden eine separate diskrete Übertragungsfunktion liefert, die man dadurch erhält, daß man in der gegebenen Übertragungsfunktion den Laplace-Operator s durch den entsprechenden z-Ausdruck gemäß folgender Tabelle ersetzt:

Tabelle 5.2: z-Ausdruck, der den Laplace-Operator s ersetzt

Methode	Approximation
Vorwärts-Regel	$s \leftarrow \dfrac{z-1}{T}$
Rückwärts-Regel	$s \leftarrow \dfrac{z-1}{Tz}$
Trapez-Regel	$s \leftarrow \dfrac{2}{T} \cdot \dfrac{z-1}{z+1}$

$$(5.8)$$

Die Trapez-Regel ist im übrigen auch als **Tustin-Methode** bekannt; benannt nach dem englischen Ingenieur (1947). Darüberhinaus wird diese Transformation aufgrund ihrer mathematischen Form auch als **Bilineare Transformation** bezeichnet.

Die Entwicklung digitaler Filter läßt sich in folgender Vorgehensweise zusammenfassen:

Ausgegangen wird von einer gegebenen kontinuierlichen Übertragungsfunktion $F(s)$. Ein dazu diskretes Äquivalent erhält man durch die Substitution

$$H_T(z) = F(s)\big|_{s=\frac{2}{T}\cdot\frac{z-1}{z+1}}. \qquad (5.9)$$

Jede der Approximationen gemäß Gleichung (5.8) kann als eine Abbildung von der s-Ebene in die z-Ebene aufgefaßt werden. Das Verständnis bezüglich dieser Abbildungen läßt sich vertiefen, wenn man die jeweilige Abbildungsvorschrift grafisch betrachtet. Weil in der s-Ebene die Imaginär-Achse die Grenzkurve zwischen den Polen eines stabilen und eines instabilen Systems ist, besteht durchaus ein Interesse, wie die $j\omega$-Achse bei Verwendung der aufgeführten drei Regeln in die z-Ebene abgebildet wird und wo die linke (stabile) Halbebene im s-Bereich in der z-Ebene erscheint. Um dies aufzuzeigen sind die Gleichungen (5.8) nach z aufzulösen. Daraus erhält man

I) $z = 1 + sT$ Vorwärts-Regel

II) $z = \dfrac{1}{1 - sT}$ Rückwärts-Regel

III) $z = \dfrac{1 + sT/2}{1 - sT/2}$ Bilineare Transformation

Wenn in den obigen Gleichungen I), II) und III) $s = j\omega$ gesetzt wird, erhält man die jeweiligen Grenzkurven in der z-Ebene, die aus dem stabilen Bereich der s-Ebene resultieren. Die schraffierten Flächen des folgenden Bildes entsprechen dem stabilen Gebiet gemäß der jeweiligen Abbildungsvorschrift.

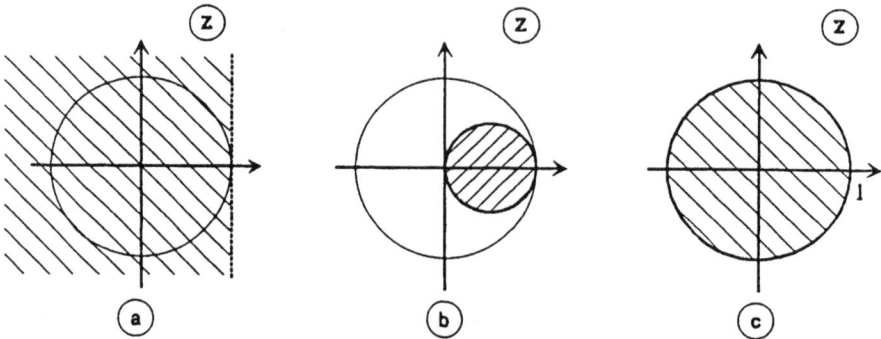

Bild 5.1: Abbildung der linken s-Halbebene in die z-Ebene gemäß der Integrationsregeln der Gleichung (5.8). Der Einheitskreis ist als Bezugsgröße eingezeichnet. a) Rechteckregel in Vorwärtsrichtung; b) Rechteckregel in Rückwärtsrichtung; c) Trapezregel oder Bilineare Abbildung

Die Abbildung nach der „Rechteckregel in Vorwärtsrichtung" zeigt, daß die Pole in der linken s-Halbebene im Gebiet außerhalb des Einheitskreises in der z-Ebene (je nach Lage) abgebildet werden können.

Somit kann das diskrete Filter, entstanden aus der „Rechteckregel vorwärts", instabil werden. Konsequenterweise ist die Vorwärtsregel als Diskretisierungsvorschrift in der Praxis nicht brauchbar.

Bei der „Rechteckregel in Rückwärtsrichtung" wird der s-Bereich stabiler Systeme (linke s-Halbebene) wie folgt in die z-Ebene abgebildet:

Unter der Berücksichtigung, daß die stabile s-Ebene gegeben ist durch $\mathrm{Re}(s) < 0$ und unter Verwendung der Gleichung (5.8) kann die Stabilitäts-Bedingung in der z-Ebene ausgedrückt werden als

$$\mathrm{Re}\left(\frac{z-1}{Tz}\right) < 0.$$

Beachtet man, daß T nur positiv sein kann und definiert man z als $\sigma + j\omega$, dann kann obige Ungleichung geschrieben werden als

$$\mathrm{Re}\left(\frac{\sigma + j\omega - 1}{\sigma + j\omega}\right) < 0 \quad \text{oder}$$

$$\text{Re}\!\left(\frac{(\sigma+j\omega-1)(\sigma-j\omega)}{(\sigma+j\omega)(\sigma-j\omega)}\right) = \text{Re}\!\left(\frac{\sigma^2-\sigma+\omega^2+j\omega}{\sigma^2+\omega^2}\right) =$$

$$= \frac{\sigma^2-\sigma+\omega^2}{\sigma^2+\omega^2} < 0;$$

diese Bedingung kann man auch schreiben als

$$\left(\sigma-\frac{1}{2}\right)^2+\omega^2 < \left(\frac{1}{2}\right)^2.$$

Somit wird das stabile Gebiet der s-Ebene in einen Kreis mit dem Mittelpunkt $\sigma=1/2$, $\omega=0$ und dem Radius $1/2$ in der z-Ebene abgebildet, wie Bild 5.1 zeigt.

Ergebnis:

Die Rechteckregel in Rückwärtsrichtung erzeugt somit ein stabiles diskretes Filter aus einem stabilen kontinuierlichen Filter. (Dabei ist zu beachten, daß instabile Bereiche der s-Ebene innerhalb des Einheitskreises der z-Ebene, also in einen scheinbar stabilen Bereich, abgebildet werden.)

Bei der <u>Bilinearen Transformation</u> gemäß Gleichung (5.8) wird die linke (stabile) s-Halbebene - gekennzeichnet durch $\text{Re}(s)<0$ - in folgendes Gebiet abgebildet:

$$\text{Re}(s) = \text{Re}\!\left(\frac{2}{T}\cdot\frac{z-1}{z+1}\right) < 0.$$

Wegen $T>0$ kann diese Ungleichung vereinfacht werden zu

$$\text{Re}\!\left(\frac{z-1}{z+1}\right) < 0.$$

Setzt man wieder $z=\sigma+j\omega$, so erhält man

$$\text{Re}\!\left(\frac{z-1}{z+1}\right) = \text{Re}\!\left(\frac{\sigma+j\omega-1}{\sigma+j\omega+1}\right)$$

$$= \text{Re}\!\left(\frac{(\sigma+j\omega-1)(\sigma-j\omega+1)}{(\sigma+j\omega+1)(\sigma-j\omega+1)}\right)$$

$$= \text{Re}\!\left(\frac{\sigma^2-1+\omega^2+j\cdot2\omega}{(\sigma+1)^2+\omega^2}\right) < 0.$$

Dieser Ausdruck ist äquivalent zu

$$\sigma^2 - 1 + \omega^2 < 0 \quad \text{oder}$$

$$\sigma^2 + \omega^2 < 1^2.$$

Wie man leicht erkennen kann, korrespondiert diese Abbildung mit dem Inneren des Einheitskreises in der z-Ebene. Somit wird durch die Bilineare Transformation die gesamte linke s-Halbebene in den Einheitskreis mit seinem Mittelpunkt im Koordinaten-Ursprung der z-Ebene abgebildet, der ja bekanntlich das stabile Gebiet im z-Bereich darstellt. Somit produziert die Bilineare Transformation ein stabiles diskretes Filter aus einem stabilen kontinuierlichen Filter.

Durch Verwendung der Bilinearen Transformation wird die gesamte $j\omega$-Achse der s-Ebene in einen Umlauf des Einheitskreises der z-Ebene abgebildet. Diese Abbildung deckt sich zwar mit der Abbildungsvorschrift $z = e^{sT}$, sie bildet jedoch die gesamte $j\omega$-Achse der s-Ebene in eine unendliche Anzahl von Umläufen des Einheitskreises in der z-Ebene ab. (Die gesamte $j\omega$-Achse der s-Ebene ist somit auf den Umfang 2π des Einheitskreises gestaucht.) Obwohl die Bilineare Transformation und die z-Transformation die linke s-Halbebene in den Einheitskreis der z-Ebene abbilden, existieren wesentliche Unterschiede zwischen beiden Abbildungen im Zeit- und Frequenzverhalten des jeweiligen diskreten Filters. Durch die Bilineare Abbildung verursacht das diskrete Filter erhebliche Frequenzverschiebungen, verglichen mit dem analogen Filter. Der Grad der Frequenzverschiebung läßt sich vermindern durch Modifikation der Bilinearen Transformation mit **Frequenz-Prewarping**, die im folgenden Abschnitt besprochen werden soll.

5.2.4   Bilineare Transformation mit Frequenz-Korrektur (Prewarping)

Wir gehen aus von einem kontinuierlichen Filter, gegeben durch

$$\frac{U(s)}{E(s)} = F(s) = \frac{a}{s+a}.$$

Definieren wir

$$H_T(z) = \left.\frac{a}{s+a}\right|_{s=\frac{2}{T}\frac{1-z^{-1}}{1+z^{-1}}} = \frac{a}{\dfrac{2}{T}\cdot\dfrac{1-z^{-1}}{1+z^{-1}}+a}$$

und überprüfen das Frequenzverhalten von $F(s)$ und $H_T(z)$. Dabei ist zu beachten, daß die Frequenzabhängigkeit von $F(s)$ durch $F(j\omega)$ gegeben ist, während das Frequenzverhalten von $H_T(z)$ wegen $z = e^{sT}$ gegeben ist durch $H_T\left(e^{j\omega T}\right)$.

Um die Frequenzabhängigkeit von $F(j\omega)$ mit $H_T\left(e^{j\omega T}\right)$ vergleichen zu können, benutzen wir die Substitutionen

$$s = j\omega_A$$

und

$$z = e^{j\omega_D T}$$

in der Gleichung

$$s = \frac{2}{T} \cdot \frac{1 - z^{-1}}{1 + z^{-1}}.$$

Daraus erhält man

$$j\omega_A = \frac{2}{T} \cdot \frac{1 - e^{-j\omega_D T}}{1 + e^{-j\omega_D T}} = \frac{2}{T} \cdot \frac{e^{j(1/2)\omega_D T} - e^{-j(1/2)\omega_D T}}{e^{j(1/2)\omega_D T} + e^{-j(1/2)\omega_D T}}$$

bzw.

$$j\omega_A = \frac{2}{T} \cdot \frac{2j \cdot \sin\left(\omega_D T/2\right)}{2 \cdot \cos\left(\omega_D T/2\right)} = j \cdot \frac{2}{T} \cdot \tan\frac{\omega_D T}{2}$$

oder

$$\omega_A = \frac{2}{T} \cdot \tan\frac{\omega_D T}{2}. \qquad (5.10)$$

Die Gleichung (5.10) liefert einen Zusammenhang zwischen den Frequenzen im analogen (A) und diskreten (D) Bereich und liefert eine Möglichkeit zur Bestimmung der Frequenz-Verschiebung. Durch Verwendung der Gleichung (5.10) können $F(j\omega_A)$ und $H_T\left(e^{j\omega_D T}\right)$ folgendermaßen verglichen werden:

$$F(j\omega_A) = H_T\left(e^{j\omega_D T}\right). \qquad (5.11)$$

Durch die Gleichung (5.11) kommt zum Ausdruck, daß $F(j\omega_A)$ bei der Frequenz ω_A gleich $H_T\left(e^{j\omega_D T}\right)$ bei der Frequenz ω_D ist, wobei allerdings $\omega_A = (2/T) \cdot \tan(\omega_D T/2)$ ist. Nebenbei sollte auffallen, daß für kleine $\omega_D T$-Werte Gleichung (5.10) vereinfacht werden kann zu

$$\omega_A \approx \frac{2}{T} \cdot \frac{\omega_D T}{2} = \omega_D.$$

Das bedeutet, daß für relativ kleine Frequenzen (verglichen mit der Nyquist-Frequenz $\omega_s/2 = \pi/T$) ein linearer Zusammenhang zwischen ω_D und ω_A besteht.

Das Niederfrequenzverhalten des äquivalenten diskreten Filters entspricht näherungsweise dem des ursprünglichen kontinuierlichen Filters. Das wiederum hat zur Konsequenz, daß die Frequenzverzerrung (Warping) für kleine Werte von $\omega_D T$ klein ist.

Wenn sich jedoch die Frequenz ω_D der Nyquist-Frequenz $\omega_s/2$ nähert, läuft $\tan(\omega_D T/2)$ gegen $\tan(\pi/2)$ und die Frequenz ω_A des kontinuierlichen Filters steigt rapide gegen Unendlich an. Der Warping-Effekt bekommt dann wesentliche Bedeutung.

Bei der Anwendung der bilinearen Transformation besteht jedoch die Möglichkeit, die Frequenzverschiebung des Frequenzgangs von vornherein zu berücksichtigen. Diese Prewarping-Technik besteht lediglich in der praktischen Umsetzung der Gleichung (5.10):

Bei der Diskretisierung eines kontinuierlichen Filters unter Anwendung der Prewarping-Technik wird die Eckfrequenz (Verstärkung = -3dB!) auf einen neuen Wert eingestellt, bevor die Bilineare Transformation angewandt wird.

Nach Anwendung der Bilinearen Transformation auf das kontinuierliche Filter mit verschobener Eckfrequenz entsteht jetzt der -3dB-Punkt in der ω_D-Umgebung des gewünschten Frequenzwertes ω_A.

Diese Vorgehensweise soll anhand eines Tiefpaß- und eines Hochpaßfilters aufgezeigt werden.

Tiefpaßfilter

Die Übertragungsfunktion des Tiefpaßfilters lautet im Laplace-Bereich

$$F(s) = \frac{a}{s+a} \quad \text{bzw.} \tag{5.12}$$

$$F(s) = \frac{1}{1+\left(\frac{s}{a}\right)}.$$

Im ersten Schritt wird die Frequenzanpassung gemäß Gleichung (5.10) durchgeführt (Prewarping), bevor $F(s)$ in den z-Bereich transformiert wird. Dabei wird a durch $(2/T)\cdot\tan(aT/2)$ ersetzt. Somit erhält man den Ausdruck

$$\frac{(2/T)\cdot\tan(aT/2)}{s+(2/T)\cdot\tan(aT/2)}.$$

Im zweiten Schritt wird die Bilineare Transformation auf dieses angepaßte Filter angewandt. Das heißt, der Parameter s ist in obigem Ausdruck zu ersetzen mit $(2/T)\cdot(1-z^{-1})/(1+z^{-1})$:

$$H_T(z) = \left.\frac{\dfrac{2}{T}\cdot\tan\dfrac{aT}{2}}{s+\dfrac{2}{T}\cdot\tan\dfrac{aT}{2}}\right|_{s=\frac{2}{T}\frac{1-z^{-1}}{1+z^{-1}}}$$

bzw.

$$H_T(z) = \frac{\dfrac{2}{T}\cdot\tan\dfrac{aT}{2}}{\dfrac{2}{T}\cdot\dfrac{1-z^{-1}}{1+z^{-1}}+\dfrac{2}{T}\cdot\tan\dfrac{aT}{2}} = \frac{\tan\dfrac{aT}{2}}{\dfrac{1-z^{-1}}{1+z^{-1}}+\tan\dfrac{aT}{2}}. \qquad (5.13)$$

Die Gleichung (5.13) stellt das diskretisierte Filter für $F(s)$ unter Anwendung der Bilinearen Transformation mit Frequenz-Prewarping dar.

Hochpaßfilter

Für einen Hochpaß lautet die Übertragungsfunktion im Laplace Bereich

$$F(s) = \frac{s}{s+a}.$$

Es wird wieder a durch

$$(2/T)\cdot\tan(aT/2)$$

und s durch

$$(2/T)\cdot(1-z^{-1})/(1+z^{-1})$$

ersetzt.

Somit erhält man für $F(s)$

$$H_T(z) = \frac{\dfrac{2}{T}\cdot\dfrac{1-z^{-1}}{1+z^{-1}}}{\dfrac{2}{T}\dfrac{1-z^{-1}}{1+z^{-1}}+\dfrac{2}{T}\cdot\tan\dfrac{aT}{2}} = \frac{\dfrac{1-z^{-1}}{1+z^{-1}}}{\dfrac{1-z^{-1}}{1+z^{-1}}+\tan\dfrac{aT}{2}}. \qquad (5.14)$$

Obige Gleichung stellt den diskretisierten Hochpaß für $F(s)$ dar unter Anwendung der Prewarping-Technik.

Dabei ist zu bemerken, daß die Bilineare Transformation mit Frequenz-Prewarping die linke s-Halbebene in den Einheitskreis der z-Ebene abbildet und somit ein stabiles diskretes Filter aus einem stabilen kontinuierlichen Filter erzeugt wird. Außerdem tritt das Aliasing-Phänomen nicht auf, weil der Frequenzbereich $0 < \omega_A < \infty$ in der s-Ebene in den Bereich $0 < \omega_D < \pi/T$ der z-Ebene komprimiert wird.

Es existiert jedoch eine bemerkenswerte Verzerrung des Phasengangs, weil die Frequenz $\omega_A = \infty$ auf $\omega_D = \pi/T$ komprimiert wird.

Zusammenfassend läßt sich feststellen, daß die Bilineare Abbildung mit Frequenz-Prewarping sehr nützlich ist, wenn eine relativ einfache Prozedur zur Entwicklung eines äquivalenten diskreten Filter gewünscht wird.

Beispiel 5.1

Für ein kontinuierliches Filter mit der Übertragungsfunktion

$$F(s) = \frac{10}{s + 10}$$

ist das Frequenzverhalten des dazu äquivalenten diskreten Filters unter Anwendung der bilinearen Transformation ohne bzw. mit Frequenz-Prewarping zu untersuchen. Die Abtastrate T sei 0,2 Sekunden.

Lösung:

a) Bei der bilinearen Transformation besteht zwischen den komplexen Variablen s und z der Zusammenhang

$$s = \frac{2}{T} \cdot \frac{1 - z^{-1}}{1 + z^{-1}} .$$

Ersetzt man in der gegebenen Übertragungsfunktion den Laplace-Operator s mit dem entsprechenden z-Ausdruck, so erhält man mit $T = 0,2$ sec

$$H_B(z) = \frac{z + 1}{2z} .$$

Im folgenden Bild sind der Amplitudengang des analogen Filters und des digitalen Filters auf der Basis der bilinearen Transformation (Kurven a und b) wiedergegeben.

Wie man sieht, besteht zwischen beiden Funktionsverläufen ein signifikanter Unterschied.

b) Bilineare Transformation mit Prewarping:

Das in seinem Übertragungsverhalten zu erstellende digitale Filter soll einen Amplitudengang aufweisen, der zu $F(j\omega) = 10/(j\omega + 10)$ möglichst ähnlich wird, d.h. die Eckfrequenz $\omega = 10$ muß an der Stelle $A(\omega) = -3dB$ zu liegen kommen.

Aufgrund des Zusammenhangs

$$\omega_A = \frac{2}{T} \cdot \tan\left(\frac{\omega_D T}{2}\right) = 10 \cdot \tan(0,1 \cdot \omega_D)$$

und der Forderung $A(\omega) = -3dB$ an der Stelle $\omega_D = 10$ wird $\omega_A = 10 \cdot \tan(1) = 15,574$.

Damit lautet die Übertragungsfunktion des zu modifizierenden analogen Filters

$$F_D(s) = \frac{15,574}{s + 15,574}.$$

Mit

$$s = \frac{2}{T} \cdot \frac{1 - z^{-1}}{1 + z^{-1}}$$

lautet die Übertragungsfunktion des bilinearen Filters mit Prewarping

$$F_P(z) = \frac{15,574}{\dfrac{2}{T} \cdot \dfrac{z-1}{1+1} + 15,574} = \frac{0,609(z+1)}{z + 0,218}.$$

Der entsprechende Amplitudengang ist im folgenden Bild als Kurve c wiedergegeben. Wie man sieht, zeigt der Amplitudengang des analogen Filters gute Übereinstimmung mit der bilinearen Transformation mit Frequenz-Prewarping. Ergänzend wird im folgenden das MATLAB-Programm zur Simulation des gegebenen Beispiels wiedergegeben.

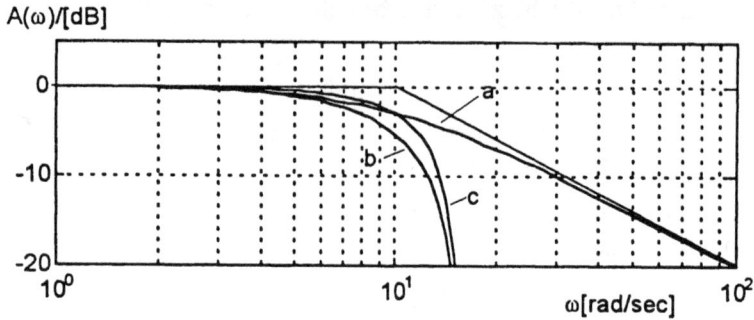

Bild 5.2: Bode-Diagramme für a) analoges Filter; b) bilineare Transformation; c) bilineare Transformation mit Prewarping

```
% Bode-Diagramme für analoges Filter,
% Bilin. Transformation und
% Bilin. Transformation mit Prewarping
%
% Laplace-Bereich:
T = 0.2;                              % Abtastrate
numc = 10;                            % Zählerpolynom
denc = [1 10];                        % Nennerpolynom
w = logspace(0,2);                    % Frequenz-Skal.
[magc,fasec,w] = bode(numc,denc,w);   % Ampli.- u. Phase
subplot(211), semilogx(w,20*log10(magc)) % Darstell.
                                      % Amplitude
axis([1,100,-20,5]);
grid
hold on
%
% Bilin. Transformation mit Prewarping:
numzp = [0.609 0.609];
denzp = [1 0.2180];
w = logspace(0,1.2);
[magzp,fasezp,w] = dbode(numzp,denzp,T,w);
subplot(211), semilogx(w,20*log10(magzp),'--')
%
% Bilin. Transformation ohne Prewarping:
numzb = [1 1];
denzb = [2 0];
[magzb,fasezb,w] = dbode(numzb,denzb,T,w);
subplot(211), semilogx(w,20*log10(magzb),':')
gtext('a')
gtext('b')
gtext('c')
gtext('w[rad/sec]')
gtext('A(w)/[dB]')
hold off
```

Beispiel 5.2

Gegeben sei das kontinuierliche Filter gemäß Gleichung (5.12) und das diskrete Äquivalent gemäß Gleichung (5.13).

Es ist zu zeigen, daß $\left|F(ja)\right| = \left|H_T\left(e^{jaT}\right)\right|$ ist.

Lösung:

Es gilt

$$\left|F(ja)\right| = \frac{a}{\sqrt{a^2 + a^2}} = \frac{a}{\sqrt{2}\,a} = 0{,}707 = -3dB \,.$$

Weil $H_T(z)$ bei der Frequenz ω gegeben ist zu

$$H_T\left(e^{j\omega T}\right) = \frac{\tan\dfrac{aT}{2}}{j\cdot\tan\dfrac{\omega T}{2} + \tan\dfrac{aT}{2}} \qquad \text{(siehe Gleichung (5.10))}$$

wird der Betrag von $H_T\left(e^{j\omega T}\right)$ für $\omega = a$ zu

$$\left|H_T\left(e^{jaT}\right)\right| = \frac{\tan\dfrac{aT}{2}}{\sqrt{2}\cdot\tan\dfrac{aT}{2}} = 0{,}707 = -3dB \,.$$

Somit gilt

$$\left|F(ja)\right| = \left|H_T\left(e^{jaT}\right)\right|. \quad \text{Q.E.D.} \qquad\qquad \Box$$

5.2.5 Das Abbildungsverfahren von Pol- und Nullstellen vom Laplace-Bereich in den z-Bereich

Eine weitere Digitalisierungsmethode, die in der anglikanischen Literatur als „Matched Pole-Zero Method" bezeichnet wird (MPZ), ergibt sich durch Extrapolation der Beziehung zwischen der s- und z-Ebene gemäß $z = e^{sT}$. Grob ausgedrückt werden bei diesem Verfahren Zähler und Nenner des kontinuierlichen Filters mit der Übertragungsfunktion $F(s)$ getrennt betrachtet; die Pole von $F(s)$ werden in die korrespondierenden Pole des diskreten Filters und die Nullstellen von $F(s)$ in die entsprechenden Nullstellen der z-Ebene abgebildet.

Betrachten wir einleitend das kontinuierliche Filter

$$F(s) = \frac{a}{s+a}.$$

Die z-Transformierte zu $F(s)$ läßt sich mit Hilfe einer Korrespondenz-Tabelle sofort anschreiben zu

$$H(z) = \frac{a}{1 - e^{-aT}z^{-1}} = \frac{az}{z - e^{-aT}}.$$

Wenn man zunächst nur den Nenner von $H(z)$ betrachtet, so fällt unschwer auf, daß die Polstelle von $F(s)$ mit dem Pol von $H(z)$ durch die Beziehung $z = e^{sT}$ verknüpft ist. Eine Erweiterung dieser (zweifellos leicht handzuhabenden) Eigenschaft auf das Zählerpolynom ermöglicht die Erstellung eines diskreten äquivalenten Filters zu einem gegebenen kontinuierlichen Filter. Das gegebene kontinuierliche Filter $F(s) = a/(s+a)$ hat keine endliche Nullstelle, besitzt jedoch eine Nullstelle im Unendlichen ($F(s) = 0$ für $s \to \infty$).

Wenn $F(s)$ eine endliche Nullstelle an der Stelle $s = -b$ hat, kann man annehmen, daß das äquivalente Filter $H(z)$ eine Nullstelle bei $z = e^{-bT}$ hat. Für eine Nullstelle im Unendlichen kann man daraus schließen, daß das äquivalente diskrete Filter eine Nullstelle bei $z = -1$ hat.

Diese Schlußfolgerung läßt sich damit erklären, daß die Abbildung reeller Frequenzen von $j\omega = 0$ mit steigenden Frequenzen auf dem Einheitskreis bei $z = e^{j0} = 1$ bis $z = e^{j\pi} = -1$ liegt.

Somit repräsentiert der Punkt $z = -1$ die höchst mögliche Frequenz in der diskreten Übertragungsfunktion. Wenn also $F(s) = 0$ ist bei der höchsten (kontinuierlichen) Frequenz, muß $|H(z)| = 0$ sein bei $z = -1$, der höchsten Frequenz, die das digitale Filter überhaupt verarbeiten kann. Die höchst mögliche (kontinuierliche) Frequenz ist $\omega = 0{,}5\omega_s = \pi/T$; sie wird in den Punkt $z = -1$ der z-Ebene abgebildet.

Zur Aufstellung der diskreten Übertragungsfunktion eines gegebenen kontinuierlichen Filters bedient man sich folgender, teilweise heuristischer Regeln:

1. Zunächst muß $F(s)$ in die faktorisierte Form

$$F(s) = K_C \cdot \frac{(s - s_{N1})(s - s_{N2})\ldots(s - s_{Nm})}{(s - s_{P1})(s - s_{P2})\ldots(s - s_{Pn})}$$

umgewandelt werden, bevor die MPZ-Methode angewandt werden kann. Im Anschluß daran werden die Pole von $F(s)$ gemäß $z = e^{sT}$ in die z-Ebene abgebildet. Wenn zum Beispiel $F(s)$ einen Pol an der Stelle $s = -a$ hat, dann hat $H(z)$ einen Pol an der Stelle $z = e^{-aT}$. Wenn $F(s)$ einen Pol an der Stelle $-a + jb$ hat, dann liegt der äquivalente Pol in der z-Ebene an der Stelle $r \cdot e^{j\Theta}$ mit $r = e^{-aT}$ und $\Theta = bT$.

2. Alle <u>endlichen Nullstellen</u> von $F(s)$ werden entsprechend der Beziehung $z = e^{sT}$ in die z-Ebene abgebildet. Wenn zum Beispiel $F(s)$ eine Nullstelle bei $s = -b$ hat, dann hat $H(z)$ eine Nullstelle bei $z = e^{-bT}$.

3. Die Nullstellen von $F(s)$ für $s = \infty$ (Nullstellen im Unendlichen) werden in den Punkt $z = -1$ abgebildet. Somit erscheint für jede <u>unendliche Nullstelle</u> der Faktor $(z + 1)$ im Zähler der Übertragungsfunktion des diskreten Filters. (Die Anzahl der unendlichen Nullstellen ergibt sich aus dem Polüberschuß der Übertragungsfunktion des kontinuierlichen Filters). Analog werden <u>im Unendlichen liegende Pole</u>, soweit vorhanden, in den Punkt $z = -1$ abgebildet. Somit entsteht für jeden im Unendlichen liegenden Pol ein Faktor $(z + 1)$ im Nenner der diskreten Übertragungsfunktion.

4. Die <u>Verstärkung des digitalen Filters</u> ist an die Verstärkung des kontinuierlichen Filters anzupassen. Für Tiefpaß-Filter sollte die Verstärkung des diskreten Filters bei $z = 1$ gleich der Verstärkung des kontinuierlichen Filters bei $s = 0$ sein. Ähnlich sollten für Hochpaßfilter die Verstärkungen bei $z = -1$ und $s = \infty$ übereinstimmen.

Für den in der Einführung gegebenen Tiefpaß

$$F(s) = \frac{a}{s + a}$$

soll nun das diskrete Äquivalent durch Anwendung der MPZ-Methode hergeleitet werden.

Zunächst ist festzustellen, daß $F(s)$ keine endliche Nullstelle besitzt, jedoch aber eine Nullstelle im Undendlichen. Die unendliche Nullstelle wird in den Punkt $z = -1$ abgebildet. Der endliche Pol an der Stelle $s = -a$ wird in den Pol $z = e^{-aT}$ abgebildet. Damit erhält man das diskrete Äquivalent $H(z)$ zum gegebenen Filter $F(s)$ zu

$$H(z) = K_d \cdot \frac{a(z + 1)}{z - e^{-aT}},$$

wobei die Verstärkung K_d so anzupassen ist, daß die Verstärkung des analogen Filters mit der des diskreten Filters bei tiefen Frequenzen übereinstimmt.

Somit ist $F(s = 0)$ mit $H(z = 1)$ gleichzusetzen:

$$H(z = 1) = K_d \cdot \frac{2a}{1 - e^{-aT}} = F(s = 0) = 1,$$

woraus sich die Konstante K_d ergibt zu

$$K_d = \frac{1 - e^{-aT}}{2a}.$$

Die gesuchte Übertragungsfunktion im z-Bereich lautet somit

$$\frac{U(z)}{E(z)} = H(z) = \frac{\left(1 - e^{-aT}\right)}{2} \cdot \frac{z + 1}{z - e^{-aT}} \quad \text{bzw.}$$

$$H(z) = \frac{\left(1 - e^{-aT}\right)\left(1 + z^{-1}\right)}{2\left(1 - e^{-aT}z^{-1}\right)}. \tag{5.15}$$

Wie man sieht, haben Zähler- und Nennerpolynom denselben Grad in z. Somit benötigt in der äquivalenten Differenzengleichung

$$u(kT) = e^{-aT}\, u((k-1)T) + \frac{1}{2}\left(1 - e^{-aT}\right)\left[e(kT) + e((k-1)T)\right]$$

der Ausgang $u(kT)$ einen Abtastwert des Eingangs zum Zeitpunkt kT, also $e(kT)$.

Beispiel 5.3

Gegeben sei das kontinuierliche Filter

$$F(s) = \frac{s + b}{s + a},$$

wobei das Übertragungsverhalten bei tiefen Frequenzen von Interesse sein soll. Gesucht ist das äquivalente diskrete Filter durch Anwendung der MPZ-Methode.

Lösung:

Die Nullstelle bei $s = -b$ des gegebenen Systems wird abgebildet in den Punkt $z = e^{-bT}$, die Polstelle bei $s = -a$ wird in $z = e^{-aT}$ abgebildet. Damit ergibt sich zunächst die diskrete Übertragungsfunktion zu

$$H(z) = K_d \cdot \frac{z - e^{-bT}}{z - e^{-aT}}.$$

Die Verstärkung K_d wird so festgelegt, daß das Übertragungsverhalten des diskreten Filters bei tiefen Frequenzen mit dem des analogen Filters übereinstimmt.

Somit muß gelten

$$H(z = 1) = K_d \cdot \frac{1 - e^{-bT}}{1 - e^{-aT}} = F(s = 0) = \frac{b}{a}.$$

Aus dieser Gleichung wird K_d ermittelt zu

$$K_d = \frac{b}{a} \cdot \frac{1 - e^{-aT}}{1 - e^{-bT}}.$$

Damit ist die Übertragungsfunktion des diskreten Filters gegeben zu

$$H(z) = \frac{b}{a} \cdot \frac{1 - e^{-aT}}{1 - e^{-bT}} \cdot \frac{z - e^{-bT}}{z - e^{-aT}} \quad \text{bzw.}$$

$$H(z) = \frac{b}{a} \cdot \frac{1 - e^{-aT}}{1 - e^{-bT}} \cdot \frac{1 - e^{-bT} z^{-1}}{1 - e^{-aT} z^{-1}}.$$

$\square$

Beispiel 5.4:

Gegeben ist ein Hochpaßfilter mit der Übertragungsfunktion

$$F(s) = \frac{s}{s + a};$$

gesucht ist das äquivalente diskrete Filter unter Verwendung der MPZ-Methode.

Lösung:

Die Nullstelle $s_{N_1} = 0$ wird in den Punkt $z = e^{-0T} = 1$ und der Pol bei $s_{P_1} = -a$ in den Punkt $z = e^{-aT}$ abgebildet. Konsequenterweise ergibt sich die gesuchte Übertragungsfunktion (mit zunächst unbekannter Verstärkung) zu

$$H(z) = K_d \cdot \frac{z - 1}{z - e^{-aT}},$$

wobei die Verstärkung K_d jetzt so festgelegt wird, daß das Übertragungsverhalten des diskreten Filters bei hohen Frequenzen mit dem des analogen Filters übereinstimmt.

Somit muß gelten:

$$H(z = -1) = K_d \cdot \frac{-1-1}{-1-e^{-aT}} = F(s = \infty) = 1.$$

Daraus folgt K_d zu

$$K_d = \frac{1+e^{-aT}}{2}$$

und das äquivalente diskrete Filter ist somit gegeben zu

$$H(z) = \frac{1+e^{-aT}}{2} \cdot \frac{z-1}{z-e^{-aT}} \quad \text{bzw.}$$

$$H(z) = \frac{1+e^{-aT}}{2} \cdot \frac{1-z^{-1}}{z-e^{-aT}z^{-1}}. \qquad \qquad \Box$$

Beispiel 5.5

Gegeben sei das kontinuierliche Filter

$$F(s) = s+a,$$

wobei der Bereich niedriger Frequenzen von Interesse sein soll. Gesucht ist das äquivalente diskrete Filter durch Anwendung der MPZ-Methode.

Lösung:

Das kontinuierliche Filter $F(s)$ hat eine Nullstelle bei $s=-a$, sie hat keine endliche Polstelle und eine unendliche Polstelle. Die Nullstelle $s=-a$ wird in $z=e^{-aT}$ und der unendliche Pol in den Punkt $z=-1$ abgebildet. Somit ist das äquivalente diskrete Filter gegeben zu

$$H(z) = K_d \cdot \frac{z-e^{-aT}}{z+1}.$$

Die Verstärkung K_d wird so festgelegt, daß die Verstärkungen des diskreten Filters und des kontinuierlichen Filters bei tiefen Frequenzen übereinstimmen. Somit muß gelten

$$H(z = 1) = K_d \cdot \frac{1-e^{-aT}}{1+1} = F(s = 0) = a,$$

also

$$K_d = \frac{2a}{1 - e^{-aT}}.$$

Die Übertragungsfunktion des diskreten Filters lautet somit

$$H(z) = \frac{2a}{1 - e^{-aT}} \cdot \frac{z - e^{-aT}}{z + 1} = \frac{2a}{1 - e^{-aT}} \cdot \frac{1 - e^{-aT} z^{-1}}{1 + z^{-1}}. \qquad \square$$

Beispiel 5.6

Gegeben sei das kontinuierliche Filter

$$F(s) = \frac{1}{(s + a)^2 + b^2} = \frac{1}{(s + a + jb)(s + a - jb)},$$

gesucht ist das dazu äquivalente diskrete Filter unter Verwendung der MPZ-Methode.

Lösung:

Die konjugiert komplexen Pole der s-Ebene werden in ebenso konjugiert komplexe Pole in der z-Ebene abgebildet.

Die gegebene Übertragungsfunktion hat im Laplace-Bereich keine endlichen Nullstellen, jedoch zwei unendliche Nullstellen, die in den Punkt $z = -1$ abgebildet werden. Somit lautet die äquivalente diskrete Übertragungsfunktion

$$H(z) = K_d \cdot \frac{(z + 1)^2}{z^2 - 2ze^{-aT} \cdot \cos bT + e^{-2aT}},$$

wobei die Verstärkung K_d so eingerichtet wird, daß für niedrige Frequenzen $H(z)$ und $F(s)$ übereinstimmen.

Mit dem nunmehr bekannten Ansatz $H(z = 1) = F(s = 0)$ und Auflösen nach K_d folgt

$$K_d = \frac{1 - 2 \cdot e^{-aT} \cdot \cos bT + e^{-2aT}}{4(a^2 + b^2)}.$$

Somit ist das äquivalente diskrete Filter gegeben zu

$$H(z) = \frac{1 - 2 \cdot e^{-aT} \cdot \cos bT + e^{-2aT}}{4(a^2 + b^2)} \cdot \frac{(1 + z^{-1})^2}{1 - 2e^{-aT} z^{-1} \cdot \cos bT + e^{-2aT} z^{-2}}. \quad \square$$

Beispiel 5.7

Für ein gegebenes kontinuierliches Filter

$$F(s) = K_c \cdot \frac{s+a}{s(s+b)}$$

erhält man mit K_c als Verstärkung des kontinuierlichen Filters die äquivalente Übertragungsfunktion des diskreten Filters zu

$$H(z) = K_d \cdot \frac{(z+1)(z - e^{-aT})}{(z-1)(z - e^{-bT})}. \qquad (5.16)$$

Durch Anwendung des Endwertsatzes wird die noch unbekannte Verstärkung des diskreten Filters zu

$$\lim_{s \to 0} s \cdot K_c \cdot \frac{s+a}{s(s+b)} = \lim_{z \to 1} (z-1) K_d \cdot \frac{(z+1)(z - e^{-aT})}{(z-1)(z - e^{-bT})};$$

$$K_d = K_c \cdot \frac{a}{2b} \cdot \left(\frac{1 - e^{-bT}}{1 - e^{-aT}} \right). \qquad \qquad \square$$

5.2.6 Das Modifizierte Abbildungsverfahren von Pol- und Nullstellen vom Laplace-Bereich in den z-Bereich

Dieses Verfahren läuft in der anglikanischen Literatur unter dem Namen „Modified Matched Pole-Zero Method" mit der Abkürzung MMPZ. Der Grund für ihre Einführung hat folgende Bewandtnis:

In der Übertragungsfunktion $H(z)$ gemäß Gleichung (5.16) kommt zum Ausdruck, daß $u(k)$ von $e(k)$ abhängig ist, das heißt vom Eingang zum selben Tastzeitpunkt. Wenn jedoch die Berechnung von $u(k)$ - egal aus welchen Gründen - im Computer entsprechend lange Zeit in Anspruch nimmt, ist es naheliegend, eine Übertragungsfunktion $H(z)$ zu erstellen, deren Zählergrad um Eins niedriger ist als der Nennergrad. Damit hängt die Computer-Ausgangsgröße $u(k)$ nicht mehr von $e(k)$, sondern nur noch von Eingangssignalen zu früheren Tastzeitpunkten ab.

Um dies zu bewerkstelligen wird Schritt 3 der MPZ-Methode insofern modifiziert, daß der Zählergrad der Übertragungsfunktion $H(z)$ um Eins niedriger gehalten wird als der Grad des Nenners.

Beispiel 5.8

Es sei

$$F(s) = K_c \cdot \frac{s+a}{s(s+b)}.$$

Wenn die Abbildung der im Unendlichen liegenden Nullstellen ignoriert wird, erhält man die zugehörige Übertragungsfunktion im z-Bereich zu

$$H(z) = K_d \cdot \frac{z - e^{-aT}}{(z-1)\left(z - e^{-bT}\right)}. \tag{5.17}$$

Die Verstärkung K_d erhält man durch Anwenden des Endwertsatzes zu

$$\lim_{s=0} s\, F(s) = \lim_{z=1} (z-1) H(z):$$

$$K_c \cdot \frac{a}{b} = K_d \cdot \frac{1 - e^{-aT}}{1 - e^{-bT}}, \quad \text{bzw.}$$

$$K_d = K_c \cdot \frac{a}{b} \cdot \left(\frac{1 - e^{-bT}}{1 - e^{-aT}}\right).$$

Zur Herleitung der Differenzengleichung wird Gleichung (5.17) im Zähler und im Nenner mit z^{-2} multipliziert; daraus erhält man

$$\frac{U(z)}{E(z)} = H(z) = K_d \cdot \frac{z^{-1}\left(1 - e^{-aT} z^{-1}\right)}{1 - z^{-1}\left(1 + e^{-bT}\right) + z^{-2} e^{-bT}}. \tag{5.18}$$

Durch Umwandlung der Gleichung (5.18) ergibt sich die gesuchte Differenzengleichung zu

$$u(k) = \left(1 + e^{-bT}\right) \cdot u(k-1) - e^{-bT} \cdot u(k-2)$$

$$+ K_d \cdot \left[e(k-1) - e^{-aT} \cdot e(k-2)\right].$$

Durch Anwendung des MMPZ-Verfahrens steht jetzt eine gesamte Abtastperiode zur Berechnung und Ausgabe der Ausgangsgröße $u(k)$ zur Verfügung, weil - wie aus obiger Gleichung zu sehen ist - $u(k)$ nicht mehr von $e(k)$ abhängig ist.

Nachteilig an diesem Verfahren ist jedoch die Tatsache, daß der Computer zur Berechnung der Ausgangsgröße Daten verwendet, die mindestens von einer Abtastperiode vorher stammen. Dies hat allerdings zur Konsequenz, daß zufällig in das System eingestreute Störungen erst eine Taktzeit später registriert werden.

Beispiel 5.9

Für einen Regelkreis möge die Übertragungsfunktion der Strecke

$$F(s) = \frac{1}{s^2}$$

lauten (Doppelintegrator).

An den geschlossenen Regelkreis werden folgende Bedingungen gestellt:

* Dämpfung $d = 0,7$ (entsprechend einer spezifizierten Überschwingweite)

* Eigenfrequenz $\omega_0 \approx 0,3$ 1/sec (entsprechend einer spezifizierten Ausregelzeit); siehe hierzu Kapitel 6.

Lösung:

Der <u>erste Schritt</u> besteht in der Erstellung einer geeigneten Regler-Übertragungsfunktion $F_R(s)$ gemäß folgenden Bildes:

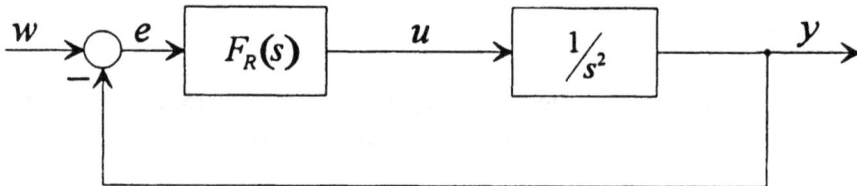

Bild 5.3: Analoger Regelkreis

Erfahrungsgemäß lassen sich doppelt integrierende Strecken mit einem Proportional-Differential-Regler mit Vorhalt gut regeln:

$$F_R(s) = K_c \cdot \frac{s+a}{s+b}$$

mit

$$K_c = 0,81; \quad a = 0,2; \quad b = 2,0.$$

Das folgende Bild zeigt die Richtigkeit der obigen Reglerübertragungsfunktion, weil der Arbeitspunkt im Schnittpunkt mit der Dämpfungsgeraden $d = 0,7$ und der Linie $\omega_0 = 0,3$ 1/sec zu liegen kommt.

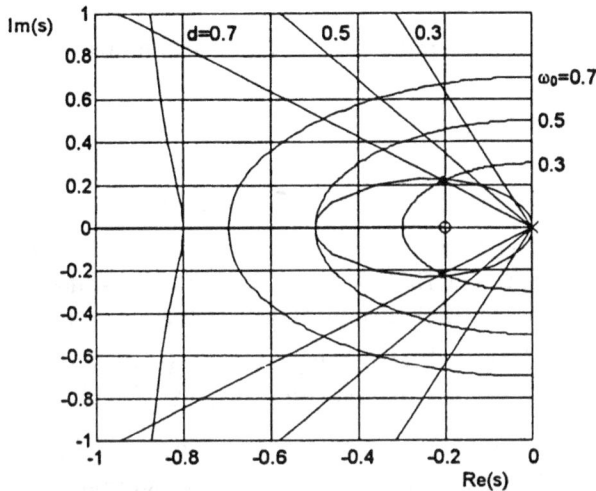

Bild 5.4: Wurzelortskurve mit K_c als laufender Variable

Zur <u>Diskretisierung</u> der Reglerübertragungsfunktion $F_R(s)$ muß zunächst die Abtastrate T gewählt werden. Für ein System mit der (gewollten) Eigenfrequenz $\omega_0 = 0,3$ 1/sec kann die Bandbreite ebenso zu etwa 0,3 1/sec angenommen werden. Bei einer Wahl der Abtastrate, die etwa 20-fach größer ist, liegt man erfahrungsgemäß auf der sicheren Seite.

Somit gilt $\omega_s = 0,3 \cdot 20 = 6$ 1/sec. Eine Abtastrate von 6 1/sec entspricht in etwa $f_s = 1 Hz$; somit sollte die Abtastperiode $T = 1 sec$ sein. Die Diskretisierung der Reglergleichung entsprechend dem MPZ-Verfahren führt dann zu

$$F_R(z) = 0,389 \cdot \frac{z - 0,82}{z - 0,135} = \frac{0,389 - 0,319\,z^{-1}}{1 - 0,135\,z^{-1}}.$$

Nebenrechnung:

$$0,81 \cdot \frac{a}{b} = K_d \cdot \frac{1 - 0,82}{1 - 0,135};$$

daraus

$$K_d = 0,389;$$

$$e^{-aT} = 0,82; \quad e^{-bT} = 0,135.$$

Die zu $F_R(z)$ äquivalente Differenzengleichung ergibt sich zu

$$u(k) = 0,135 \cdot u(k-1) + 0,389 \cdot e(k) - 0,319 \cdot e(k-1)$$

mit $e(k) = w(k) - y(k)$;

mit obiger Zeile liegt dann auch der digitale Algorithmus fest.   □

Zusammenfassung:

Der Diskretisierungsprozeß durchläuft folgende Schritte:

1. Die Übertragungsfunktionen von Strecke und Regler seien im Laplace-Bereich bekannt. Zur Erstellung der Übertragungsfunktion des Reglers sind die bekannten Methoden im Laplace-Bereich heranzuziehen.

2. Anwendung einer Diskretisierungsmethode (Bilineare Transformation, MPZ, etc.) zur Approximation von $F_R(s)$ mit $F_R(z)$.

3. Direkte Implementierung von $F_R(z)$ mit einer Differenzengleichung, die dann als Regelalgorithmus im Rechner programmiert werden kann.

6 Synthese digitaler Regelkreise

In diesem Kapitel soll die Auslegung digitaler Regelkreise mit Hilfe der z-Transformation behandelt werden. Dabei wird zunächst die Erstellung eines digitalen Reglers aus der vorhandenen Übertragungsfunktion des Reglers im Laplace-Bereich beschrieben. (In der anglikanischen Literatur wird diese Vorgehensweise als Emulation bezeichnet). Diese Vorgehensweise ist insofern von Interesse, weil die Reglerauslegung so vonstatten läuft, als ginge es um ein kontinuierliches System, das dann lediglich in den diskreten Bereich übertragen wird. Im Anschluß daran soll die Auslegung mit Hilfe von Wurzelortskurven und in der Frequenzebene aufgezeigt werden.

6.1 Regelkreis-Spezifikationen

Bevor die Regelkreissynthese digitaler Regelkreise näher erläutert wird, müssen zunächst die Grundgedanken einer Regelkreis-Spezifikation definiert werden um festzustellen, wie diese Spezifikationen auf digitale Regelkreise anzuwenden sind; siehe dazu folgendes Bild.

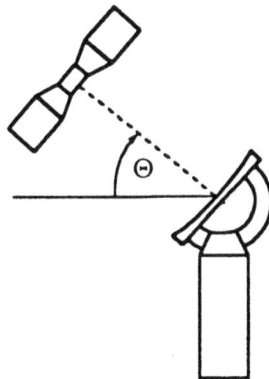

Bild 6.1: Skizze der Parabolantenne mit Satellit

Die Spezifikationen bezüglich der Regelung des Azimut-Winkels einer Parabolantenne, die von einem Satelliten Meßdaten aufnehmen soll, lauten:

1. Schleppfehler für rampenförmigen Eingang kleiner als 0,01 Radianten
2. Maximale Überschwingweite bei sprungförmigem Eingang $\leq 16\%$
3. Ausregelzeit innerhalb $w_\infty \pm 1\%$: $\leq 10\,\mathrm{sec}$.

Die Bewegungsgleichung des Antennensystems lautet

$$J\ddot{\Theta} + B\dot{\Theta} = M_c,\tag{6.1}$$

wobei Θ der Ausschlagwinkel des Spiegels aus der Horizontalen ist (siehe Bild 6.1); M_c ist das Motormoment des Antennenantriebs.

Die Systemparameter sind das inertiale Trägheitsmoment J des Parabolspiegels und der Dämpfungsfaktor B, der die mechanische Reibung und Gegen-EMK-Effekte des elektrischen Antriebs umfaßt.

Die Übertragungsfunktion der Strecke (=Parabolspiegel) ergibt sich mit den Definitionen

$$B/J = a; \quad u(t) = M_c(t)/B$$

zu

$$\frac{1}{a} \cdot \ddot{\Theta} + \dot{\Theta} = u(t)$$

zu

$$\Theta(s) = \frac{1}{s(s/a+1)} \cdot U(s)$$

bzw.

$$F_S(s) = \frac{\Theta(s)}{U(s)} = \frac{1}{s(10s+1)};\tag{6.2}$$

die Zahlenwerte obiger Gleichung sind insofern als angenommene Werte aufzufassen, als die Zeitkonstante $J/B = 10\,\mathrm{sec}$ sein soll. Folgendes Bild zeigt das Blockschaltbild des Antennensystems:

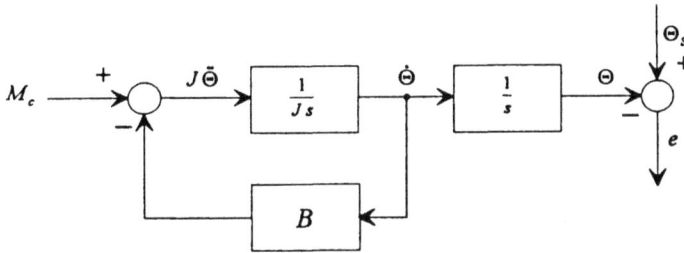

Bild 6.2: Modell des Antennensystems

Das Ziel der Reglerauslegung besteht darin, den Fehler zwischen dem Lagewinkel des Satelliten Θ_S und der Antenne Θ zu bestimmen und ein derartiges Antriebsmoment zu berechnen, daß der Regelfehler $e = \left(\Theta_S - \Theta\right)$ im Zuge der Nachführung der Antenne immer kleiner als 0,01 Radianten ist.

Der vom Satelliten vorgegebene (und damit nachzuführende) Winkel soll gegeben sein zu

$$\Theta_S(t) = \left(0,01\,\text{rad/sec}\right) \cdot t. \tag{6.3}$$

Das folgende Bild zeigt das gesamte Blockschaltbild des geschlossenen Regelkreises mit direkter Rückführung, das natürlich auch auf andere Beispiele übertragen werden kann.

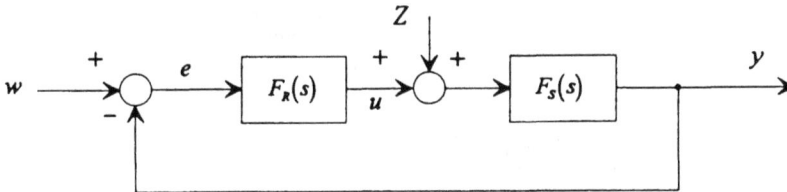

Bild 6.3: Allgemeiner geschlossener Regelkreis

Bezüglich des Übergangsverhaltens beim Einfluß sprungförmiger Störungen Z (z.B. Windlast) besteht die Forderung, daß solche Störungen innerhalb 10 Sekunden bis auf den bereits spezifizierten Schleppfehler ausgeregelt sein müssen. Im folgenden sollen die wichtigsten Gütekriterien aufgeführt werden, die für das gegebene Beispiel, und auch für viele andere ähnlich gelagerte Beispiele, zu spezifizieren sind:

1. Stationärer Schleppfehler

2. Dynamisches Übergangsverhalten
   a) Stabilität
   b) Anstiegszeit

    c) Maximale Überschwingweite
    d) Ausregelzeit

3. Störunterdrückung
    a) Unterdrückung von Störungen im stationären Zustand
    b) Dynamisches Übergangsverhalten

4. Stellgrößenaufwand
    a) Maximale Stellgröße u
    b) Stellenergie $K \int u^2 (t) dt$

Zur Berechnung des stationären Fehlers bezüglich w oder Z sei natürlich ein stabiles System angenommen. Gehen wir weiter von direkter Rückführung gemäß Bild 6.3 und sprungförmigem Sollwert sowie $Z(t) = 0$ aus, so lautet der Fehler im Laplace-Bereich

$$E(s) = \frac{W(s)}{1 + F_R(s) \cdot F_S(s)} = \frac{1}{s} \cdot \frac{1}{1 + F_R(s) \cdot F_S(s)}. \tag{6.4}$$

Der Endwert des Fehlers ergibt sich unter Verwendung des Endwertsatzes der Laplace-Transformation zu

$$e(t \to \infty) = e_\infty = \lim_{s \to 0} s \cdot \frac{1}{s} \cdot \frac{1}{1 + F_R(s) F_S(s)}.$$

Für das gegebene Beispiel wird $e_\infty = 0$ wegen $\lim_{s \to 0} F_S(s) = \infty$.

Für rampenförmigen Sollwert-Eingang wird

$$e_\infty = \lim_{s \to 0} s \cdot \frac{1}{s^2} \cdot \frac{1}{1 + F_R(s) F_S(s)} \tag{6.5}$$

von Null verschieden, wenn $\lim_{s \to 0} s F_R(s) F_S(s)$ endlich ist. Dies trifft für das gegebene Beispiel dann zu, wenn $F_R(s)$ eine endliche Gleichstromverstärkung hat, das heißt wenn $F_R(s)$ keinen Integrator beinhaltet.

Weil im gegebenen Fall

$$\lim_{s \to 0} s F_S(s) = 1,$$

wird der Fehler für rampenförmigen Eingang in der Tat zu

$$e_\infty = \lim_{s \to 0} \frac{1}{F_R(s)}.$$

Wenn also das System mit einem kontinuierlichen Regler geregelt werden würde, dann bedeutet die geforderte Spezifikation bezüglich des Schleppfeh-

lers von höchstfalls 0,01 Rad für einen rampenförmigen Sollwert
$\Theta_s = 0,01$ Rad./sec einen stationären, zulässigen Fehler von

$$e_\infty = \lim_{s \to 0} \frac{0,01}{F_R(s)} = \frac{0,01}{F_R(0)}.$$

Interpretiert man obige Gleichung, so folgt daraus, daß die Gleichstrom-
Verstärkung des Reglers $F_R(s)$ größer oder mindestens 1 sein muß.

Eine alternative Möglichkeit bezüglich der Spezifikation des Schleppfehlers
besteht in der Verwendung der sogenannten **Geschwindigkeitsfehler-
Konstanten** K_v gemäß

$$K_v := \lim_{s \to 0} s \cdot F_R(s) \cdot F_S(s).$$

(Eine allgemeine Betrachtung der Fehlerkonstanten wird im Anhang C ein-
gehend behandelt.)

Damit wird gemäß Gleichung (6.5)

$$e_\infty = \frac{1}{K_v};$$

gemäß der obigen Spezifikation muß $K_v \geq 1$ werden.

Der Anteil des gesamten Regelkreises, wofür eine diskrete Darstellung benötigt wird, ist im folgenden Bild wiedergegeben.

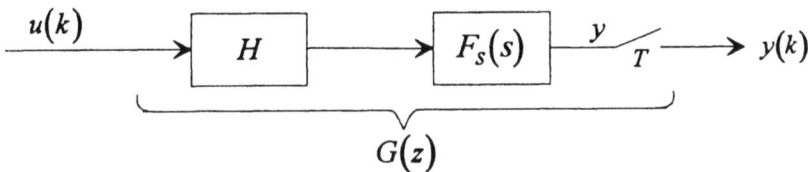

Bild 6.4: Diskrete Darstellung des kontinuierlichen Teils des Regelkreises

Der Eingang des Halteglieds H sind die diskreten Stellgrößen $u(k)$, geliefert
vom Computer, die Ausgänge sind die Abtastwerte der Regelgröße, also
$y(k)$.

Die **diskrete Darstellung** dieses Abschnitts lautet bekanntlich

$$G(z) = \left(1 - z^{-1}\right) \cdot Z\left\{\frac{F_S(s)}{s}\right\}. \tag{6.6}$$

Nun kann der gesamte geschlossene Regelkreis in diskreter Form dargestellt
werden. Unter der Annahme, daß der Sollwert $w(t)$ eine Sprungfunktion ist,

d.h. $w(kT) = \varepsilon(k)$ und die Störgröße $Z(t)$ Null ist, ergibt sich die z-Transformierte des Fehlers zu

$$E(z) = \frac{W(z)}{1 + F_R(z) \cdot G(z)}$$

bzw. für den angenommenen Sollwertsprung zu

$$E(z) = \frac{z}{z-1} \cdot \frac{1}{1 + F_R(z) \cdot G(z)}.$$

Der Endwert des Regelfehlers $e(k \to \infty) = e_\infty$ ergibt sich unter der Voraussetzung, daß ein stabiles System vorliegt und alle Wurzeln der charakteristischen Gleichung $1 + F_R(z) \cdot G(z) = 0$ innerhalb des Einheitskreises liegen, zu

$$e_\infty = \lim_{z \to 1}(z-1) \cdot \frac{z}{(z-1)} \cdot \frac{1}{1 + F_R(z) \cdot G(z)}$$

$$e_\infty = \frac{1}{1 + F_R(1) \cdot G(1)} \,\hat{=}\, \frac{1}{1 + K_p}, \qquad (6.7)$$

wobei $K_p = F_R(1) \cdot G(1)$ die **Positionsfehler-Konstante** des gegebenen Systems ist.

Wenn der Ausdruck $F_R(z) \cdot G(z)$ einen Pol an der Stelle $z = 1$ besitzt, wird e_∞ gemäß Gleichung (6.7) zu Null. Gehen wir davon aus, daß ein Pol an der Stelle $z = 1$ existiert. Der Fehler für **rampenförmigen Sollwert**, d.h. $w(t) = \varepsilon(t) \cdot t$ wird dann im z-Bereich zu

$$E(z) = \frac{Tz}{(z-1)^2} \cdot \frac{1}{1 + F_R(z) \cdot G(z)}.$$

Der stationäre Fehler ergibt sich dann zu

$$e_\infty = \lim_{z \to 1}(z-1) \cdot \frac{Tz}{(z-1)^2} \cdot \frac{1}{1 + F_R(z) \cdot G(z)}$$

$$= \lim_{z \to 1} \frac{Tz}{(z-1) \cdot \left(1 + F_R(z) \cdot G(z)\right)} \,\hat{=}\, \frac{1}{K_v}. \qquad (6.8)$$

Damit wird die Geschwindigkeitsfehlerkonstante eines diskreten Systems mit einer Polstelle an $z = 1$ zu

$$K_v = \lim_{z \to 1} \frac{(z-1) \cdot \left(1 + F_R(z) \cdot G(z)\right)}{Tz}.$$

Dieser Ausdruck wird mit $z \to 1$ zu

$$K_v = \lim_{z \to 1} \frac{(z-1) \cdot F_R(z) \cdot G(z)}{T z}. \tag{6.9}$$

Zunächst sieht man aus Gleichung (6.9), daß K_v umgekehrt proportional zur Abtastrate ist.

Wichtiger ist die Tatsache, daß der Parameter K_v einer kontinuierlichen Strecke allein einschließlich einem Halteglied denselben Wert ergibt als bei nur ausschließlicher Betrachtung des analogen Systems.

6.2 Analyse des dynamischen Verhaltens von Regelkreisen

Bevor im nächsten Kapitel ein praktikables Syntheseverfahren erläutert wird, soll in diesem Abschnitt zunächst das transiente Verhalten der Regelgröße eines geschlossenen Regelkreises analysiert werden.

In der Praxis wird das Übergangsverhalten für analoge und diskrete Regelkreise häufig im Zeitbereich spezifiziert. Dies ist damit begründet, weil Systeme mit einem oder mehreren Energiespeichern auf eine Sprungfunktion (Sollwert oder Störung) nicht verzögerungsfrei reagieren können, sondern (im stabilen Fall) mit einer gedämpften Schwingung auf einen stationären Zustand einlaufen. Ebenso wie im Fall analoger Regelkreise kann man das Übergangsverhalten digitaler Regelkreise nicht nur durch die Dämpfung und der Eigenfrequenz, sondern auch durch die Anstiegszeit, der maximalen Überschwingweite, der Ausregelzeit und weiterer anderer Kenngrößen für sprungförmigen Eingang charakterisieren:

Kenngrößen des Übergangsverhaltens

- Anstiegszeit t_r

- Maximumzeit t_{max}

- Maximale Überschwingweite e_{max}

- Ausregelzeit t_s

Die aufgeführten Kenngrößen als Reaktion auf den Einheitssprung werden im folgenden detailliert erläutert und sind darüber hinaus in der folgenden typischen Sprungantwort eingetragen.

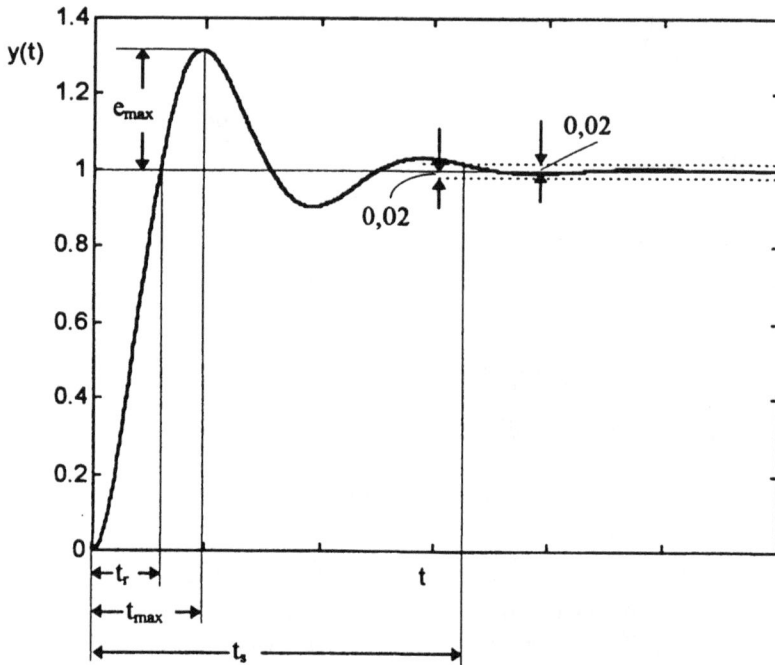

Bild 6.4: Sprungantwort mit maßgeblichen Kennwerten im Zeitbereich

1. Die **Anstiegszeit** t_r ist die verstrichene Zeit, bis die Regelgröße erstmalig den stationären Endwert erreicht hat.

2. Die **Maximumzeit** t_{max} ist die verstrichene Zeit, bis die Regelgröße erstmalig ihr Maximum erreicht hat.

3. Die **maximale Überschwingweite** e_{max} ist die Differenz aus dem Maximum der Regelgröße abzüglich dem stationären Endwert. Die maximale Überschwingweite als Prozentwert ist definiert zu

$$e_{max}\,[\%] = \frac{y\big(t_{max}\big) - y(t \rightarrow \infty)}{y(t \rightarrow \infty)} \cdot 100.$$

Der prozentuale Wert der maximalen Überschwingweite ist ein direktes Maß für die relative Stabilität des Regelkreises.

4. Die **Ausregelzeit** t_s ist die verstrichene Zeit, bis die Regelgröße nur noch Schwingungen innerhalb eines spezifizierten Bereichs um den stationären Endwert aufweist; gewöhnlich werden hierfür ±2% angesetzt.

Spezifikationen des transienten Verhaltens für Systeme zweiter Ordnung

Für ein System zweiter Ordnung mit der Übertragungsfunktion

$$F_W(s) = \frac{Y(s)}{W(s)} = \frac{\omega_0^2}{s^2 + 2d\omega_0 s + \omega_0^2} \tag{6.10}$$

erhält man mit $w(t) = \varepsilon(t)$ die Sprungantwort zu

$$y(t) = 1 - e^{-d\omega_0 t}\left[\cos\omega_d t + \frac{d}{\sqrt{1-d^2}} \cdot \sin\omega_d t\right] \tag{6.11}$$

mit $\omega_d = \omega_0\sqrt{1-d^2}$ als Eigenfrequenz des gedämpften Systems. Das folgende Bild zeigt die Einheitssprungantwort des Systems gemäß Gleichung (6.11) für verschiedene Dämpfungswerte in Abhängigkeit von $\omega_0 t$. Zur Demonstration der vielseitigen Einsatzmöglichkeiten von MATLAB wird ergänzend das zugehörige Simulationsprogramm aufgezeigt.

```
% Simulation eines Systems zweiter Ordnung
axis([0 15 0 1.8]);
axis('square');
for i=1:2:9
    d = 0.1*i;                  % Dämpfungen 0,1 0,3 ... 0,9
     for k = 1:320              % Zahl der Zeitschritte
       time(k) = 0.05*k;        % Schrittweite 0,05 sec
     end
    y1 = cos(sqrt(1-d*d)*time); % Aufbau der Sprungant
                                % wort
    y2 = sin(sqrt(1-d*d)*time); % eines Systems zweiter
    y2 = y2*d/sqrt(1-d*d);      % Ordnung
    y = y1+y2;
    y = exp(-d*time).*y;
    y = 1 - y;                  % Ohne dieses Statement:
                                %  Impulsantwort
    plot(time,y)               % Bildschirmausgabe
    hold on                    % Mehrere Fktn. in ein Bild
end
  gtext('y(t)')
  gtext('t')
  text(4,1.7,'d=0,1')
  text(5,1.3,'0,3')
  text(3,1.2,'0,5')
  text(4,0.9,'0,7')
  text(3,0.7,'0,9')
  grid
```

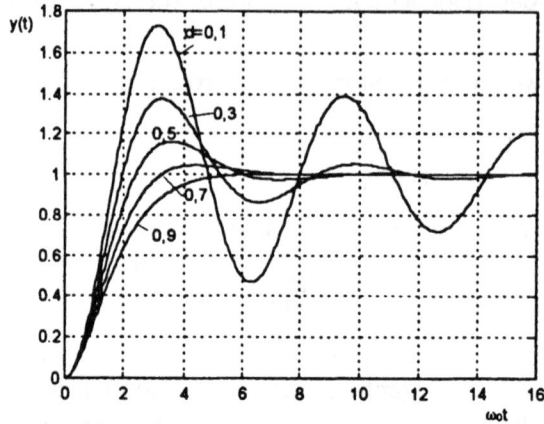

Bild 6.5: Sprungantwort eines Systems 2.Ordnung für verschiedenen Dämpfungen

Für den kontinuierlichen Regelkreis gemäß Gleichung (6.10) können die Parameter t_r, t_{max}, e_{max} und t_s in Abhängigkeit der Dämpfung d und der Eigenfrequenz ω_0 ausgedrückt werden:

Anstiegszeit t_r:

Für $t = t_r$ wird in Gleichung (6.11) $y(t_r) = 1$; durch eine kurze Rechnung folgt daraus

$$t_r = \frac{1}{\omega_d} \cdot \arctan\left(\frac{-\sqrt{1-d^2}}{d}\right) = \frac{\pi - \beta}{\omega_d}; \tag{6.12}$$

der Winkel β ist in folgendem Bild definiert.

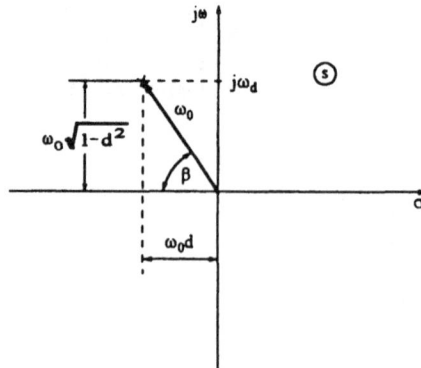

Bild 6.6: Definition des Dämpfungswinkels β

Obwohl die Anstiegszeit auch von der Dämpfung abhängt, wie aus der Gleichung (6.12) hervorgeht, ist der Fehler nicht allzu groß, wenn man aus der Kurvenschar (Bild 6.5) die Kurve mit der Dämpfung $d = 0{,}5$ auswählt und die Anstiegszeit aus $\omega_0 t_r \approx 1{,}8$ bzw.

$$t_r \approx \frac{1{,}8}{\omega_0}$$

approximiert. Eine Forderung bezüglich der Anstiegszeit t_r wird somit zu einer Spezifikation bezüglich ω_0 gemäß

$$\omega_0 \geq \frac{1{,}8}{t_r}. \qquad (6.12a)$$

Maximumzeit t_{max}

Bildet man in der Gleichung (6.11) die erste Ableitung und setzt diese zu Null, so erhält man

$$t_{max} = \frac{\pi}{\omega_d}. \qquad (6.13)$$

Wie man aus obiger Gleichung sieht, ist der Zeitpunkt des Auftretens der maximalen Überschwingweite der Regelgröße wieder eine Funktion der Eigenfrequenz ω_d des gedämpften Systems bzw. der Eigenfrequenz ω_0 des ungedämpften Systems und der Dämpfung d.

Maximale Überschwingweite e_{max}

Über den Ansatz

$$y(t_{max}) - 1 = e_{max}$$

erhält man mit

$$e_{max} = \exp\left(\frac{-\pi d}{\sqrt{1 - d^2}}\right) \qquad (6.14)$$

einen Ausdruck für die maximale Überschwingweite, die ausnahmslos eine Funktion der Dämpfung ist.

Das folgende Bild zeigt die prozentuale Überschwingweite in Abhängigkeit der Dämpfung gemäß Gleichung (6.14) und eine Näherung, die für $0 < d < 0{,}6$ keine zu großen Fehler nach sich zieht:

$$e_{max}[\%] \approx \left(1 - \frac{d}{0{,}6}\right) \cdot 100.$$

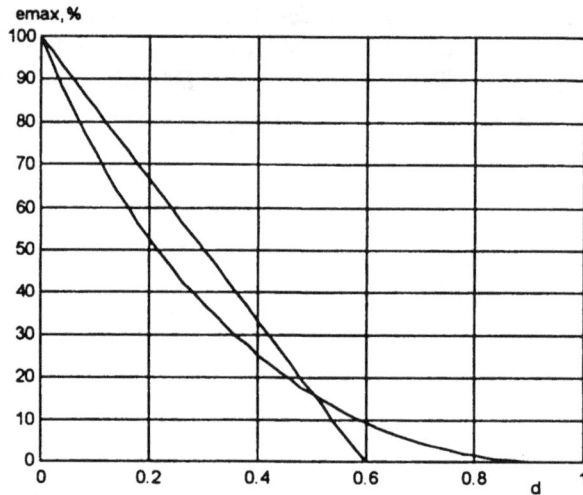

Bild 6.7: Zusammenhang zwischen maximaler Überschwingweite und Dämpfung

Somit kann eine Spezifikation der maximalen Überschwingweite umgesetzt werden in eine Forderung bezüglich der Dämpfung gemäß

$$d \geq 0{,}6\left(1 - \frac{e_{max}[\%]}{100}\right).$$

Ausregelzeit (auf 2% des stationären Endwertes) t_s:

Für den Prototyp des Systems 2.Ordnung gemäß Gleichung (6.11) kann man leicht erkennen, daß die Einhüllende des transienten Anteils mit $e^{-\omega_0 d\, t}$ gegeben ist, wobei $-\omega_0 d$ der Realteil der charakteristischen Lösung ist. Somit kann gefordert werden, daß $\omega_0 d$ einen entsprechenden Wert annimmt, damit das transiente Übergangsverhalten in ein vorgegebenes Toleranzband um den stationären Endwert eintaucht. Wenn wir als Fehlertoleranz 2% wählen, dann ergibt sich die zugehörige Einhüllende zu

$$e^{-\omega_0 d\, t_s} = 0{,}02$$

und somit

$$\omega_0 d\, t_s = 4$$

bzw.

$$t_s = \frac{4}{\omega_0 d}; \tag{6.15}$$

wenn also der Einschwingvorgang innerhalb t_s Sekunden auf 2% abgeklungen sein soll, muß gelten

$$\text{Re}\left(s_i\right) = \omega_0 d \geq \frac{4}{t_s}. \tag{6.16}$$

Aus Gleichung (6.16) geht hervor, daß die Ausregelzeit vom Produkt $\omega_0 d$ abhängig ist.

Nun müssen die für ein bestimmtes Einschwingverhalten in der s-Ebene spezifizierten Forderungen in dazu äquivalente Pollagen der z-Ebene umgesetzt werden, um die gewünschte digitale Regelung zu ermöglichen. Dies geschieht logischerweise durch die Abbildung $z = e^{sT}$.

- Die Beschränkung auf eine bestimmte prozentuale Überschwingweite wurde in Abhängigkeit eines Mindestwertes der Dämpfung d ausgedrückt. In der z-Ebene sind Kurven konstanter Dämpfung logarithmische Spiralen; siehe Bild 6.8, Kurve a). Der verbotene Bereich ist schraffiert.

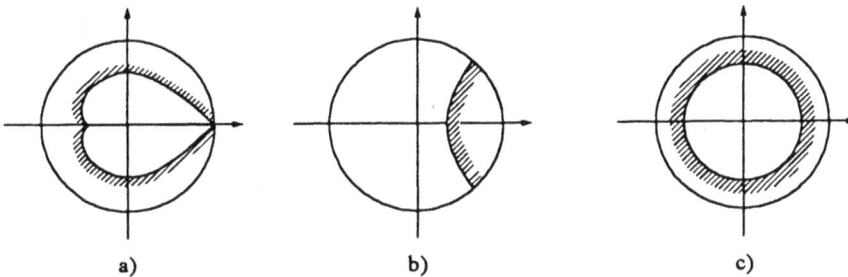

a)   b)   c)

Bild 6.8: Abbildung von Spezifikationen aus der s-Ebene in die z-Ebene: a) Linie konstanter Dämpfung; b) Linie konstanter Eigenfrequenz; c) Linie konstanter Ausregelzeit

* Die Spezifikation einer bestimmten Anstiegszeit ist äquivalent zur Forderung, daß die Eigenfrequenz ω_0 einen bestimmten Wert nicht unterschreiten darf; siehe Gleichung (6.12a). Linien konstanter Eigenfrequenz verlaufen in der z-Ebene senkrecht zu den Linien konstanter Dämpfung; siehe Bild 6.8, Kurve b). Ihr Startpunkt auf dem Einheitskreis schließt mit der reellen Achse den Winkel $\omega_0 T$ ein; ihr Schnittpunkt mit der reellen Achse liegt bei $e^{-\omega_0 T}$.

* Die dritte Spezifikation im Zeitbereich ist die Ausregelzeit. Diese Forderung drückt sich im s-Bereich gemäß Gleichung (6.16) in einem Mindestwert des Realteils $-\omega_0 d$ aus. Weil durch die Abbildung vom s- in den z-Bereich der Wurzelradius zu $r = e^{-\omega_0 dT}$ wird, kann man leicht

sehen, daß sich eine Forderung bezüglich der Ausregelzeit in der z-Ebene derart zeigt, daß die entsprechenden Pole in der z-Ebene innerhalb eines Kreises mit dem Radius

$$r_0 = e^{-4T/t_s}$$

liegen müssen; siehe hierzu Bild 6.8, Kurve c).

Für beliebig angenommene Forderungen

$$e_{max} \leq 16\%$$

$$t_r \leq 6\,sec$$

$$t_s \leq 20\,sec$$

zeigt das folgende Bild den <u>Bereich</u> der z-Ebene, innerhalb dessen die charakteristischen Pole liegen müssen, damit die obigen Spezifikationen (im Mittel) eingehalten werden.

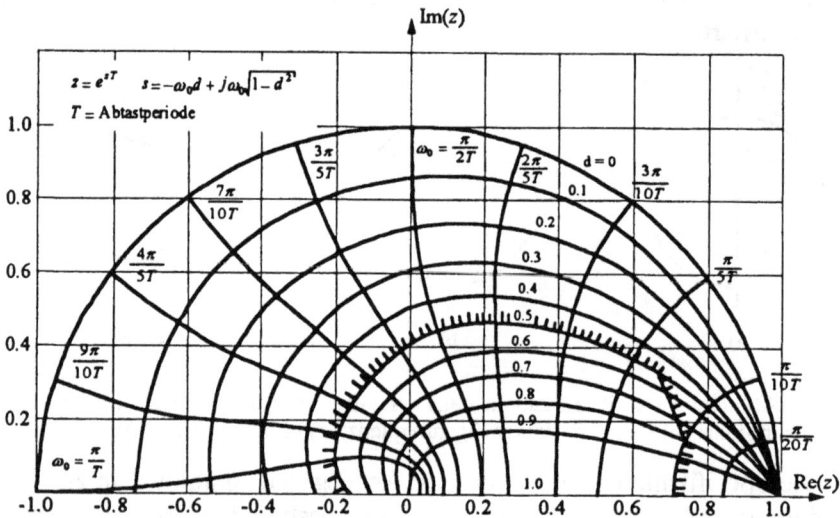

Bild 6.9: Zulässiger Bereich für die Pole eines Systems zweiter Ordnung: $z = e^{sT}$, $s = -\omega_0 d \pm j\omega_0 \sqrt{1-d^2}$;

Unter der Annahme, daß die Abtastperiode $T = 1\,sec$ sei, ergibt sich

$$e_{max} \leq 16\% \quad \Rightarrow \quad d \geq 0{,}5;$$

$$t_r \leq 6\,sec \quad \Rightarrow \quad \omega_0 \geq 1{,}8/6;$$

$$t_\varepsilon \leq 20\,sec \quad \Rightarrow \quad r \leq 0{,}8.$$

Das durch diese Spezifikationen verbotene Gebiet liegt außerhalb der Schraffur, das heißt entlang der Linie $\omega_0 = \pi/(10T)$ bis zum Kreis vom Radius 0,8 und entlang der Spirale mit $d = 0,5$.

Die endgültige Auslegung des Reglers muß durch Simulation und/oder einem Versuch am wahren Objekt überprüft und gegebenenfalls modifiziert werden.

6.3 Regelkreis-Synthese mit Hilfe der Emulation

Bei diesem Syntheseverfahren wird der Regler zunächst im Laplace-Bereich - z.B. durch Verwendung von Wurzelortskurven oder Bode-Diagrammen - ausgelegt. Die nun vorhandene Übertragungsfunktion des Reglers, $F_R(s)$, wird mit Hilfe der Konvertierungsmethoden gemäß Kapitel 5 in die dazu äquivalente Übertragungsfunktion $F_R(z)$ in den z-Bereich übertragen, aus der schließlich der Regelalgorithmus erstellt werden kann. Das Emulations-Verfahren liefert erfahrungsgemäß gute Ergebnisse, wenn die Abtastrate etwa 20mal schneller ist als die Bandbreite des zu regelnden Systems.

Im folgenden **Beispiel** soll das Emulations-Verfahren auf das in Kapitel 6.1 gegebene Antennen-System angewandt werden. Die Spezifikation bezüglich einer maximalen Überschwingweite von 16% macht eine Dämpfung von $d \geq 0,5$ für ein System 2.Ordnung erforderlich. Weiterhin ergibt sich aus der Forderung einer Ausregelzeit von $t_s \leq 10\,\text{sec}$ eine Eigenkreisfrequenz des geschlossenen Regelkreises mit Hilfe von Gleichung (6.15) zu $\omega_0 \approx 1\,\text{rad/sec}$.

Der Emulationsprozeß läuft nun in folgenden Schritten ab:

Im **ersten Schritt** wird der Regler (unter Verwendung bekannter Techniken) im Laplace-Bereich ermittelt. Die Wurzelortskurve des folgenden Bildes zeigt, daß durch eine Kompensation der Polstelle $s = -0,1$ der Strecke (gemäß Gleichung (6.2)) mit einer Nullstelle eines Lead-Kompensators, einem Pol des Lead-Reglers bei $s = -1$ und einer Gleichstromverstärkung von 1, das heißt

$$F_R(s) = \frac{10s+1}{s+1} \tag{6.17}$$

die Wurzeln des geschlossenen Kreises Werte annehmen, die die Forderungen bezüglich ω_0 und d erfüllen.

```
% Wurzelortskurve des Antennensystems in der s-Ebene
%
num = 1;                          % Polynomkeff. des Zählers
den = [1 1 0];                    % Polynomkoeff. des Nenners
k = (0:.05:2.5);                  % Laufende Variable der WOK
clpoles = rlocus(num,den,k);      % Pole d. geschloss. Re-
                                  % gelk.
plot(real(clpoles),imag(clpoles))
axis([-2  0  -1  1]);             % axis([xmin,xmax,ymin,ymax])
axis('square')
d = 0:0.1:1.0;                    % Linien konst. Dämpfung
w0 = 0.5:0.5:2.0;                 % Linien konst. Eigenfrequ.
sgrid(d,w0)                       % Gitterraster
gtext('Re(s)')
gtext('Im(s)')
grid
gtext('K=1')
gtext('d=0,5')
gtext('w0=1,0')
```

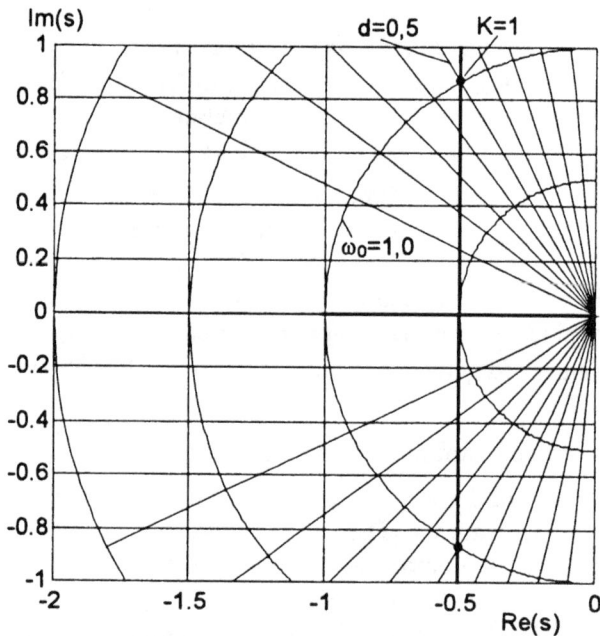

Bild 6.10: Wurzelortskurve des Antennensystems in der s-Ebene

Weil der geschlossene Regelkreis einem System zweiter Ordnung entspricht, ist gewährleistet, daß auch die maximale Überschwingweite von 16% einge- halten wird. Damit bekommt das Blockschaltbild des geschlossenen Regel- kreises folgende Form:

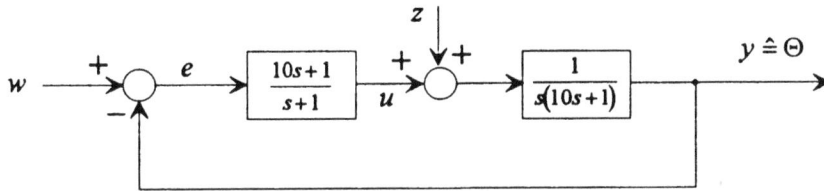

Bild 6.11: Blockschaltbild des gesamten Regelkreises

Im **zweiten Schritt** ist die Reglerübertragungsfunktion aus Gleichung (6.17) vom Laplace-Bereich in den z-Bereich zu übertragen. Hierzu kann im Prinzip jede der im Kapitel 5 aufgeführten Möglichkeiten angewandt werden. Aufgrund der einfachen Anwendbarkeit soll das Pol-Nullstellen-Mapping zur Anwendung kommen.

Dabei muß zunächst die Abtastrate ω_s festgelegt werden. Aufgrund der spezifizierten Forderungen soll das Gesamtsystem eine Eigenfrequenz von $\omega_0 = 1\,\mathrm{rad/sec}$ oder $0,16\,\mathrm{Hz}$ aufweisen. Eine sichere Wahl der Abtastrate ist das zwanzigfache der Bandbreite des geschlossenen Regelkreises. Für das gegebene System zweiter Ordnung ist die Bandbreite näherungsweise der Eigenfrequenz ω_0 gleichzusetzen; eine klassische Wahl der Abtastrate wäre demnach $3\,\mathrm{Hz}$ oder höher. Im ersten Versuch wird, um sicher zu gehen, eine Abtastrate von $5\,\mathrm{Hz}$ gewählt, das heißt $T = 0,2\,\mathrm{sec}$.

Die Übertragungsfunktion $F_R(s)$ des Reglers hat gemäß Gleichung (6.17) zwei Faktoren erster Ordnung, eine Nullstelle bei $s = -0,1$ und einen Pol an der Stelle $s = -1$. Bei der Abbildung von Pol- und Nullstellen wird jede Singularität gemäß $z = e^{sT}$ vom s-Bereich in den z-Bereich übertragen. Damit erhält man

$$F_R(z) = K_d \cdot \frac{z - z_1}{z - z_2}$$

mit einer Nullstelle bei $z_1 = e^{(-0,1)\cdot(0,2)} = 0,9802$ und einer Polstelle bei $z_2 = e^{(-1)\cdot(0,2)} = 0,8187$. Weil außerdem die Gleichstromverstärkungen von $F_R(z)$ und $F_R(s)$ für tiefe Frequenzen identisch sein müssen, erhält man K_d zu

$$\lim_{z \to 1} F_R(z) = \lim_{s \to 0} F_R(s) \overset{!}{=} 1 = K_d \cdot \frac{1 - 0,9802}{1 - 0,8187}. \tag{6.18}$$

Daraus folgt $K_d = 9,15$.

Damit wird die Übertragungsfunktion des diskreten Reglers zu

$$F_R(z) = 9{,}15 \cdot \frac{z - 0{,}9802}{z - 0{,}8187}. \tag{6.19}$$

Im **dritten Schritt** ermittelt man die in den Computer einzuprogrammierende Differenzengleichung durch Erweiterung der Gleichung (6.19) im Zähler und Nenner mit z^{-1}

$$F_R(z) = \frac{U(z)}{E(z)} = 9{,}15 \cdot \frac{1 - 0{,}9802\,z^{-1}}{1 - 0{,}8187\,z^{-1}} \quad \text{zu}$$

$$U(z) \cdot \left(1 - 0{,}8187\,z^{-1}\right) = 9{,}15 \cdot E(z) \cdot \left(1 - 0{,}9802\,z^{-1}\right).$$

Der obige z-transformierte Ausdruck wird zur Differenzengleichung unter Beachtung, daß z^{-1} eine Verzögerung um eine Abtastperiode bedeutet. Somit erhält man

$$u(k) = 0{,}8187 \cdot u(k-1) + 9{,}15 \cdot \left(e(k) - 0{,}9802 \cdot e(k-1)\right).$$

Diese Gleichung kann von einem Computer direkt bearbeitet werden, vorausgesetzt, daß die Werte des Computerausgangs und des Fehlers zu einer Tastzeit vorher zwischengespeichert worden sind. Der Programm-Code zur Implementierung der obigen Differenzengleichung kann dann von folgender Form sein:

```
%   Initialisierung
    ualt = 0
    u' = 0
    ealt = 0
%   Regelschleife
L:  Abtasten des A/D-Converters zur Messung von y(=y(k))
    Abtasten des A/D-Converters zur Messung von w(=w(k))
    e = w-y
    u = u' + 9,15*e
    Ausgabe von u an den D/A-Converter
%   Umbenennung
    ualt = u
    ealt = e
    u' = 0,8187*ualt - 8,969*ealt
    Warte, bis Abtastperiode T verstrichen
GO TO L
```

Dabei ist zu beachten, daß die Berechnung von u' so codiert ist, daß die Zeit zwischen der Abtastung und der Ausgabe der Stellgröße minimal gehalten wird. Damit ist der Regler gemäß der vorgegebenen Spezifikationen komplett ausgelegt.

An dieser Stelle hat der Regeltechniker drei Möglichkeiten bezüglich einer weiteren Vorgehensweise. Die erste Option besteht darin, den in einem Computer implementierten Regler mit der Strecke (hier Antennen-System) zu verbinden und in einem Testlauf zu untersuchen, ob die geforderten Qualitätskriterien eingehalten werden. Eine zweite Option wäre eine Analyse des Gesamtsystems in der z-Ebene im Hinblick auf die geforderten Spezifikationen. Die dritte Option besteht in der Simulation des gesamten Regelkreises und einer Analyse der Regelgröße $y(t)$ bezüglich der eingangs aufgestellten Spezifikationen.

Analyse des Gesamtsystems in der z-Ebene

Es soll nun mit der oben angeführten zweiten und dritten Option fortgefahren werden. Nachdem die z-Transformierte des Reglers bereits bekannt ist, muß zunächst noch die z-Transformierte der kontinuierlichen Strecke (Bild 6.2) mit einem vorgeschalteten Abtaster mit Hilfe der Gleichung (6.6) ermittelt werden. Die Anwendung der Gleichung (6.6) auf die Übertragungsfunktion $F_s(s)$ der Strecke gemäß Gleichung (6.2) ergibt

$$G(z) = \frac{z-1}{z} \cdot Z\left\{\frac{a}{s^2(s+a)}\right\}; \tag{6.20}$$

durch Zerlegung in Partialbrüche wird diese Gleichung zu

$$G(z) = \frac{z-1}{z} \cdot Z\left\{\frac{1}{s^2} - \frac{1}{a\,s} + \frac{1}{a} \cdot \frac{1}{s+a}\right\}.$$

Mit Hilfe von Korrespondenztabellen erhält man daraus die gesuchte z-Transformierte zu

$$G(z) = \frac{z-1}{z} \cdot \left\{\frac{T\,z}{(z-1)^2} - \frac{z}{a(z-1)} + \frac{1}{a} \cdot \frac{z}{z-e^{-aT}}\right\}$$

bzw. durch Zusammenfassen

$$G(z) = \frac{A\,z + B}{a(z-1)(z-e^{-aT})}$$

mit

$$A = e^{-aT} + aT - 1, \quad B = 1 - e^{-aT} - aT \cdot e^{-aT}.$$

Für das Beispiel des Antennen-Systems mit $T = 0{,}2\,\text{sec}$ und $a = 0{,}1$ wird obige Gleichung zu

$$G(z) = 0,00199 \cdot \frac{z + 0,9934}{(z - 1)(z - 0,9802)} .$$
$$\hspace{8cm} (6.21)$$

Die charakteristischen Lösungen des geschlossenen Regelkreises mit dem (bereits berechneten) digitalen Regler erhält man aus der charakteristischen Gleichung

$$1 + F_R(z) \cdot G(z) = 0 .$$

Für das gegebene Antennen-System wird diese Gleichung zu

$$1 + 9,15 \cdot \frac{(z - 0,9802)}{(z - 0,8187)} \cdot \frac{0,00199 \cdot (z + 0,9934)}{(z - 1)(z - 0,9802)} = 0$$

mit den Lösungen

$$z = 0,900 \pm j \cdot 0,162 .$$

Diese Lösungen können in Abhängigkeit der korrespondierenden Dämpfung d und der Eigenfrequenz ω_0 über die Gleichung $z = e^{sT}$ in den s-Bereich konvertiert werden;

$$s = \frac{1}{T} \cdot \ln(z) .$$

Daraus ergeben sich die äquivalenten Wurzeln der s-Ebene zu

$$s = -0,446 \pm j \cdot 0,891 .$$

Hieraus ist zu sehen, daß die spezifizierten Werte durch den Transfer vom s- in den z-Bereich geringfügig verschoben wurden zu

$$d \quad = 0,447 \qquad (\text{aus } d \quad = 0,5)$$
$$t_s \quad = 10,3 \,\text{sec} \qquad (\text{aus } t_s \quad = 10 \,\text{sec})$$
$$e_{max} = 22\% \qquad (\text{aus } e_{max} = 16\%) .$$

Das folgende Bild zeigt die simulierte Regelgröße $y(k)$ für sprungförmigen Sollwert und das zugehörige Simulationsprogramm mit MATLAB.

```
% Diskrete Regelgröße für T = 0,2sec
%
% Regler:
numr = [9.15 -9.15*0.9802];   % Zählerkoeff. des Reglers
denr = [1 -0.8187];           % Nennerkoeff. des Reglers
%
% Strecke:
nums = [0.00199 0.00199*0.9934];   % Zählerkoeff. der
                                   % Strecke
dens = [1 -1.9802 0.9802];         % Nennerkoeff. der
                                   % Strecke
```

```
%
% Offener Regelkreis:
numo = conv(numr,nums);              % Faltung der Zäh-
                                     % lerpolynome
deno = conv(denr,dens);              % Faltung der Nen-
                                     % nerpolynome
%
% Geschlossener Regelkreis:
[numcl,dencl] = cloop(numo,deno);
%
% Ausgabe:
x = ones(1,70);                      % Einheitssprung
v = [0 40 -1 1];
axis(v);                             % Einteilung der Achsen
k = 0:69;
y = filter(numcl,dencl,x);           % Regelgröße
plot(k,y,'o')
grid
gtext('y(k)')
gtext('k')
```

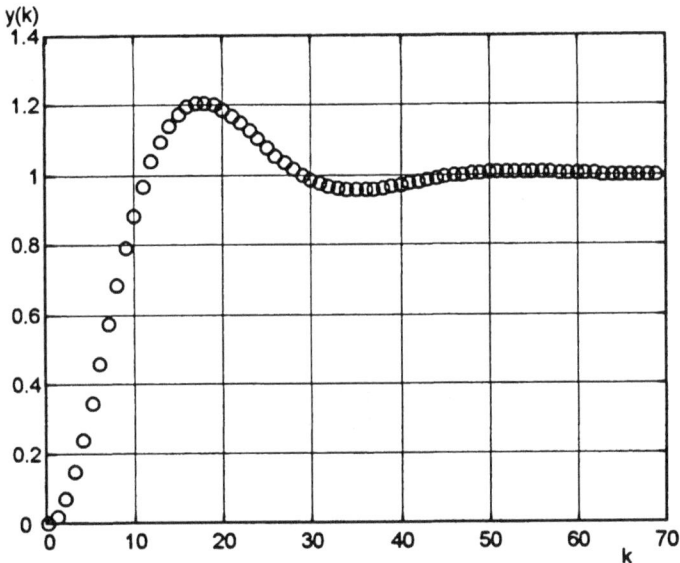

Bild 6.12: Diskrete Regelgröße für $T = 0{,}2\,\mathrm{sec}$

Eine Abtastrate, die mindestens zwanzigmal schneller als die Bandbreite des Systems ist, kann als gute und sichere Faustregel betrachtet werden. In manchen Fällen ist es jedoch aus Gründen der Rechnerauslastung notwendig, sich auf eine kleinere Abtastfrequenz festzulegen. Wie sich im Anschluß zeigen wird, ist eine Reduktion der Abtastfrequenz, also eine Vergrößerung der Abtastperiode T, mit einer Verminderung der Regelqualität verbunden.

Modifikation der Abtastrate

Zur Illustration soll die Regelung des Antennen-Systems erneut ausgelegt werden, jedoch mit einer Abtastrate von 1Hz bzw. $T = 1\text{sec}$. Damit entspricht die Abtastrate etwa dem nur sechsfachen der Bandbreite. Die Übertragungsfunktion des Reglers im z-Bereich wird gemäß Gleichung (6.18) und (6.19) zu

$$F_R(z) = 6{,}64 \cdot \frac{z - 0{,}9048}{z - 0{,}3679}.$$ (6.22)

Analog wird mit $T = 1\text{sec}$ die Übertragungsfunktion der Strecke gemäß Gleichung (6.20) zu

$$G(z) = 0{,}0484 \cdot \frac{z + 0{,}9672}{(z - 1)(z - 0{,}9048)}.$$ (6.23)

Die Kombination der Gleichungen (6.22) und (6.23) zur charakteristischen Gleichung $1 + F_o(z) = 0$ liefert die Wurzeln der charakteristischen Gleichung zu

$z_{1/2} = 0{,}523 \pm j\,0{,}636$ bzw.

$s_{1/2} = -0{,}194 \pm j\,0{,}883$.

Aus diesen Wurzeln ergeben sich folgende Qualitätsmerkmale des auf $T = 1\text{sec}$ modifizierten Regelkreises:

$d = 0{,}21$ (statt gefordert $d = 0{,}5$)

$t_s = 23{,}7\,\text{sec}$ (statt geforderten $10\,\text{sec}$)

$e_{max} = 52\%$ (statt gefordert: $\leq 16\%$).

Bild 6.13 zeigt die Regelgröße $y(k)$ als Reaktion auf sprungförmigen Sollwerteingang gemäß der Gleichungen (6.22) und (6.23).

Wie man leicht sieht, zeigt die Simulation ein qualitativ schlechteres Zeitverhalten im Vergleich zur Simulation mit einer Abtastrate von $T = 0{,}2\,\text{sec}$. Als Verallgemeinerung der Emulationsmethode darf deshalb festgehalten werden, daß dieses Verfahren ein umso schlechteres Übergangsverhalten zeigt, je kleiner die Abtastrate ist.

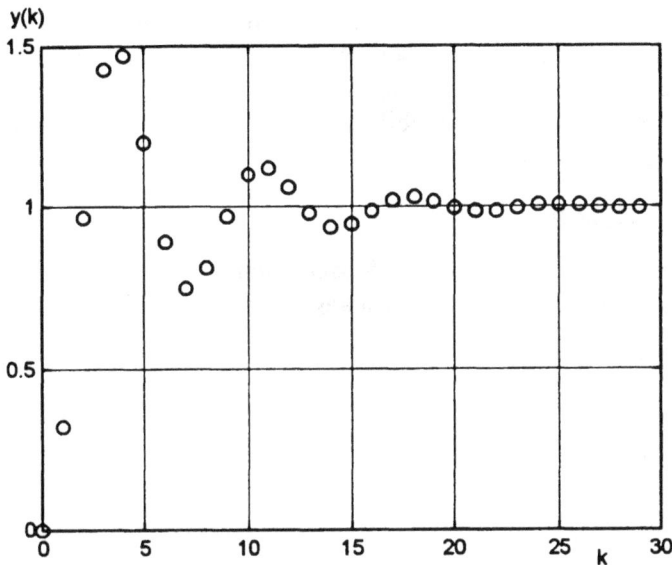

Bild 6.13: Diskrete Regelgröße für $T = 1\,\text{sec}$.

6.4 Regelkreis-Synthese mit Hilfe von Wurzelortskurven

Im Gegensatz zum Emulationsverfahren wird bei dieser Methode von vornherein von der z-Ebene ausgegangen. Dabei wird zunächst die Strecke einschließlich Halteglied gemäß Gleichung (6.20) in den z-Bereich übertragen und die Iteration im Hinblick auf das gewünschte Übergangsverhalten ebenso in der z-Ebene durchgeführt. Der Strecke muß dabei ebenso ein Halteglied vorangesetzt werden; somit existiert für sie ein exaktes diskretes Äquivalent.

Die Wurzelortskurve ist bekanntlich der geometrische Ort aller Punkte der z-Ebene, über die sich die Wurzeln der charakteristischen Gleichung erstrecken, wenn irgend ein reeller Parameter von Null bis zu sehr großen Werten variiert wird.

Aus Bild 6.3 ergibt sich die charakteristische Gleichung des einfachen Regelkreises zu

$$1 + F_R(z) \cdot G(z) = 0. \tag{6.24}$$

Maßgeblich ist dabei, daß die charakteristische Gleichung im z-Bereich die-selbe Form hat als im Laplace-Bereich. Daraus folgt wiederum, daß die Re-geln zur Konstruktion der WOK im z-Bereich genauso gelten als im s-Bereich. Die $j\omega$-Achse als Stabilitätsgrenze in der s-Ebene wird lediglich zum Einheitskreis in der z-Ebene.

Amplituden- und Phasenbedingung

Für lineare zeitinvariante diskrete Systeme kann die charakteristische Glei-chung in einer der folgenden Formen angeschrieben werden:

$$1 + F_R(z) \cdot G(z) = 0$$

oder

$$1 + F_o(z) = 0$$

mit

$$F_o(z) = F_R(z) \cdot G(z), \tag{6.25}$$

wobei $F_o(z)$ die Übertragungsfunktion des offenen Regelkreises ist. Damit wird die charakteristische Gleichung gemäß (6.25) zu

$$F_o(z) = -1.$$

Weil $F_o(z)$ eine komplexe Größe ist, kann die obige Gleichung durch Gleichsetzen von Betrag und Phase in zwei Gleichungen aufgespalten wer-den.

Winkelbedingung:

$$\varphi\big(F_o(z)\big) = \pm 180°(2k+1); \quad k = 0,1,2,\ldots$$

Amplitudenbedingung:

$$|F_o(z)| = 1.$$

Alle z-Werte, die sowohl die Amplituden- als auch die Phasenbedingung er-füllen, sind die Wurzeln der charakteristischen Gleichung oder - was genau-so gilt - die Pole des geschlossenen Regelkreises. Der Funktionsgraph sämt-licher Punkte in der komplexen z-Ebene, die die Phasenbedingung erfüllen, ist die gesuchte Wurzelortskurve.

Die Wurzeln der charakteristischen Gleichung (oder die Pole des geschlos-senen Regelkreises), die mit einer gegebenen Verstärkung korrespondieren, erhält man durch Verwendung der Amplitudenbedingung.

6.4.1   Allgemeine Regeln zur Konstruktion von Wurzelortskurven

6.4.1.1   Pole und Nullstellen

Zunächst ist die charakteristische Gleichung

$$1 + F_o(z) = 0$$

aufzustellen und so umzuordnen, daß der interessierende Parameter, zum Beispiel die Verstärkung K als multiplizierender Faktor in der Form

$$1 + K \cdot \frac{(z + z_1)(z + z_2)\ldots(z + z_m)}{(z + p_1)(z + p_2)\ldots(z + p_n)} = 0$$

erscheint, wobei $z_1, z_2, etc.$ die Nullstellen und $p_1, p_2, etc.$ die Pole des offenen Kreises sind und $K > 0$ angenommen sei. Nun sind mit Hilfe obiger Gleichung die Pole und Nullstellen des offenen Kreises in der z-Ebene einzutragen.

6.4.1.2   Beginn und Ende der WOK-Äste

Im zweiten Schritt sind Beginn und Ende der WOK-Äste aufzufinden. Die Punkte der Wurzelortskurve, die mit $K = 0$ korrespondieren, sind die Pole des offenen Regelkreises; diejenigen Punkte, die mit $K \to \infty$ korrespondieren, sind die Nullstellen der Übertragungsfunktion des offenen Regelkreises.

Wenn also K fortlaufend von Null bis Unendlich erhöht wird, hat das zur Konsequenz, daß die Wurzelortskurve (WOK) von einem Pol des offenen Kreises bis zu einer endlichen Nullstelle oder einer Nullstelle im Unendlichen durchlaufen wird.

Daraus folgt wiederum, daß die Zahl der WOK-Äste gleich der Zahl der Pole des offenen Kreises ist. Weiterhin laufen m Äste der WOK gegen eine Nullstelle und *(n-m)* Äste ins Unendliche.

6.4.1.3   Bestimmung der WOK-Äste auf der reellen Achse.

WOK-Äste auf der reellen Achse werden mit Hilfe reeller Pol- und Nullstellen des offenen Kreises ermittelt.

Konjugiert komplexe Pole und Nullstellen des offenen Kreises haben keinen Einfluß auf die Äste der WOK auf der reellen Achse, weil der Winkelbeitrag eines konjugiert komplexen Pol- oder Nullstellenpaars 360° auf der reellen Achse ist.

Jeder Ast der WOK auf der reellen Achse erstreckt sich über einen Bereich von einem Pol oder einer Nullstelle zu einem anderen Pol oder einer anderen Nullstelle.

Bei der Konstruktion der WOK-Äste auf der reellen Achse wählt man einen beliebigen Testpunkt. Wenn die Gesamtzahl reeller Pole und reeller Nullstellen rechts von diesem Testpunkt ungerade ist, dann ist dieser Testpunkt ein Punkt der WOK.

6.4.1.4   Bestimmung der Asymptoten der WOK

Für Testpunkte z_0, weit abgelegen vom Ursprung, sind die zugehörigen Winkel aller Pole und Nullstellen des offenen Kreises dieselben. Eine Nullstelle und ein Pol des offenen Kreises heben sich deshalb bezüglich ihres Phasenbeitrages gegenseitig auf. Somit muß sich die WOK für große z-Werte asymptotisch Geraden nähern, die mit der reellen Achse die Winkel

$$\alpha_k = \frac{\pm 180°(2k+1)}{n-m}; \quad k = 0,1,2,\ldots$$

einschließen, wobei

  n = Zahl der endlichen Pole und

  m = Zahl der endlichen Nullstellen von $F_o(z)$ ist.

Weil α_k eine unendliche Anzahl von Asymptoten vermuten läßt, ist festzuhalten, daß man mit steigendem k immer wieder die gleichen Ergebnisse erhält; die Zahl verschiedener Asymptoten ist $(n-m)$.

Sämtliche Asymptoten schneiden die reelle Achse. Der Asymptoten-Schnittpunkt mit der reellen Achse ergibt sich wie folgt:

Wegen

$$F_o(z) = \frac{K\left[z^m + \left(z_1 + z_2 + \cdots + z_m\right)z^{m-1} + \cdots + z_1 z_2 \cdots z_m\right]}{z^n + \left(p_1 + p_2 + \cdots + p_n\right)z^{n-1} + \cdots + p_1 p_2 \cdots p_n} =$$

$$= \frac{K}{z^{n-m} + \left[\left(p_1 + p_2 + \cdots + p_n\right) - \left(z_1 + z_2 + \cdots + z_m\right)\right]z^{n-m-1} + \cdots}$$

kann die letzte Gleichung für große z-Werte approximiert werden zu

$$F_o(z) \approx \frac{K}{\left[z + \dfrac{\left(p_1 + p_2 + \cdots + p_n\right) - \left(z_1 + z_2 + \cdots + z_m\right)}{n-m}\right]^{n-m}}.$$

Wenn die Abszisse des Schnittpunkts der Asymptote mit der reellen Achse mit $-\sigma_a$ bezeichnet wird, so folgt

$$\sigma_a = \frac{\left(p_1 + p_2 + \cdots + p_n\right) - \left(z_1 + z_2 + \cdots + z_m\right)}{n - m} \qquad (6.26)$$

Weil alle komplexen Pole und Nullstellen immer konjugiert komplex auftreten, erscheinen in obiger Gleichung bezüglich $p_1, p_2, \ldots; z_1, z_2, \ldots$ *etc.* nur die Realteile, somit wird auch σ_a immer reell. Mit den Schnittpunkten der Asymptoten mit der reellen Achse und der jeweiligen Anstiegswinkel können nun die Asymptoten in die z-Ebene eingetragen werden.

6.4.1.5 Bestimmung der Verzweigungs- und Vereinigungspunkte.

Weil die WOK immer symmetrisch zur reellen Achse verläuft, liegen die Verzweigungs- und Vereinigungspunkte entweder auf der reellen Achse oder sie erscheinen als konjugiert komplexe Paare.

Wenn ein Ast der WOK auf der reellen Achse zwischen zwei Polen des offenen Kreises verläuft, dann existiert mindestens ein Verzweigungspunkt zwischen den beiden Polen.

Wenn analog dazu ein Ast der WOK auf der reellen Achse zwischen zwei Nullstellen des offenen Kreises verläuft (eine Nullstelle davon kann im Unendlichen liegen), dann existiert immer zwischen den beiden Nullstellen mindestens ein Vereinigungspunkt.

Wenn schließlich ein Ast der WOK zwischen einem Pol und einer Nullstelle (endlich oder unendlich) auf der reellen Achse verläuft, dann liegt dazwischen entweder weder ein Verzweigungs- noch ein Vereinigungspunkt, oder Verzweigungs- und Vereinigungspunkt treten paarweise auf.

Die Verzweigungs- und/oder Vereinigungspunkte erhält man durch folgende Rechnung:

$$1 + F_o(z) = 0$$

kann geschrieben werden als

$$1 + K \cdot \frac{b(z)}{a(z)} = 0.$$

Damit wird

$$K = -\frac{a(z)}{b(z)}. \qquad (6.27)$$

Die gesuchten Verzweigungs- bzw. Vereinigungspunkte (die mit Doppelwurzeln korrespondieren) folgen aus

$$\frac{dK}{dz} = -\frac{a'(z) \cdot b(z) - a(z) \cdot b'(z)}{b^2(z)} = 0, \tag{6.28}$$

wobei durch den Apostroph die Differentiation nach z zu verstehen ist. Dabei wird grundsätzlich, wie bisher, von $K > 0$ ausgegangen.

6.4.1.6   Austrittswinkel der WOK aus einer Polstelle und Eintrittswinkel in eine Nullstelle

Um die WOK entsprechend genau zeichnen zu können, muß die Richtung der WOK in der Umgebung komplexer Pole und Nullstellen ermittelt werden.

Der Austrittswinkel (oder Eintrittswinkel) der WOK aus einem komplexen Pol (oder in eine komplexe Nullstelle) ergibt sich als Subtraktion der Summe aller Winkel von Geraden von 180°, die von sämtlichen anderen Polen und Nullstellen zu dem betrachteten Pol (oder Nullstelle) gezogen werden unter Berücksichtigung des Vorzeichens. Die Bestimmung des Austrittswinkels aus einer Polstelle ist im folgenden Bild aufgezeigt.

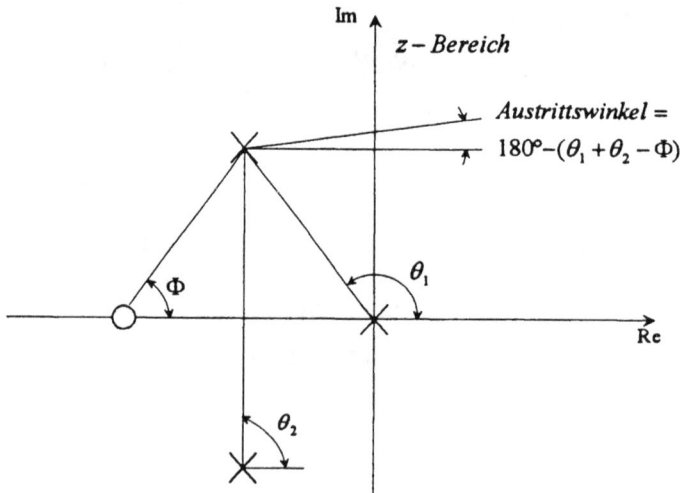

Bild 6.14: Bestimmung des Austrittswinkels

6.4.1.7   Schnittpunkte der WOK mit der Imaginärachse

Jeder Punkt der WOK ist Pol des geschlossenen Regelkreises, wenn der zugehörige Parameter K die Amplitudenbedingung erfüllt. Umgekehrt ausgedrückt kann man auch sagen, daß es die Amplitudenbedingung ermöglicht, den Wert von K für jeden interessierenden Punkt der WOK zu ermitteln. Die Amplitudenbedingung lautet

$$\left| \frac{(z+z_1)(z+z_2)\cdots(z+z_m)}{(z+p_1)(z+p_2)\cdots(z+p_n)} \right| = \frac{1}{K}. \tag{6.29}$$

Mit dieser Gleichung ist es möglich, für bekannte Pole und Nullstellen des offenen Regelkreises den zugehörigen K-Parameter zu ermitteln.

6.4.2 Wurzelortskurven digitaler Regelkreise

Im folgenden soll der Einfluß der Verstärkung K und der Abtastperiode T auf die Stabilität des geschlossenen Regelkreises untersucht werden. Dazu betrachten wir den im folgenden Bild wiedergegebenen Regelkreis.

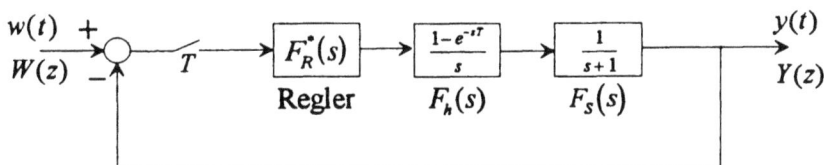

Bild 6.15: Geschlossener digitaler Regelkreis

Der Regler habe integrales Übertragungsverhalten gemäß

$$F_R(z) = \frac{K}{1-z^{-1}} = K \cdot \frac{z}{z-1}.$$

Es sollen die Wurzelortskurven für folgende Abtastperioden T gezeichnet werden:

0,5 sec, 1 sec und 2 sec.

Weiterhin soll für jeden der drei Fälle die kritische Verstärkung K ermittelt werden. Schließlich sollen die Pole des geschlossenen Regelkreises für $K = 2$ für jeden der drei Fälle lokalisiert werden.

Zunächst muß die z-Transformierte der kontinuierlichen Glieder $F_h(s) \cdot F_S(s)$ ermittelt werden.

Es gilt

$$Z\{F_h(s) \cdot F_S(s)\} = Z\left\{\frac{1-e^{-sT}}{s} \cdot \frac{1}{s+1}\right\} = (1-z^{-1}) \cdot Z\left\{\frac{1}{s(s+1)}\right\}.$$

Durch Anwendung der Partialbruchzerlegung folgt

$$Z\{F_h(s) \cdot F_S(s)\} = \frac{z-1}{z} \cdot Z\left\{\frac{1}{s} - \frac{1}{s+1}\right\}$$

$$= \frac{z-1}{z} \cdot \left(\frac{z}{z-1} - \frac{z}{z-e^{-T}} \right)$$

$$= \frac{1-e^{-T}}{z-e^{-T}} \cdot$$

Die Übertragungsfunktion des offenen Regelkreises wird damit im z-Bereich zu

$$F_o(z) = F_R(z) \cdot Z\{F_h(s) \cdot F_S(s)\} = K \cdot \frac{z}{z-1} \cdot \frac{1-e^{-T}}{z-e^{-T}} \cdot \tag{6.30}$$

Die charakteristische Gleichung wird somit zu

$$1 + F_o(z) = 0$$

oder

$$1 + K \cdot \frac{z}{z-1} \cdot \frac{1-e^{-T}}{z-e^{-T}} = 0. \tag{6.31}$$

6.4.2.1   Abtastperiode $T = 0,5$ sec:

Für diesen Fall wird Gleichung (6.30) zu

$$F_o(z) = \frac{0,3935\,K\,z}{(z-1)(z-0,6065)} \cdot$$

Damit hat $F_o(z)$ Pole an den Stellen $z = 1$ und $z = 0,6065$ und eine Nullstelle bei $z = 0$. Um die WOK zu zeichnen werden zunächst die beiden Pole und die Nullstelle in der z-Ebene eingezeichnet und - soweit vorhanden - die Verzweigungs- und Vereinigungspunkte bestimmt. Die WOK des gegebenen Beispiels ergibt einen Kreis, dessen Mittelpunkt im Ursprung der z-Ebene liegt. Verzweigungs- und Vereinigungspunkt ergeben sich mit Hilfe der Gleichung (6.27)

$$K = -\frac{(z-1)(z-0,6065)}{0,3935z} \tag{6.32}$$

und

$$\frac{dK}{dz} = -\frac{z^2 - 0,6065}{0,3935z^2} = 0$$

zu

$$z^2 = 0,6065$$

bzw.

$$z_1 = 0{,}7788$$

und

$$z_2 = -0{,}7788.$$

Setzt man $z = 0{,}7788$ in Gleichung (6.32) ein, so erhält man $K = 0{,}1244$; für $z = -0{,}7788$ erhält man $K = 8{,}041$. Weil beide K-Werte positiv sind, ist $z = 0{,}7788$ Verzweigungspunkt und $z = -0{,}7788$ Vereinigungspunkt der WOK. Folgendes Bild zeigt die WOK für $T = 0{,}5\,\text{sec}$. Die kritische Verstärkung erhält man durch Anwenden der Amplitudenbedingung gemäß Gleichung (6.31) wie folgt:

$$\left| \frac{z\left(1 - e^{-T}\right)}{(z-1)\left(z - e^{-T}\right)} \right| = \frac{1}{K_c}.$$

Für den vorgegebenen Fall, $T = 0{,}5\,\text{sec}$, wird diese Gleichung zu

$$\left| \frac{0{,}3935z}{(z-1)(z-0{,}6065)} \right| = \frac{1}{K_c}. \tag{6.33}$$

Weil schließlich die kritische Verstärkung K_c mit dem Punkt $z = -1$ korrespondiert, wird in obiger Gleichung $z = -1$ gesetzt:

$$\left| \frac{0{,}3935(-1)}{(-2)(-1{,}6065)} \right| = \frac{1}{K_c}$$

oder

$$K_c = 8{,}165.$$

Die Pole des geschlossenen Regelkreises ergeben sich mit $K = 2$ aus Gleichung (6.31) zu

$$z_1 = 0{,}4098 + j0{,}6623$$

und

$$z_2 = 0{,}4098 - j0{,}6623.$$

Die Pole des geschlossenen Kreises sind durch Punkte auf der WOK gekennzeichnet.

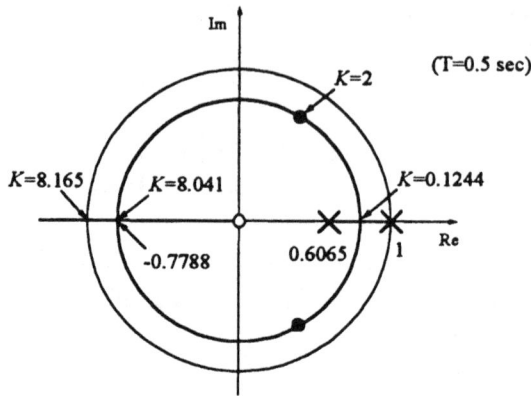

Bild 6.16: Wurzelortskurve für $T = 0{,}5$ sec

6.4.2.2   Abtastperiode $T = 1$ sec

In diesem Fall wid gemäß Gleichung (6.30) die Übertragungsfunktion des offenen Regelkreises zu

$$F_o(z) = \frac{0{,}6321\,K\,z}{(z-1)(z-0{,}3679)} \ .$$

Die Pole des offenen Regelkreises liegen jetzt an den Stellen $z = 1$ und $z = 0{,}3679$; an der Stelle $z = 0$ liegt eine Nullstelle. Die Verzweigungs- und Vereinigungspunkte ergeben sich analog zum ersten Fall zu $z = 0{,}6065$ bzw. $z = -0{,}6065$.

Das folgende Bild zeigt die zugehörige WOK für $T = 1$ sec.

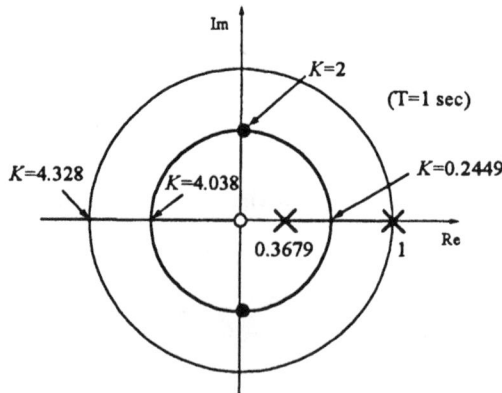

Bild 6.17: Wurzelortskurve für $T = 1$ sec

Die korrespondierende Verstärkung im Verzweigungs- bzw. Vereinigungspunkt ergibt sich zu $K = 0,2449$ bzw. $K = 4,083$. Die kritische Verstärkung
wird jetzt zu $K_c = 4,328$. Die Pole des geschlossenen Regelkreises für eine
Verstärkung von $K = 2$ liegen an den Stellen

$$z_{1/2} = 0,05185 \pm j0,6043,$$

im obigen Diagramm durch Punkte gekennzeichnet.

6.4.2.3   Abtastperiode $T = 2$ sec

Die Übertragungsfunktion des offenen Regelkreises wird jetzt zu

$$F_o(z) = \frac{0,8647\,Kz}{(z-1)(z-0,1353)}$$

mit den Polstellen $z = 1$ und $z = 0,1353$ sowie abermals einer Nullstelle bei
$z = 0$. Die Verzweigungs- und Vereinigungspunkte ergeben sich nun zu
$z = 0,3678$ bzw. $z = -0,3678$ mit den dazu korrespondierenden K-Werten
von $K = 0,4622$ und $K = 2,164$. Die kritische Verstärkung wird zu
$K_c = 2,626$. Das folgende Bild zeigt wieder die zugehörige WOK.

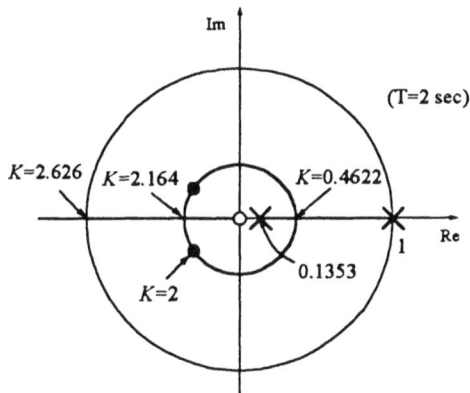

Bild 6.18: Wurzelortskurve für $T = 2$ sec

Die Pole des geschlossenen Regelkreises für $K = 2$ ergeben sich jetzt zu

$$z_{1/2} = -0,2971 \pm j0,2169.$$

Im folgenden Beispiel wird gezeigt, daß ein für jede beliebige Verstärkung
stabiler analoger Regelkreis im diskreten Fall durch den Einfluß der Abtastung instabil werden kann.

Beispiel 6.1

Gegeben ist eine Strecke mit der Übertragungsfunktion $F_S(s) = a/(s+a)$ und einem vorgeschalteten Halteglied $F_h(s) = (1 - e^{-sT})/s$ gemäß folgenden Bildes.

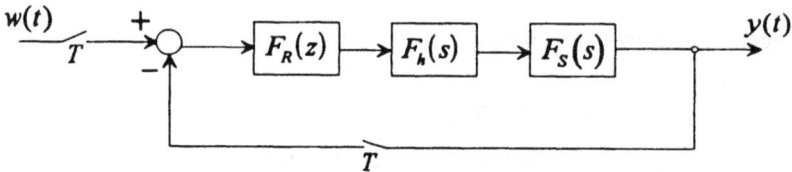

Bild 6.19a: Regelkreis mit analogen und diskreten Komponenten

Die diskrete Übertragungsfunktion des kontinuierlichen Teils des Regelkreises lautet

$$G(z) = (1 - z^{-1}) \cdot Z\left\{\frac{F_S(s)}{s}\right\} \tag{6.34}$$

Mit Hilfe obiger Gleichung ist es möglich, das gemischte System aus analogen und diskreten Komponenten in ein äquivalentes diskretes System gemäß folgenden Bildes umzusetzen:

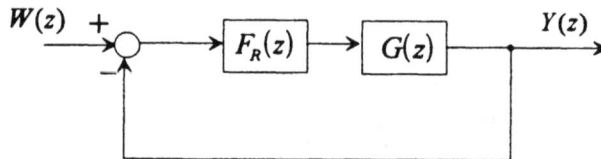

Bild 6.19b: Äquivalentes diskretes System zu Bild 6.19a

Die Übertragungsfunktion des geschlossenen Regelkreises im z-Bereich ergibt sich in Anlehnung an Bild 6.19b zu

$$F_W(z) = \frac{Y(z)}{W(z)} = \frac{F_R(z) \cdot G(z)}{1 + F_R(z) \cdot G(z)}. \tag{6.35}$$

Das charakteristische Verhalten des geschlossenen Systems hängt bekanntlich von den Polen der Übertragungsfunktion des geschlossenen Regelkreises ab, also von den Wurzeln der charakteristischen Gleichung

$$1 + F_R(z) \cdot G(z) = 0.$$

Für $F_S(s) = a/(s+a)$ und $F_R(z) = K$ soll nun die diskrete Wurzelortskurve mit K als laufendem Parameter konstruiert und mit der WOK des kontinuierlichen Systems verglichen werden.

Lösung:

Aus Gleichung (6.34) folgt

$$G(z) = \left(1 - z^{-1}\right) \cdot Z\left\{\frac{a}{s(s+a)}\right\}$$

$$= \left(1 - z^{-1}\right) \cdot \left[\frac{\left(1 - e^{-aT}\right)z^{-1}}{\left(1 - z^{-1}\right)\left(1 - e^{-aT} \cdot z^{-1}\right)}\right]$$

$$= \frac{1 - c}{z - c} \text{ mit } c = e^{-aT}.$$

Folgendes Bild zeigt auf der linken Seite die WOK für den diskreten Fall und rechts für den kontinuierlichen Fall.

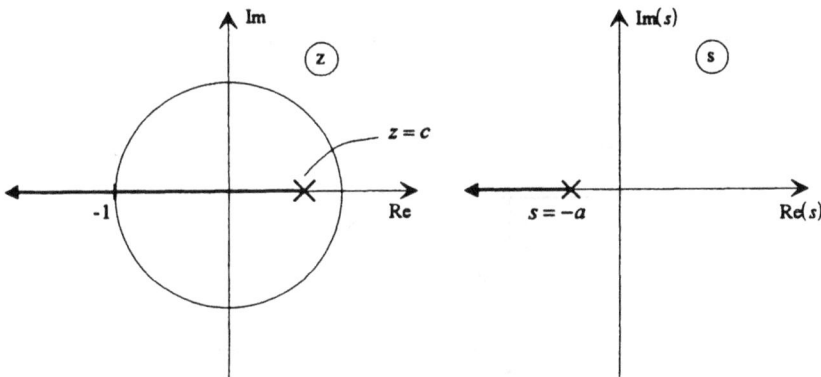

Bild 6.20: Wurzelortskurven in der z-Ebene und in der s-Ebene

Im Gegensatz zum kontinuierlichen Fall, bei dem der Regelkreis für jeden beliebigen K-Wert stabil bleibt, wird der diskrete Regelkreis für K-Werte links von -1 (Schnittpunkt mit dem Einheitskreis) instabil. Die Instabilität ist durch die Verzögerungseigenschaft des Halteglieds begründet.   □

In dem nun folgenden Beispiel soll ein diskreter Proportional-Differential-Regler durch entsprechende Vorgaben im Zeitbereich konzipiert werden.

Beispiel 6.2

Gegeben sei eine Strecke mit der Übertragungsfunktion $F_S(s) = 1/s^2$. Der geschlossene Regelkreis soll eine Eigenfrequenz von $\omega_0 \approx 0{,}3$ 1/sec und eine Dämpfung von $d = 0{,}7$ aufweisen. Die Abtastzeit T wird zu einer Sekunde festgelegt.

Lösung:

Die diskrete Darstellung des kontinuierlichen Teils des Regelkreises, also
Strecke und Halteglied, ergibt sich aus

$$G(z) = \frac{T^2}{2}\left[\frac{z+1}{(z-1)^2}\right]$$

bzw. mit $T = 1\,\text{sec}$

$$G(z) = \frac{1}{2}\left[\frac{z+1}{(z-1)^2}\right].$$

Weil es sich bei der Strecke um einen Doppelintegrator handelt, scheidet die
Regelung mit einem Proportional-Regler aus; wie man leicht feststellen
kann, würde der einmal angeregte Regelkreis Dauerschwingungen der Regelgröße verursachen. Dies gilt umsomehr für den diskreten Regelkreis.
Dies wird auch durch die WOK des folgenden Bildes bestätigt.

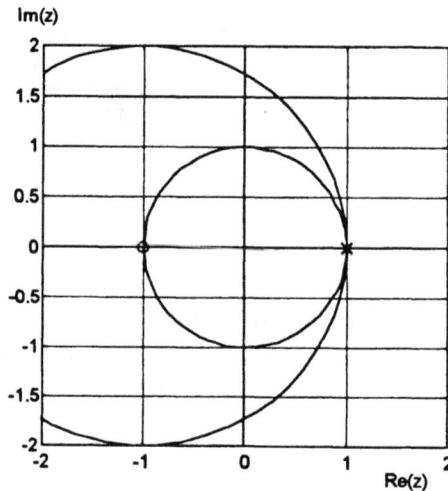

Bild 6.21: Wurzelortskurve eines Doppel-Integrators in der z-Ebene

Obiges Bild zeigt deutlich, daß die WOK ausschließlich im instabilen Bereich der z-Ebene verläuft, d.h. also außerhalb des Einheitskreises.

Zur Stabilisierung des Regelkreises wird zum P-Anteil des Reglers ein D-
Anteil hinzugefügt. Damit wird das angestrebte Regelgesetz zu

$$U(z) = K\left[1 + \frac{T_D}{T}\left(1 - z^{-1}\right)\right]\cdot E(z) \tag{6.36}$$

bzw. umgeformt

$$F_R(z) = \frac{U(z)}{E(z)} = K_d \cdot \frac{z - \alpha}{z}, \tag{6.37}$$

wobei K und T_D durch K_d und α ersetzt worden sind. Die Aufgabe besteht nun darin, für K_d und α geeignete Werte zu finden, damit die eingangs definierten Spezifikationen weitestgehend eingehalten werden. Aus Bild 6.9 geht hervor, daß der Wurzelort $\omega_0 = 0,3$ 1/sec und $d = 0,7$ in der z-Ebene in den Punkt $z = 0,78 \pm j\,0,18$ abgebildet wird.

Folgendes Bild zeigt den MATLAB-Programmcode und die WOK in der z-Ebene mit K_d als laufendem Parameter für $\alpha = 0,85$.

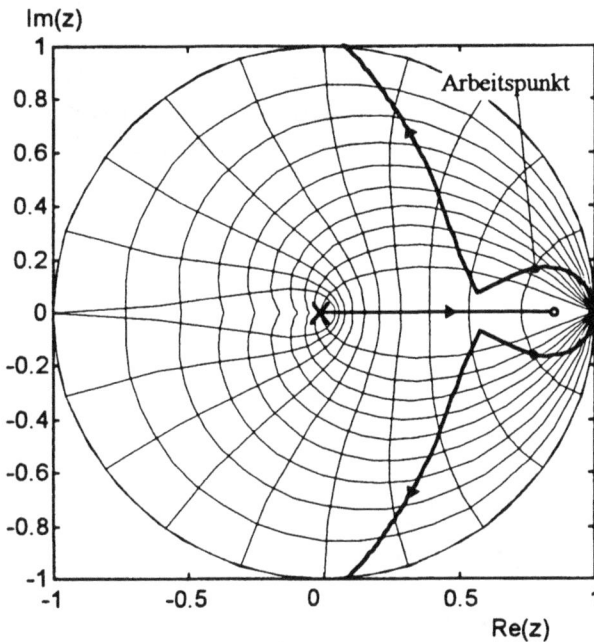

Bild 6.22: WOK des Doppelintegrators mit $F_R(z) = K_d \cdot (z - 0,85)/z$

```
% Prop.- Diff.-Regler an Doppelintegrator
%
% Strecke im z-Bereich:
numz = 1/2*[1 1];            % Zählerpolynom d. Strecke
denz = [1 -2 1];            % Nennerpolynom d. Strecke
%
%Regler im z-Bereich:
numzr = 0.37*[1 -0.85];      % Zählerpolynom d. Reglers
denzr = [1 0];               % Nennerpolynom d. Reglers
%
%Offener Regelkreis
[numoz,denoz] = series(numz,denz,numzr,denzr);
```

```
%WOK des offenen Regelkreises
k = 0:0.1:27;                        % Laufender Parameter
roz = rlocus(numoz,denoz,k);         % Wurzelortskurve
%
%Ausgabe der WOK
zgrid('new')
v = [-1 1 -1 1];
plot(real(roz),imag(roz),'-')
axis(v);                             % Achseneinteilung
axis('square')
gtext('Re(z)')
gtext('Im(z)')
gtext('Arbeitspunkt')
```

(Dabei sollte festgehalten werden, daß sich der Wert $\alpha = 0,85$ aus mehreren Simulationen ergeben hat.) Wie man sieht, liegt der gewünschte Wert von z auf der WOK. Der zugehörige Verstärkungs-wert K_d im Punkt $z = 0,78 \pm j\,0,18$ ergibt sich (beispielsweise durch Anwenden der Amplitudenbedingung) zu $K_d = 0,37$. Damit wird Gleichung (6.37) zu

$$F_R(z) = 0,37 \cdot \frac{z - 0,85}{z}. \qquad (6.38)$$

Damit wird

$$U(z) = 0,37(1 - 0,85z^{-1}) \cdot E(z)$$

und die gesuchte Differenzengleichung zu

$$u(k) = 0,37 \cdot e(k) - 0,318 \cdot e(k-1). \qquad \Box$$

6.4.3 Einfluß der Abtastperiode auf das Einschwingverhalten

Das transiente Verhalten des diskreten Regelkreises hängt wesentlich von der Abtastperiode T ab. Eine große Abtastperiode hat einen sehr nachteiligen Einfluß auf die Stabilität des Systems. Für untergedämpfte Systeme $(d < 1)$ gilt die pauschale Regel, daß eine gedämpft schwingende Regelgröße acht- bis zehnmal während einer Periode abgetastet werden soll.

Übergedämpfte Systeme $(d > 1)$ sollten acht- bis zehnmal innerhalb der Anstiegszeit abgetastet werden.

Aus der vorhergehenden Betrachtung geht eindeutig hervor, daß die Erhöhung der Abtastperiode bei einem vorgegebenen K-Wert den diskreten Regelkreis in Richtung Instabilität bewegt. Umgekehrt ausgedrückt gilt, daß für eine kleiner werdende Abtastperiode T die kritische Verstärkung größer wird. (Für das kontinuierliche System zweiter Ordnung geht ja auch der K-Parameter für den Stabilitätsgrenzfall gegen Unendlich.)

Die Dämpfungskonstante d einer Polstelle des geschlossenen Regelkreises läßt sich analytisch aus der Lage dieser Polstelle in der z-Ebene ermitteln, wie im folgenden gezeigt wird:

Für eine beliebige Dämpfungskonstante d ist die zugehörige Polstelle (obere Halbebene) des geschlossenen Regelkreises in der s-Ebene gegeben durch

$$s = -\omega_0 d + j\omega_0 \sqrt{1-d^2} \,.$$

Wegen $z = e^{sT}$ ist der dazu korrespondierende Punkt in der z-Ebene gegeben durch

$$z = \exp\left[T\left(-\omega_0 d + j\omega_0 \sqrt{1-d^2} \right) \right];$$

daraus erhält man

$$|z| = e^{-T\omega_0 d} \tag{6.39}$$

und

$$\arg(z) = T\omega_0 \sqrt{1-d^2} = \Theta \quad (rad). \tag{6.40}$$

Aus den Gleichungen (6.39) und (6.40) kann der Wert von d ermittelt werden. Beispielsweise liegt für den Fall $T = 0,5\,\mathrm{sec}$ und $K = 2$ (siehe Bild 6.16) der zugehörige Pol des geschlossenen Regelkreises an der Stelle

$$z = 0,4098 + j\,0,6623.$$

Damit wird gemäß Gleichung (6.39)

$$|z| = \sqrt{0,4098^2 + 0,6623^2} = 0,7788.$$

Wegen $|z| = e^{-T\omega_0 d} = 0,7788$ ergibt sich der Exponent zu

$$T\omega_0 d = 0,25. \tag{6.41}$$

Der zugehörige Phasenwinkel wird zu

$$\arg(z) = \arctan\frac{0,6623}{0,4098} = 58,25° \quad \text{bzw.} \quad 1,0167\,rad.$$

Ferner gilt

$$\arg(z) = T\omega_0 \sqrt{1-d^2} = 1,0167\,rad. \tag{6.42}$$

Aus den Gleichungen (6.41) und (6.42) erhält man durch eine einfache Quotientenbildung

$$\frac{T\omega_0 d}{T\omega_0 \sqrt{1-d^2}} = \frac{0,25}{1,0167}$$

bzw.

$$\frac{d}{\sqrt{1-d^2}} = 0,2459;$$

die Dämpfungskonstante zu

$$d = 0,2388.$$

Dabei ist es wichtig darauf hinzuweisen, daß für Systeme zweiter Ordnung die Dämpfung d nur ein Maß für die relative Stabilität ist (z.B. bezüglich der maximalen Überschwingweite), wenn die Abtastfrequenz hinreichend groß ist (wie bereits erwähnt 8 bis 10 Abtastungen innerhalb einer Periode der oszillierenden Regelgröße). Bei einer zu kleinen Abtastfrequenz wird die maximale Überschwingweite als Reaktion auf eine sprungförmige Sollwertänderung wesentlich höher als man sie gemäß der Dämpfung d erwarten würde.

Die Übertragungsfunktion des geschlossenen Regelkreises gemäß Bild 6.15 mit der Übertragungsfunktion des offenen Regelkreises entsprechend Gleichung (6.30) lautet

$$\frac{Y(z)}{W(z)} = \frac{F_o(z)}{1 + F_o(z)} = \frac{Kz\left(1 - e^{-T}\right)}{(z-1)\left(z - e^{-T}\right) + Kz\left(1 - e^{-T}\right)}.$$

Für $T = 0,5\,\mathrm{sec}$, $K = 2$ wird die Sprungantwort im z-Bereich zu

$$Y(z) = \frac{0,3935 \cdot 2z}{(z-1)(z-0,6065) + 0,3935 \cdot 2z} \cdot W(z).$$

Mit

$$W(z) = \frac{z}{z-1}$$

ergibt sich

$$Y(z) = \frac{0,7870 z^{-1}}{1 - 0,8195 z^{-1} + 0,6065 z^{-2}} \cdot \frac{1}{1 - z^{-1}};$$

daraus erhält man (entweder durch Rücktransformation in den Zeitbereich oder durch eine Computer-Simulation mit Hilfe MATLAB) die Sprungantwort gemäß Bild 6.23a.

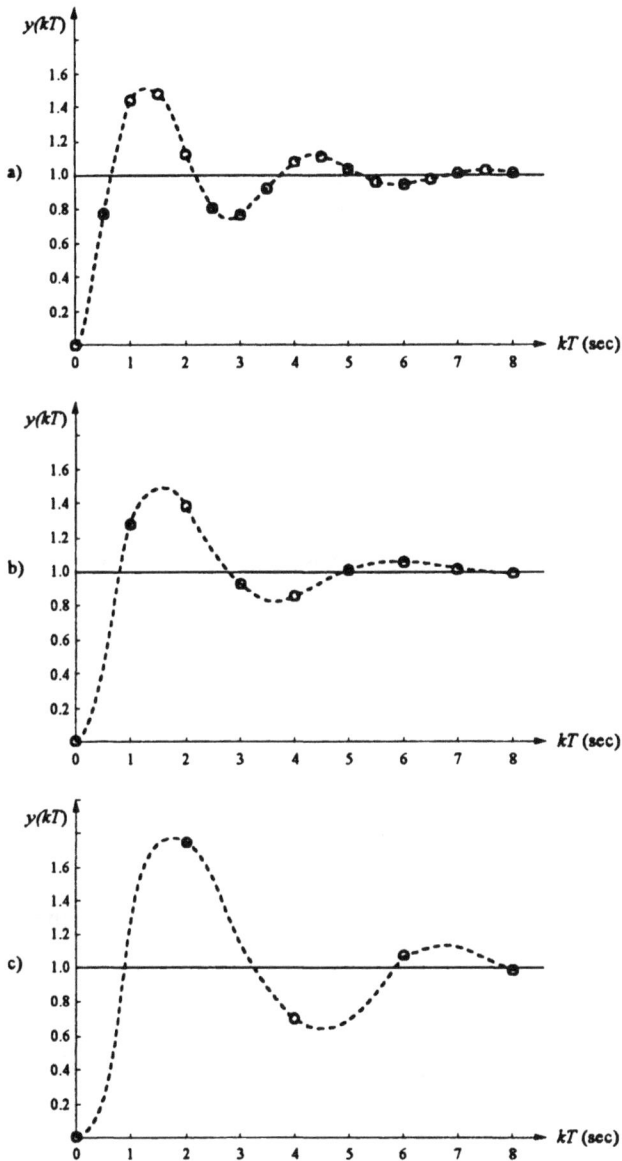

Bild 6.23: Sprungantwort $y(kT)$ gemäß Bild 6.15; a) $T = 0,5\,\text{sec}$, $K = 2$;
b) $T = 1\,\text{sec}$, $K = 2$; c) $T = 2\,\text{sec}$, $K = 2$

Zur Berechnung der Abtastungen pro Periode der gedämpften Regelgröße wird folgendes Bild herangezogen.

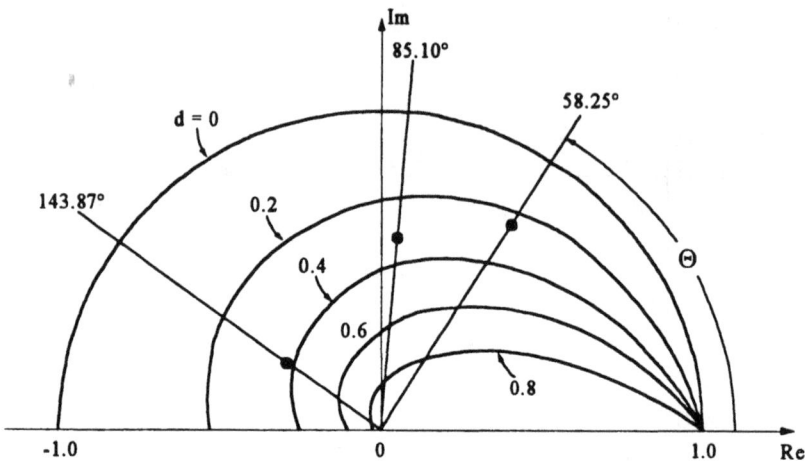

Bild 6.24: Pole des geschlossenen Regelkreises in der z-Ebene mit *d* als Parameter

Aus obigem Bild ist zu sehen, daß der Winkel Θ, den die Ursprungsgerade zum dominanten Pol des geschlossenen Regelkreises $z = 0,4098 + j\,0,6623$ mit der reellen Achse einschließt (diese Gerade entspricht einer Linie konstanter Frequenz in der *s*-Ebene) etwa 58,25° beträgt. Über diesen Winkel des dominanten Pols wird die Zahl der Abtastschritte pro Periode der Regelgröße festgelegt:

Wegen

$$\cos \Theta k = \cos \Theta \left(k + \frac{360°}{\Theta} \right)$$

ergibt sich für $\Theta = 58,25°$ die gesuchte Zahl der Abtastungen pro Zyklus zu

$$360°/\Theta = 360°/58,25° = 6,18,$$

wie übrigens auch aus Bild 6.23a hervorgeht.

Analog hierzu wird für $T = 1\mathrm{sec}$ und $K = 2$ die Sprungantwort der Regelgröße im *z*-Bereich zu

$$Y(z) = \frac{1,2642\,z^{-1}}{1 - 0,1037\,z^{-1} + 0,3679\,z^{-2}} \cdot \frac{1}{1 - z^{-1}};$$

die daraus resultierende Sprungantwort im Zeitbereich zeigt Bild 6.23b. Weil jetzt die Ursprungsgerade mit dem dominanten Pol $z = 0,05185 + j\,0,6043$ einen Winkel von 85,10° mit der reellen Achse einschließt, siehe Bild 6.24, ergeben sich $360°/85,10° = 4,23$ Abtastungen pro Periodendauer der Regelgröße.

Schließlich wird für $T = 2\,\text{sec}$ und $K = 2$ die Sprungantwort zu

$$Y(z) = \frac{1,7294\,z^{-1}}{1 + 0,5941 z^{-1} + 0,1353 z^{-2}} \cdot \frac{1}{1 - z^{-1}}.$$

Im Bild 6.23c ist die zugehörige Sprungantwort im Zeitbereich wiedergegeben. Aus Bild 6.24 ist zu ersehen, daß jetzt die Ursprungsgerade zum dominanten Pol $z = -0,2971 + j\,0,2169$ mit der reellen Achse einen Winkel von 143,87° einschließt. Daraus folgt, daß jetzt wegen $360°/143,87° = 2,5$ pro Zyklus 2,5 Abtastungen erfolgen; Bild 6.23c zeigt die entsprechende Regelgröße $y(kT)$. Wie man leicht sieht, kann eine so geringe Abtastrate im Hinblick auf das entsprechende Einschwingverhalten nicht mehr akzeptiert werden.

Im folgenden wird eine systematische Vorgehensweise der Reglerkonzipierung in der z-Ebene durch entsprechende Forderungen bezüglich des Regelverhaltens im Zeitbereich gezeigt.

Beispiel 6.3

Der abgebildete Regelkreis ist die Ausgangsbasis für die folgende Abhandlung.

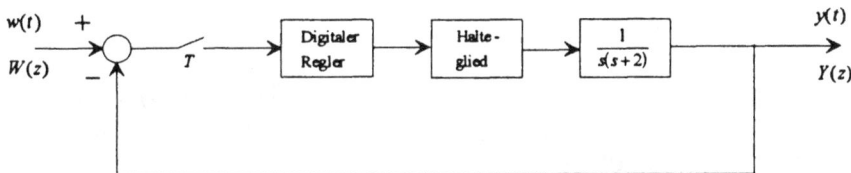

Bild 6.25: Einfacher digitaler Regelkreis

Ein digitaler Regler soll in der z-Ebene so ausgelegt werden, daß die dominanten Pole des geschlossenen Regelkreises eine Dämpfung von $d = 0,5$ und eine Ausregelzeit von $t_s = 2\,\text{sec}$ aufweisen. Die Abtastperiode sei zu $T = 0,2\,\text{sec}$ festgelegt. Außerdem ist der zeitliche Verlauf der Regelgröße $y(t)$ zu ermitteln, wenn der Sollwert $w(t)$ den Einheitssprung ausführt. Zur Abrundung des Beispiels soll die Geschwindigkeitsfehlerkonstante K_v des Regelkreises ermittelt werden.

Für das Standardsystem zweiter Ordnung mit einem dominanten Polpaar des geschlossenen Kreises existiert zwischen der Ausregelzeit t_s und der Eigenfrequenz ω_0 der Zusammenhang

$$t_s = \frac{4}{\omega_0 d} = \frac{4}{\omega_0 \cdot 0,5} = 2\,\text{sec};$$

damit ergibt sich die ungedämpfte Eigenfrequenz ω_0 zu

$$\omega_0 = 4 \text{ 1/sec}.$$

Die Eigenfrequenz des gedämpften Systems wird damit zu

$$\omega_d = \omega_0 \sqrt{1-d^2} = 4 \cdot \sqrt{1-0{,}5^2} = 3{,}464 \text{ 1/sec}.$$

Aufgrund der vorgegebenen Abtastperiode von $T = 0{,}2\,\text{sec}$ wird die Abtastkreisfrequenz zu

$$\omega_S = \frac{2\pi}{T} = \frac{2\pi}{0{,}2} = 10\pi = 31{,}42 \text{ 1/sec}.$$

(Wie man sieht, liegen etwa 9 Abtastwerte pro Periode des gedämpften Systems vor; somit ist die Abtastperiode von 0,2 sec hinreichend klein.)

Nun sind die gewünschten dominanten Pole des geschlossenen Kreises in die z-Ebene zu übertragen. Bei konstanter Dämpfung gilt

$$|z| = e^{-\omega_0 dT} = \exp\left(-\frac{2\pi d}{\sqrt{1-d^2}} \cdot \frac{\omega_d}{\omega_S}\right)$$

und

$$\alpha(z) = \omega_d T = 2\pi \cdot \frac{\omega_d}{\omega_S}.$$

Für die gegebenen Spezifikationen ($d = 0{,}5$; $\omega_d = 3{,}464$ 1/sec) werden Betrag und Phase des dominanten Pols in der oberen z-Halbebene gemäß Gleichung (6.39) und (6.40) zu

$$|z| = \exp\left(-\frac{2\pi \cdot 0{,}5}{\sqrt{1-0{,}5^2}} \cdot \frac{3{,}464}{31{,}42}\right) = 0{,}6703$$

und

$$\alpha(z) = 2\pi \cdot \frac{3{,}464}{31{,}42} = 0{,}6927\,rad \quad \text{bzw.} \quad 39{,}69°.$$

Damit kann der dominante Pol des geschlossenen Regelkreises in die obere z-Halbebene als Punkt P eingetragen werden; siehe hierzu folgendes Bild.

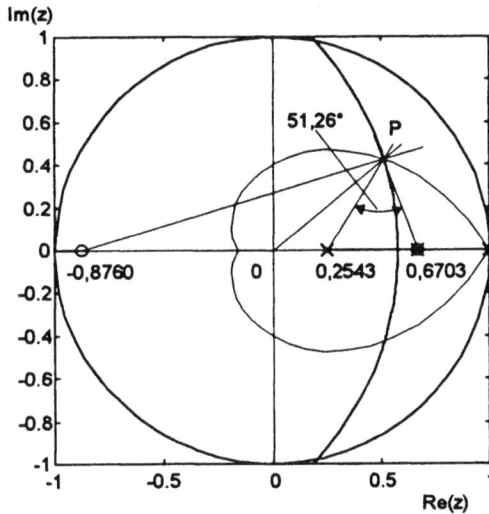

Bild 6.26: Lokalisierung des dominanten Pols in der z-Ebene

Die Koordinaten des Punktes P lauten

$$z = 0{,}6703 \cdot e^{j\,39{,}69°} = 0{,}5158 + j\,0{,}4281.$$

Unter Berücksichtigung der Abtastperiode $T = 0{,}2\,\text{sec}$ wird die Übertragungsfunktion der Strecke einschließlich des vorgeschalteten Halteglieds zu

$$G(z) = Z\left[\frac{1 - e^{-0{,}2s}}{s} \cdot \frac{1}{s(s+2)}\right] = \left(1 - z^{-1}\right) \cdot Z\left\{\frac{1}{s^2(s+2)}\right\}$$

bzw.

$$G(z) = \frac{0{,}01758(z + 0{,}8760)}{(z-1)(z-0{,}6703)}.$$

Im nächsten Schritt werden die Pole ($z_1 = 1$; $z_2 = 0{,}6703$) sowie die Nullstelle ($z_3 = -0{,}8760$) von $G(z)$ in die z-Ebene eingetragen, wie im Bild 6.26 gezeigt ist. Wenn der Punkt P der gewollte dominante Pol des geschlossenen Regelkreises in der z-Ebene sein soll, so muß entsprechend der Theorie der Wurzelortskurven die Summe der Winkel in diesem Punkt ±180° sein. Bis jetzt ist jedoch die Winkelsumme im Punkt P

$$\varphi(z_3) - \varphi(z_1) - \varphi(z_2) = 17{,}10° - 138{,}52° - 109{,}84° = -231{,}26°.$$

Damit ist die Winkeldifferenz gegeben zu

$$-231{,}26° + 180° = -51{,}26°.$$

Die Übertragungsfunktion des Reglers muß somit eine Phase von +51,26° liefern, wenn der Punkt P ein Punkt der Wurzelortskurve sein soll !

Die Übertragungsfunktion des Reglers kann man für die gegebene Strecke pauschal ansetzen zu

$$F_R(z) = K_R \cdot \frac{z + \alpha}{z + \beta},$$

wobei K_R (die noch zu bestimmende) Verstärkung des Reglers ist. Wenn man sich bezüglich der Dimensionierung von α und β zu der konventionellen Methode entscheidet, den Pol der Strecke $z_2 = 0,6703$ durch die Nullstelle des Reglers $z = -\alpha$ zu kompensieren, dann liegt der noch verbleibende Pol des Reglers aus der Bedingung fest, daß er einen Winkelbeitrag von +51,26° (aufgrund der oben erwähnten Bedingung der Winkelsumme) liefern muß. Der zu 51,26° notwendige Pol des Reglers liegt bei $z = 0,2543$ (entsprechend $\beta = -0,2543$). Somit lautet die Übertragungsfunktion des Reglers

$$F_R(z) = K_R \cdot \frac{z - 0,6703}{z - 0,2543}.$$

Die Übertragungsfunktion des offenen Regelkreises wird damit zu

$$\begin{aligned} F_o(z) &= F_R(z) \cdot G(z) \\ &= K_R \cdot \frac{z - 0,6703}{z - 0,2543} \cdot \frac{0,01758(z + 0,8760)}{(z - 1)(z - 0,6703)} \\ &= K_R \cdot \frac{0,01758(z + 0,8760)}{(z - 0,2543)(z - 1)}. \end{aligned}$$

Die noch unbekannte Reglerverstärkung K_R ergibt sich aus der folgenden Amplitudenbedingung:

$$\left| F_R(z) \cdot G(z) \right|_{z = 0,5158 + j0,4281} = 1\,;$$

daraus folgt durch eine kurze Rechnung

$$K_R = 12,67.$$

Somit lautet die Übertragungsfunktion des so entwickelten Reglers

$$F_R(z) = 12,67 \cdot \frac{z - 0,6703}{z - 0,2543}. \tag{6.43}$$

Die Übertragungsfunktion des offenen Regelkreises wird damit zu

$$F_o(z) = F_R(z) \cdot G(z) = \frac{12{,}67 \cdot 0{,}01758(z + 0{,}8760)}{(z - 0{,}2543)(z - 1)}$$

$$= \frac{0{,}2227(z + 0{,}8760)}{(z - 0{,}2543)(z - 1)}.$$

Die Übertragungsfunktion des geschlossenen Regelkreises ergibt sich daraus zu

$$F_W(z) = \frac{Y(z)}{W(z)} = \frac{F_o(z)}{1 + F_o(z)} = \frac{0{,}2227z + 0{,}1951}{z^2 - 1{,}0316z + 0{,}4494}.$$

Die Ausgangsgröße für $w(t) = \varepsilon(t)$ bzw. $W(z) = z/(z - 1)$ erhält man damit als

$$Y(z) = \frac{0{,}2227z + 0{,}1951}{z^2 - 1{,}0316z + 0{,}4494} \cdot \frac{1}{1 - z^{-1}}.$$

Das folgende Bild zeigt den zeitlichen Verlauf der Sprungantwort $y(t)$ und den zugehörigen MATLAB-Programmcode.

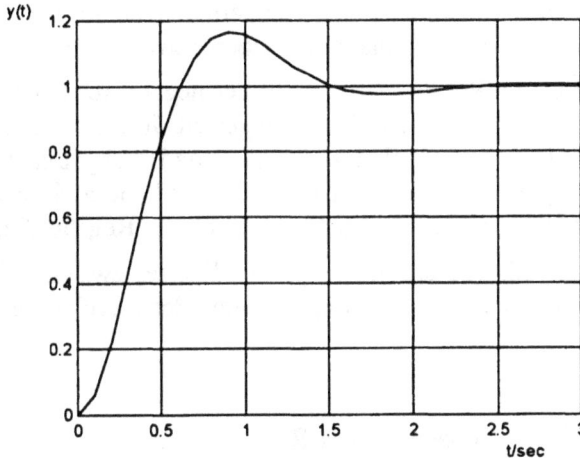

Bild 6.27: Sprungantwort des konzipierten Reglekreises

```
% Simulation der Regelgröße y(t):
numz = [0 0.2227 0.1951];              % Zählerpolynom
denz = [1 -1.0316 0.4494];             % Nennerpolynom
%
T = 0.2;                                % Abtastrate
[numc,denc] = d2cm(numz,denz,T,'zoh');  % A/D-Konversion
t = 0:0.1:3;                            % Zeitbereich
y = step(numc,denc,t);                  % Analoge
plot(t,y)                               % Sprungfunktion
```

```
gtext('t/sec')
gtext('y(t)')
grid
```

Das Diagramm zeigt eine maximale Überschwingweite von etwa 16% (gemäß einer geforderten Dämpfung von 0,5) und eine Ausregelzeit, die unwesentlich größer als 2 Sekunden ist. Somit erfüllt der so konzipierte Regler die geforderten Qualitätskriterien hinreichend genau.

Schließlich erhält man die Geschwindigkeits-Fehlerkonstante K_v zu

$$K_v = \lim_{z \to 1} \left[\frac{z-1}{T\,z} F_o(z) \right] = \lim_{z \to 1} \left[\frac{z-1}{0,2\,z} \cdot \frac{0,2227(z+0,8760)}{(z-0,2543)(z-1)} \right] = 2,801. \quad \Box$$

Kommentar

Es soll noch darauf hingewiesen werden, daß durch das Hinzufügen einer Nullstelle des Reglers auf der negativ reellen Achse in der Nähe des Ursprungs im s-Bereich die maximale Überschwingweite bei sprungförmiger Erregung angehoben wird. Eine solche Nullstelle in der s-Ebene erscheint im z-Bereich als Nullstelle auf der positiv reellen Achse zwischen 0 und 1. Somit wird durch das Hinzufügen einer Reglernullstelle auf der positiv reellen Achse zwischen 0 und 1 die maximale Überschwingweite angehoben.

Analog dazu erhöht ein Pol des Reglers auf der negativ reellen Achse in der Nähe des Ursprungs im s-Bereich die Ausregelzeit. In der z-Ebene wird dieser Pol auf die positiv reelle Achse zwischen 0 und 1 abgebildet. Somit erhöht ein Pol des geschlossenen Kreises in der z-Ebene zwischen 0 und 1 (vor allem in der Nähe von $z = 1$) die Ausregelzeit der Regelgröße.

Ein Pol oder eine Nullstelle des geschlossenen Kreises zwischen 0 und -1 in der z-Ebene beeinflußt das Einschwingverhalten der Regelgröße nur unwesentlich.

Beispiel 6.4

Im folgenden wird die Konzeption des Reglers für das Antennensystem aus Kapitel 6.3 im z-Bereich erläutert. Die Abtastrate wird zu $T = 1\,\text{sec}$ festgelegt.

Die diskrete Übertragungsfunktion der Strecke einschließlich Halteglied ist gegeben durch $G(z)$ gemäß Gleichung (6.23). Wenn man zunächst vom einfachst möglichen Reglertyp, also von einem P-Regler $[u = K_R(\theta_s - \theta)]$, ausgeht, dann ergibt sich die Wurzelortskurve in Abhängigkeit der Reglerverstärkung K_R aus der Darstellung der charakteristischen Gleichung

$$1 + 0{,}0484\,K_R\,\frac{(z+0{,}9672)}{(z-1)(z-0{,}9048)} = 0$$

in der z-Ebene. Die entsprechende WOK ist im folgenden Bild mit dem Symbol „a" gekennzeichnet.

```
% Zähler und Nenner der ungeregelten Strecke:
num = [0.0484 0.0484.*0.9672];
den = conv([1 -1],[1 -0.9048]);
rlocus(num,den);       % Wurzelortsk. d. ungereg. Strecke
axis('square');
axis([-1 1 -1 1]);
hold on
%
% Nenner der geregelten Strecke:
den = conv([1 -1],[1 -0.3679]);
rlocus(num,den)        % Wurzelortsk. d. gereg. Strecke
zgrid([],[]);          % Einheitskreis
%
% Dokumentation der Wurzelortskurven:
text(0.8,0.9,'a');
text(0.7,0.25,'b');
gtext('Im(z)');
gtext('Re(z)');
d = 0.1:0.1:0.4;       % Dämpfungswerte
zgrid(d,0);
text(-0.3,0.9,'d=0,1');   % Linien konst. Dämpfung
text(-0.3,0.7,'0,2');
text(-0.35,0.5,'0,3');
text(-0.2,0.3,'0,4');
grid
hold off
```

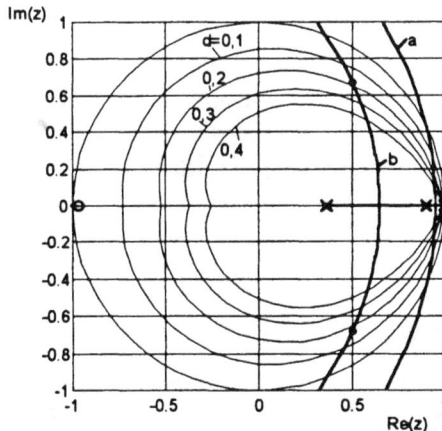

Bild 6.28: WOK für das Antennen-System: a) WOK für P-Regelung b) WOK mit Reg-
• lerpol- und Reglernullstelle gemäß Gleichung (6.22)

Aus dem Verlauf dieser WOK geht deutlich hervor, daß eine dynamische
Kompensation erforderlich ist, wenn ein zufriedenstellendes Zeitverhalten
erreicht werden soll. Der Radius der Wurzeln ist nirgendwo kleiner als 0,95;
die Spezifikation bezüglich der Ausregelzeit t_s (siehe Gleichung (6.15))
wird somit nicht eingehalten. Außerdem wird das System bereits für
$K_R \approx 19$ instabil. Des weiteren wird für obige Grenzverstärkung $K_v = 0,92$
(wie man leicht mit Hilfe der Gleichung (6.9) feststellen kann), was wiederum bedeutet, daß es keinen K_R-Wert gibt, der die Spezifikation bezüglich
des stationären Fehlers erfüllt.

Wenn man (in Analogie zum Emulationsverfahren) den Streckenpol bei
0,9048 mit einer Reglernullstelle kompensiert und einen Reglerpol bei
0,3679 hinzufügt, erhält man die bereits bekannte Reglerübertragungsfunktion gemäß Gleichung (6.22). Die daraus resultierende WOK ist ebenfalls
im Bild 6.28 als Kurve „b" wiedergegeben. Die Stelle $K_R = 6,64$ ist mit einem Punkt gekennzeichnet.

Wie man leicht sieht, wird mit dieser Verstärkung eine Dämpfung von
$d \approx 0,2$ und die Sprungantwort gemäß Bild 6.13 erreicht. Dieser Punkt ge-
nügt dem spezifizierten Wert von $K_v = 1$, weil ja gerade dieses Kriterium
zum Aufbau der Gleichung (6.22) herangezogen wurde.

Aus der WOK geht des weiteren deutlich hervor, daß mit zunehmender
Reglerverstärkung K_R die Dämpfung herabgesetzt wird. Eine größere
Dämpfung kann also nur durch eine Verminderung der Reglerverstärkung
erreicht werden, damit würde jedoch das Kriterium des zulässigen stationären Fehlers verletzt werden. Somit wird deutlich, daß mit der getroffenen
Wahl der Reglerpol- und -nullstellen die eingangs aufgestellten Spezifikationen nicht erfüllt werden können.

Ein besseres Regelverhalten ist zu erwarten, wenn die Spezifikationen direkt
in den z-Bereich transformiert werden und die Kompensation so vorgenom-
men wird, daß die Wurzeln des geschlossenen Regelkreises diese berechneten Werte annehmen. Zur Erinnerung werden die ursprünglichen Spezifikationen nochmal zusammengestellt:

$K_v \geq 1;$

$t_s \leq 10\,\text{sec};$

$e_{max} \leq 16\% \quad \text{bzw.} \quad d \geq 0,5.$

In der s-Ebene werden diese Spezifikationen erfüllt, wenn die charakteristischen Wurzeln links der Geraden $\text{Re}(s) = -0,5\,\text{rad/sec}$ und links der
$d = 0,5$-Geraden (30° links der $j\omega$-Achse) gemäß $\omega_0 = 1\,\text{rad/sec}$, $d = 0,5$
und $K_v = 1$ liegen. Diese Forderungen werden mit $K_v = 1$ und den Wurzeln

$s = -0,5 \pm j\,0,867$ erfüllt. Die entsprechenden Pole in der z-Ebene erhält man mit $z = e^{sT}$ zu

$$z = 0,392 \pm j\,0,462.$$

Eine typische Vorgehensweise besteht darin, den Reglerentwurf zunächst mit Hilfe der Emulation vorzunehmen und dann so zu modifizieren, daß sich ein akzeptables Einschwingverhalten ergibt. Bei der Emulationsmethode hat man jedoch das Problem, daß die Dämpfung in den meisten Fällen zu klein ausfällt; diesem Mangel kann jedoch durch einen größeren Vorhalt abgeholfen werden. Einen größeren Vorhalt erhält man in der s-Ebene durch eine Vergrößerung des Abstandes zwischen Pol- und Nullstelle des Reglers. Das gleiche gilt ebenso für die z-Ebene. Deshalb soll für einen ersten Versuch die Reglernullstelle beibehalten (Kompensation des Streckenpols) und die Polstelle des Reglers nach links verschoben werden.

Nach einigen Versuchen wird man feststellen, daß es keine Polstelle gibt, die alle Forderungen erfüllt. Die einzige Möglichkeit, K_v anzuheben *und* die Forderungen bezüglich Dämpfung und Ausregelzeit einzuhalten, besteht ebenso in der Verschiebung der Reglernullstelle nach links. Nach einigen (Simulations-)Versuchen sieht man, daß

$$F_R(z) = 6 \cdot \frac{z - 0,80}{z - 0,05} \tag{6.44}$$

die geforderten Bedingungen bezüglich der komplexen Wurzeln erfüllt und einen Wert von $K_v = 1,26$ aufweist. Das folgende Bild zeigt die WOK der charakteristischen Gleichung mit dem in Gleichung (6.44) verwendeten Regler; die mit $K_R = 6$ korrespondierenden Wurzeln sind mit einem Punkt gekennzeichnet.

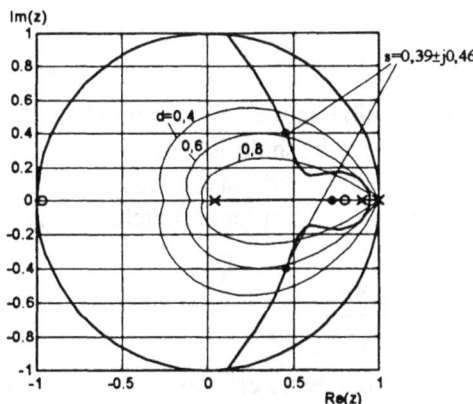

Bild 6.29: WOK des Antennen-Systems mit $F_R(z)$ gemäß Gleichung (6.44)

Das folgende Bild zeigt die zugehörige Sprungantwort der Regelgröße und das zugehörige Simulationsprogramm mit MATLAB.

```
% Offener Regelkreis:
num = 0.2904*[1 0.1672 -0.7738];
den = [1 -1.9548 1 -0.0452];
% Geschlossener Regelkreis:
[numz,denz] = cloop(num,den);
r = ones(1,30);
v = [0 30 0 1.4];
k = 0:29;
y = filter(numz,denz,r);
% Ausgabe kontinuierlich und diskont.:
plot(k,y,'o',k,y)
axis(v);
axis('square');
% Achsenmarkierung:
gtext('y(t)');
gtext('t/sec');
grid;
```

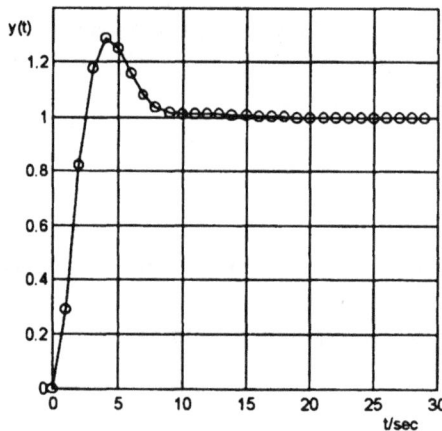

Bild 6.30: Sprungantwort des Antennen-Systems mit $F_R(z)$ gemäß Gleichung (6.41)

Obiges Bild zeigt eine Überschwingweite von etwa 30% und eine Ausregelzeit von ca. 18 Sekunden. Deshalb ist eine weitere Iteration notwendig, um die Dämpfung zu verbessern und um die Ausregelzeit (nach Möglichkeit) zu verkürzen. Nach einigen Simulationsversuchen zeigt sich, daß die Regler-Übertragungsfunktion

$$F_R(z) = 13 \cdot \frac{z - 0,88}{z + 0,5} \qquad (6.45)$$

das gewünschte Zeitverhalten zu erfüllen scheint. Dämpfung und Radius der komplexen Wurzeln sind jetzt sogar besser als gefordert, der Wert von $K_v = 1,04$ ist ebenso zufriedenstellend. Obwohl die reelle Wurzel

„langsamer" ist im Vergleich zu Gleichung (6.44), liegt sie doch sehr dicht an einer Nullstelle, so daß sie sich gegenseitig fast kompensieren. Die entsprechende WOK, das zugehörige Zeitverhalten für $K_R = 13$ sowie das Programmlisting sind in den folgenden Bildern wiedergegeben.

```
% Zähler u. Nenner der Strecke:
numsz = 0.01758*[1 0.8760];
densz = [1 -1.6703 0.6703];
% Zähler u. Nenner des Reglers:
numrz = 13*[1 -0.88];
denrz = [1 0.5];
% Offener Regelkreis:
numoz = conv(numsz,numrz);
denoz = conv(densz,denrz);
% Wurzelortskurve:
rlocus(numoz,denoz)
axis([-2 1 -1 1]);
axis('equal')
hold on
zgrid([],[]);
d = 0.5:0.1:0.7;
zgrid(d,0);
% Dokumentation:
gtext('Im(z)');
gtext('Re(z)');
grid
text(0.2,0.7,'d=0,5');
text(0.65,0.5,'0,6');
text(0.8,0.3,'0,7');
```

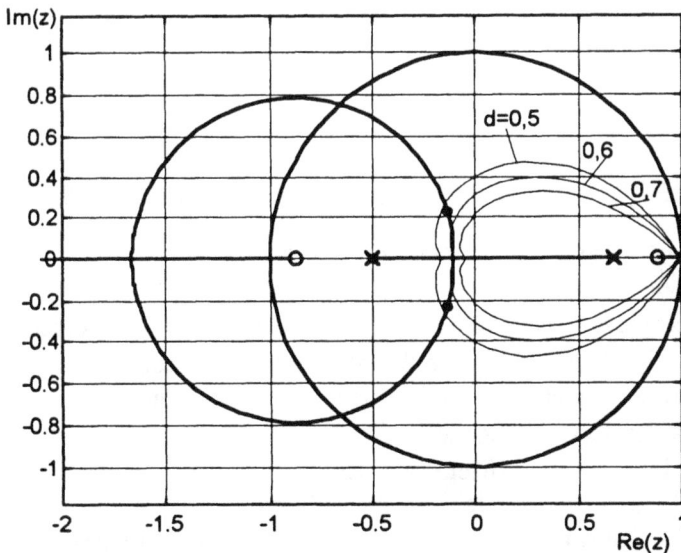

Bild 6.31: WOK des Antennen-Systems mit $F_R(z)$ gemäß Gleichung (6.45)

y(t)

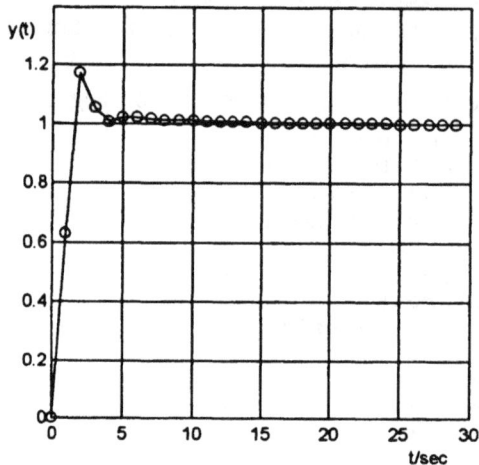

Bild 6.32: Sprungantwort des Antennen-Systems gemäß Gleichung (6.45)

6.5   Regelkreis-Synthese im Frequenzbereich

Die Frequenzgangmethode spielt bei der Konzeption digitaler Systeme die-
selbe wesentliche Rolle als bei der Dimensionierung kontinuierlicher Regler.
Der hauptsächliche Grund dafür liegt in der Einfachheit der Vorgehensweise
begründet. Wesentlich ist jedoch dabei, daß vor den Abtaster ein Tiefpaß
eingebaut ist, damit zunächst die (störenden) Seitenbänder weggefiltert werden. Damit verbleiben Amplitude und Phase die einzigen Größen, mit denen
sich der Nutzer auseinanderzusetzen hat.

6.5.1   Bilineare Transformation und w-Ebene

Bevor die Frequenzgang-Methode erofgreich auf diskrete Systeme angewandt werden kann, sind einige Modifikationen in der z-Ebene notwendig.
Weil die komplexe Frequenz $j\omega$ in der z-Ebene als $z = e^{j\omega T}$ erscheint, geht
der Vorteil der logarithmischen Darstellung vollständig verloren. Die z-
Transformation bildet bekanntlich den Frequenzbereich $-j\omega_s/2 \le j\omega$
$\le +j\omega_s/2$ der linken s-Ebene in den Einheitskreis der z-Ebene ab; konventionelle Frequenzgang-Methoden, die von der gesamten linke s-Ebene
ausgehen, können somit nicht in die z-Ebene abgebildet werden. Diese
Schwierigkeit kann jedoch durch eine Abbildung der z-Ebene in eine neue
Ebene, die sogenannte w-Ebene, umgangen werden.

Diese Transformation, allgemein als **w-Transformation** bezeichnet, ist eine bilineare Abbildung und ist definiert durch

$$z = \frac{1 + \left(T/2\right) w}{1 - \left(T/2\right) w}, \tag{6.46}$$

wobei T die Abtastperiode des diskreten Regelkreises ist.

Durch die Konversion einer gegebenen Übertragungsfunktion im z-Bereich in eine rationale Funktion in w können Frequenzgang-Methoden auf diskrete Regelkreise erweitert werden. Durch Auflösen der Gleichung (6.46) nach w erhält man die inverse Beziehung

$$w = \frac{2}{T} \cdot \frac{z-1}{z+1}. \tag{6.47}$$

(Wie man sieht, ist diese Transformation von derselben Form wie die bilineare Abbildung gemäß Abschnitt 5.2.)

Durch die z-Transformation und der nachfolgenden w-Transformation wird der sogenannte Primärstreifen mit $0 \leq j\omega \leq j\omega_S/2$ der linken s-Halbebene zunächst in das Innere des Einheitskreises der z-Ebene und dann in die gesamte linke w-Halbebene abgebildet. Die beiden Abbildungsprozeduren sind im Bild 6.33 aufgezeigt.

(Dabei ist zu beachten, daß in der s-Ebene nur der Primärstreifen betrachtet wird.) Der Ursprung der z-Ebene wird in den Punkt $w = -2/T$ der w-Ebene abgebildet.

Außerdem kann festgestellt werden, wenn s von 0 bis $j\omega_S/2$ läuft, also entlang der Imaginärachse der s-Ebene, daß dann z von +1 nach -1 entlang des Einheitskreises der z-Ebene läuft und infolgedessen w von 0 bis ∞ entlang der Imaginärachse der w-Ebene läuft.

Obwohl die linke w-Halbebene mit der linken s-Halbebene und die Imaginärachse der w-Ebene mit der Imaginärachse der s-Ebene korrespondiert, gibt es doch Unterschiede zwischen beiden Ebenen. Der Hauptunterschied besteht darin, daß der Frequenzbereich $-\omega_S/2 \leq \omega \leq +\omega_S/2$ der s-Ebene in den fiktiven Frequenzberich $-\infty < v < +\infty$ der w-Ebene abgebildet wird. Dies bedeutet, obwohl die Frequenzgang-Charakteristik des analogen Systems eindeutig abgebildet wird, ist die Frequenzskala des analogen Systems von einem unendlichen Intervall in ein endliches Intervall des diskreten Systems komprimiert worden. Wenn aber die Übertragungsfunktion $F(z)$ in die Funktion $F(w)$ mit Hilfe der w-Transformation transformiert worden ist, kann sie als konventionelle Übertragungsfunktion, jedoch im w-Bereich, aufgefaßt werden. Somit können dann konventionelle Frequenzgangtechni-

ken in der w-Ebene bezüglich der Auslegung digitaler Regelkreise angewandt werden.

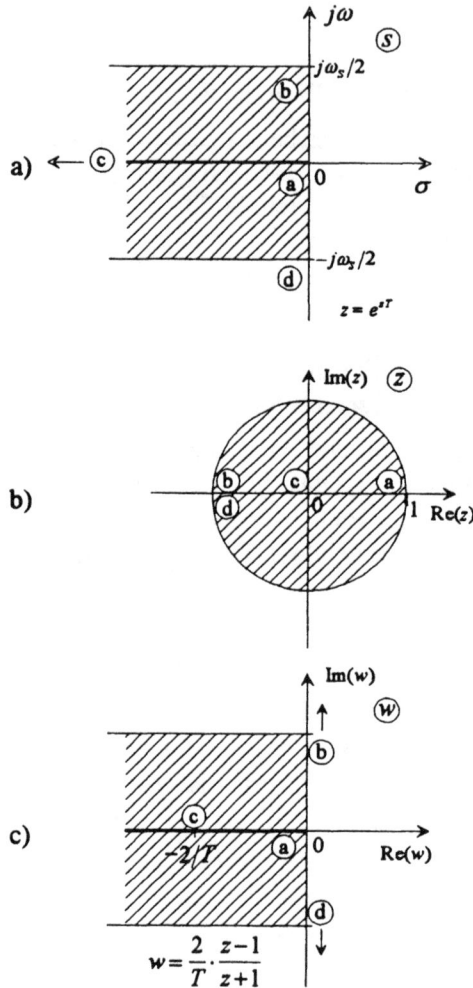

Bild 6.33: Abbildungen von der s- in die z-Ebene und von der z- in die w-Ebene: a) Primärstreifen der linken s-Halbebene; b) Abbildung des Primärstreifens in die z-Ebene;
c) Abbildung des Einheitskreises der z- in die w-Ebene

Obwohl die w-Ebene der s-Ebene geometrisch ähnlich ist, sollte nicht über-
sehen werden, daß die Frequenzachse der w-Ebene verzerrt ist. Die fiktive
Frequenz ν und die tatsächliche Frequenz ω stehen in folgendem Bezug:

$$w\big|_{w=jv} = jv = \frac{2}{T} \cdot \frac{z-1}{z+1}\bigg|_{z=e^{j\omega T}} = \frac{2}{T} \cdot \frac{e^{j\omega T}-1}{e^{j\omega T}+1}$$

$$= \frac{2}{T} \cdot \frac{e^{j\omega T/2}-e^{-j\omega T/2}}{e^{j\omega T/2}+e^{-j\omega T/2}} = \frac{2}{T} \cdot j \cdot \tan\frac{\omega T}{2};$$

$$v = \frac{2}{T} \cdot \tan\frac{\omega T}{2}. \tag{6.48}$$

Obige Gleichung liefert eine Beziehung zwischen der tatsächlichen Frequenz ω und der fiktiven Frequenz v. Wenn sich die tatsächliche Frequenz ω von $-\omega_s/2$ bis 0 bewegt, läuft die fiktive Frequenz von $-\infty$ gegen 0; wenn weiter ω von 0 bis $+\omega_s/2$ läuft, bewegt sich v von 0 bis $+\infty$.

Mit Hilfe der Gleichung (6.48) kann aus der tatsächlichen Frequenz ω die fiktive Frequenz v ermittelt werden. Wenn zum Beispiel die Bandbreite mit ω_b spezifiziert wird, ergibt sich die korrespondierende Bandbreite in der w-Ebene zu $(2/T) \cdot \tan(\omega_b T/2)$. Für kleine Frequenzen, also $\omega T \ll 1$ folgt außerdem $v \approx \omega$.

Dies wiederum bedeutet, daß für kleine ωT-Werte $F(s)$ und $F(w)$ einander ähnlich sind. Dies ist auch der Grund, warum in der Abbildung gemäß Gleichung (6.47) der Faktor $2/T$ einbezogen wurde. Damit behalten auch die Fehlerkonstanten (K_p, K_v) vor und nach der w-Transformation ihren Wert bei.

Beispiel 6.5

Betrachten wir das Übertragungssystem des folgenden Bildes; die Abtastperiode sei $T = 0{,}1\,\mathrm{sec}$. Gesucht ist die Übertragungsfunktion $G(w)$.

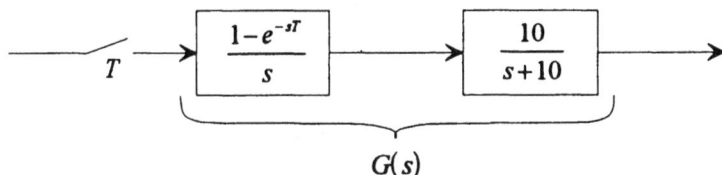

$$G(s)$$

Bild 6.34: Einfaches Übertragungssystem

Die z-Transformierte von $G(s)$ lautet

$$G(z) = Z\left\{\frac{1-e^{-sT}}{s} \cdot \frac{10}{s+10}\right\} = \left(1-z^{-1}\right) \cdot Z\left\{\frac{10}{s(s+10)}\right\} = \frac{0{,}6321}{z-0{,}3679}.$$

Durch Anwenden der bilinearen Transformation gemäß

$$z = \frac{1+\left(T/2\right)w}{1-\left(T/2\right)w} = \frac{1+0,05\,w}{1-0,05\,w}$$

kann $G(z)$ in $G(w)$ wie folgt transformiert werden:

$$G(w) = \frac{0,6321}{\dfrac{1+0,05w}{1-0,05w} - 0,3679} = \frac{0,6321(1-0,05w)}{0,6321 + 0,06840w}$$

bzw.

$$G(w) = 9,241 \cdot \frac{1-0,05w}{w+9,241}.\qquad\qquad\square$$

Dabei sollte auffallen, daß die Polstelle der Strecke bei $s = -10$ auf $w = -9,241$ und die Verstärkung von 10 auf 9,241 beim Transfer von der s- in die w-Ebene verlagert werden. Außerdem hat $G(w)$ eine Nullstelle bei $w = 2/T = 20$, obwohl die Strecke im Laplace-Bereich keine Nullstelle aufweist. Mit kleiner werdender Abtastperiode T läuft die Nullstelle bei $w = 2/T$ in der rechten w-Halbebene gegen Unendlich. Außerdem ist zu sehen, daß gilt

$$\lim_{w\to 0} G(w) = \lim_{s\to 0} \frac{10}{s+10}.$$

Dieser Zusammenhang kann für eine globale Überprüfung beim Transfer von $G(s)$ in $G(w)$ sehr nützlich sein.

Zusammenfassend kann man feststellen, daß es sich bei der w-Transformation um eine bilineare Transformation handelt, die das Innere des Einheitskreises der z-Ebene in die linke w-Ebene abbildet. Im interessierenden Gebiet ähneln sich die w- und s-Ebene (siehe obiges Beispiel).

6.5.2   Bode-Diagramme

Die bekannten einfachen Methoden einer Regelkreis-Synthese mit Hilfe des Bode-Diagramms gelten ebenso für Übertragungsfunktionen in der w-Ebene.

Bekanntlich besteht das Bode-Diagramm aus zwei separaten Kennlinien; dem Amplitudengang $|F(jv)|$ und dem Phasengang $\varphi(F(jv))$ im logarithmischen v-Maßstab. Somit kann im Bode-Diagramm ein digitaler Regler mit konventionellen Methoden erstellt werden.

Die Auslegung des Reglers mit Hilfe des Bode-Diagramms hat folgende
Vorteile:

- Die Asymptote an den Amplitudengang bei kleinen Frequenzen erlaubt
  die Bestimmung der Fehlerkonstanten K_p, K_v und K_a.

- Spezifikationen bezüglich des Übergangsverhaltens im Zeitbereich
  können in Abhängigkeit des Phasenrandes, Amplitudenrandes etc. in
  den Frequenzbereich übertragen werden.

- Die geforderten Spezifikationen bezüglich des Phasen- und Amplitudenrandes können im Bode-Diagramm direkt abgelesen werden.

Vorgehensweise bei der Regelkreis-Synthese im Bode-Diagramm

Bezugnehmend auf Bild 6.34 läuft die Reglerdimensionierung in der w-
Ebene in folgenden Schritten ab:

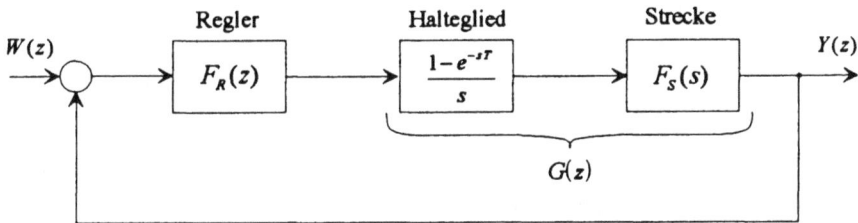

Bild 6.35: Digitaler Standardregelkreis

1. Zunächst ist aus der Übertragungsfunktion des Halteglieds und der
   Strecke die zugehörige z-Transformierte $G(z)$ zu ermitteln.

   Mit

   $$z = \frac{1+(T/2)w}{1-(T/2)w}$$

   ist die entsprechende w-Transformierte zu erstellen, das heißt

   $$G(w) = G(z)\big|_{z=\frac{1+w(T/2)}{1-w(T/2)}}.$$

   (Bei der Festlegung der Abtastperiode liegt man gut, wenn das zu regelnde Signal $y(t)$ mit einer 10-fachen Frequenz der Bandbreite des
   geschlossenen Regelkreises abgetastet wird.)

2. Substitution von $w = jv$ in $G(w)$ und Konstruktion des Bode-
   Diagramms von $G(jv)$.

3. Bestimmung der Fehlerkonstanten, des Phasenrandes und des Amplitudenrandes aus dem (bisherigen) Bode-Diagramm.

4. Unter der vorläufigen Annahme, daß die Verstärkung des diskreten Reglers $F_R(w)$ bei niedrigen Frequenzen Eins ist, ist die Gesamtverstärkung für eine geforderte Fehlerkonstante zu bestimmen. Im Anschluß daran sind wie bei der Regelkreis-Synthese kontinuierlicher Systeme die Pole und Nullstellen des digitalen Reglers festzulegen. (Beachte: $F_R(w)$ ist ein Quotient zweier Polynome in w). Damit ist jetzt die Übertragungsfunktion $F_R(w) \cdot G(w)$ des offenen Regelkreises gegeben.

5. Transformation der Regler-Übertragungsfunktion $F_R(w)$ in $F_R(z)$ mit Hilfe der bilinearen Transformation

$$w = \frac{2}{T} \cdot \frac{z-1}{z+1}$$

bzw.

$$F_R(z) = F_R(w)\Big|_{w=\frac{2}{T}\cdot\frac{z-1}{z+1}} .$$

6. Berechnung der Differenzengleichung aus $F_R(z)$. Dabei ist generell zu beachten, daß die Frequenz-Achse der w-Ebene verzerrt ist. Bekanntlich gilt zwischen der fiktiven Frequenz v und der tatsächlichen Frequenz ω die Beziehung

$$v = \frac{2}{T} \cdot \tan\left(\frac{\omega T}{2}\right).$$

Wenn beispielsweise eine Bandbreite ω_b spezifiziert wurde, dann muß der Regelkreis im Bode-Diagramm auf eine Bandbreite von

$$v_b = \frac{2}{T} \cdot \tan\left(\frac{\omega_b T}{2}\right)$$

getrimmt werden.

Beispiel 6.6

Vorgegeben ist der im folgenden Bild skizzierte Regelkreis, bei dem eine integrale Strecke mit Verzögerung so geregelt werden soll, daß sich ein Phasenrand von 50° und ein Amplitudenrand von mindestens 10dB (gemäß einer Dämpfung von $d = 0{,}5$) ergibt. Außerdem soll bei einer Abtastperiode von $T = 0,2\,\text{sec}$ die Geschwindigkeitsfehlerkonstante K_v den Wert $2\,\text{sec}^{-1}$ annehmen. Die Regelkreis-Synthese ist in der w-Ebene vorzunehmen.

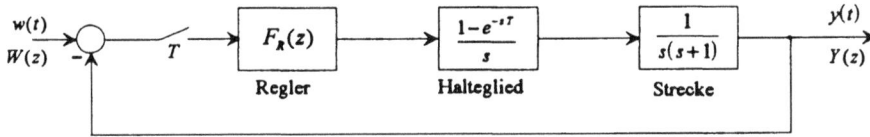

Bild 6.36: Digitaler Standard-Regelkreis

Zunächst ist die Übertragungsfunktion $G(z)$ der Strecke einschließlich dem vorgeschalteten Halteglied aufzustellen:

$$G(z) = Z\left\{\frac{1-e^{-0,2s}}{s} \cdot \frac{1}{s(s+1)}\right\} = \left(1-z^{-1}\right) \cdot Z\left\{\frac{1}{s^2(s+1)}\right\} =$$

$$= 0,01873 \cdot \left[\frac{(z+0,9356)}{(z-1)(z-0,8187)}\right]$$

Im nächsten Schritt wird $G(z)$ mit Hilfe der bilinearen Transformation

$$z = \frac{1+(T/2)w}{1-(T/2)w} = \frac{1+0,1w}{1-0,1w}$$

in den w-Bereich transformiert:

$$G(w) = \frac{0,01873 \cdot \left(\dfrac{1+0,1w}{1-0,1w} + 0,9356\right)}{\left(\dfrac{1+0,1w}{1-0,1w}-1\right)\left(\dfrac{1+0,1w}{1-0,1w}-0,8187\right)}$$

$$= 0,003316 \cdot \left[\frac{(300,6+w)(1-0,1w)}{w(0,997+w)}\right]$$

$$= \frac{\left(\dfrac{w}{300,6}+1\right)\left(1-\dfrac{w}{10}\right)}{w\left(\dfrac{w}{0,997}+1\right)} \cdot$$

Im gegebenen Beispiel soll ein PDT$_1$-Regler der Form

$$F_R(w) = K \cdot \frac{1+w/a}{1+w/b}$$

zur Anwendung kommen.

Damit wird die Übertragungsfunktion des offenen Regelkreises zu

$$F_o(w) = F_R(w) \cdot G(w) = K \cdot \frac{1+w/a}{1+w/b} \cdot \frac{\left(\dfrac{w}{300,6}+1\right)\left(1-\dfrac{w}{10}\right)}{w\left(\dfrac{w}{0,997}+1\right)}.$$

Mit der Spezifikation $K_v = 2\,\mathrm{sec}^{-1}$ gemäß

$$K_v = \lim_{w \to 0} w \cdot F_o(w)$$

bzw.

$$K_v = \lim_{w \to 0}\left[w \cdot \frac{1+w/a}{1+w/b} \cdot \frac{K\left(\dfrac{w}{300,6}+1\right)\left(1-\dfrac{w}{10}\right)}{w\left(\dfrac{w}{0,997}+1\right)} \right]$$

folgt bereits

$$K_v = K = 2.$$

Damit liegt bereits die Reglerverstärkung mit $K = 2$ fest. Das folgende Bild zeigt nun das Bode-Diagramm des betrachteten Systems und das Simulationsprogramm mit MATLAB.

```
% Synthese eines digitalen Regelkreises im Bodediagramm
% Strecke:
num1 = [1/300.6 1];
num2 = [-0.1 1];
numw = conv(num1,num2);              % Zähler-Strecke
denw = [1/0.997 1 0];                % Nenner-Strecke
T = 0.2;                             % Abtastzeit
% Achseneinteilung:
u = [0.1 1000 -80 40];               % Amplitudengang
v = [0.1 1000 -270 90];              % Phasengang
w = logspace(-1,3);                  % Frequenzbereich
[mag,phase] = bode(numw,denw,w);     % Bode-Strecke
subplot(211), semilogx(w,20*log10(mag))  % Amplituden-
                                         % gang
axis(u);
hold on
grid
subplot(212), semilogx(w,phase)      % Phasengang
axis(v);
grid
hold on
```

```
% Regler:
numrw = 2*[1/0.997 1];              % Zähler-Regler
denrw = [1/3.27 1];                 % Nenner-Regler
[mag,phase] = bode(numrw,denrw,w);  % Bode-Regler
subplot(211), semilogx(w,20*log10(mag))  % Amplituden
                                         % gang
subplot(212), semilogx(w,phase)          % Phasengang
%
% Offener Regelkreis:
numow = conv(numw,numrw);
denow = conv(denw,denrw);
[mag,phase] = bode(numow,denow,w);  % Bode, off. RK
%
% Bestimmung des Amplituden- und Phasenrandes:
[gm,pm,wpc,wgc] = margin(mag,phase,w);
gm = 20*log10(gm),pm,wpc,wgc
subplot(211), semilogx(w,20*log10(mag))  % Amplituden
                                         % gang
subplot(212), semilogx(w,phase)          % Phasengang
hold off
```

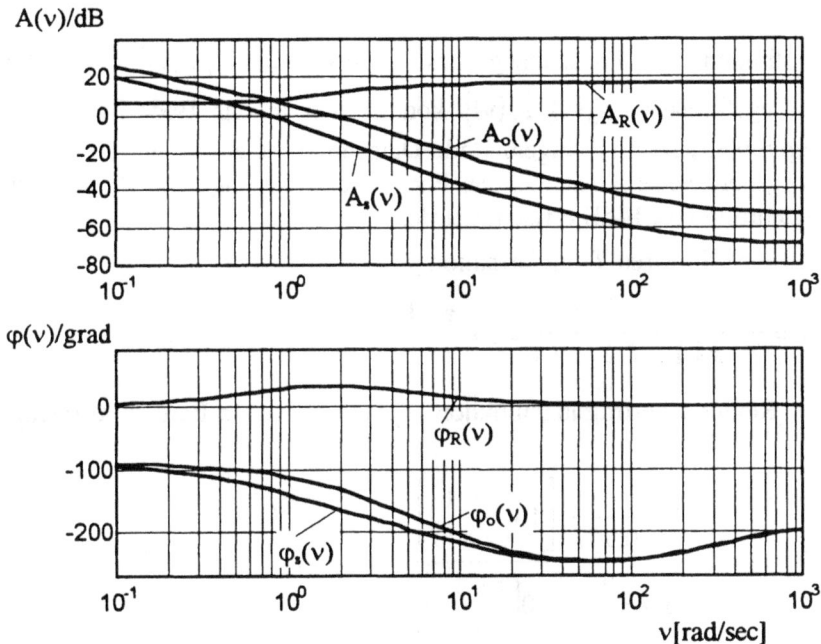

Bild 6.37: Bode-Diagramm des gegebenen Regelkreises

Für die Amplitudengänge und für die Phasengänge wurden die kontinuierlichen Verläufe eingezeichnet. Es sollte darauf hingewiesen werden, daß die Nullstelle bei $v = 10$ in der rechten w-Halbebene Phasennacheilung bewirkt.

Der Amplitudengang der Strecke ist mit $A_s(v)$ bezeichnet, der entsprechende Phasengang mit $\varphi_s(v)$.

Die Spezifikationen fordern einen Phasenrand von 50° und einen Amplitudenrand von mindestens 10dB. Mit diesen Vorgaben können die noch unbekannten Konstanten a und b ermittelt werden:

Entsprechend einer klassischen Vorgehensweise wird mit der Nullstelle des Reglers ein Pol der Strecke kompensiert, also wird die Reglernullstelle zu 0,997 gewählt. Damit wird die Durchtrittsfrequenz $v \approx 2$ und der Phasenwinkel $\varphi_S(2) \approx -162°$. Um den geforderten Phasenrand von 50° zu erreichen, muß bei $v = 2$ die Phase um ca. 32° angehoben werden. Auf der Basis der konventionellen Frequenzgang-Methode wird deshalb der Reglerpol zu 3,27 gewählt.

Damit lautet die Übertragungsfunktion des Reglers

$$F_R(w) = 2 \cdot \frac{1 + w/0,997}{1 + w/3,27}.$$

Die Amplituden- und Phasengänge des Reglers $\left(A_R(v), \varphi_R(v)\right)$ sowie des offenen Regelkreises $\left(A_o(v), \varphi_o(v)\right)$ können nun in das Bode-Diagramm eingetragen werden. Aus obigem Bode-Diagramm ist zu sehen, daß durch diese Vorgehensweise tatsächlich ein Phasenrand von ungefähr 50° und ein Amplitudenrand von 14dB erreicht wurde.

Mit Hilfe der bilinearen Transformation

$$w = \frac{2}{T} \cdot \frac{z-1}{z+1} = \frac{2}{0,2} \cdot \frac{z-1}{z+1} = 10 \cdot \frac{z-1}{z+1}$$

wird die Regler-Übertragungsfunktion $F_R(w)$ in den z-Bereich transformiert:

$$F_R(z) = 2 \cdot \frac{1 + \dfrac{1}{0,997} \cdot \left[10\left(\dfrac{z-1}{z+1}\right)\right]}{1 + \dfrac{1}{3,27} \cdot \left[10\left(\dfrac{z-1}{z+1}\right)\right]}$$

$$= 5,4360 \left(\frac{z - 0,8187}{z - 0,5071}\right).$$

(Mit Hilfe dieser Übertragungsfunktion kann natürlich sofort die zugehörige Differenzengleichung angeschrieben werden).

Die Übertragungsfunktion des offenen Regelkreises wird damit zu

$$F_o(z) = \frac{5,4360\,(z - 0,8187)\cdot 0,01873(z + 0,9356)}{(z - 0,5071)(z - 1)(z - 0,8187)}$$

$$= 0,1018 \cdot \frac{z + 0,9356}{(z - 1)(z - 0,5071)}.$$

Die Übertragungsfunktion des geschlossenen Regelkreises wird mit

$$F_W(z) = \frac{F_o(z)}{1 + F_o(z)} = \frac{Y(z)}{W(z)}$$

zu

$$F_W(z) = \frac{0,1018\,(z + 0,9356)}{(z - 1)(z - 0,5071) + 0,1018(z + 0,9356)}$$

oder

$$F_W(z) = \frac{0,1018\,(z + 0,9356)}{(z - 0,7026 + j\,0,3296)(z - 0,7026 - j\,0,3296)}.$$

Aus obiger Gleichung ist zu sehen, daß die Pole des geschlossenen Kreises an den Stellen

$$z = +0,7026 \pm j\,0,3296$$

lokalisiert sind.

Das folgende Bild zeigt die Sprungantwort des im Bode-Diagramm konzipierten Regelkreises.

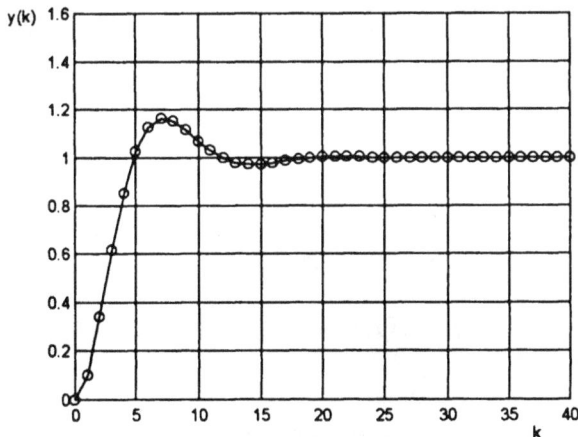

Bild 6.38: Sprungantwort des gegebenen Regelkreises

Im folgenden Diagramm ist schließlich die Wurzelortskurve des konzipierten Regelkreises mit dem zugrunde liegenden Simulationsprogramm festgehalten.

```
% Wurzelortskurve des konzipierten Regelkreises
% Offener Regelkreis:
num = 0.1018*[1 0.9356];      % Zählerpolynom
den = [1 -1.5071 0.5071];     % Nennerpolynom
rlocus(num,den)               % Wurzelortskurve
axis([-2 2 -2 2]);            % Achsenbereich
axis('square')
zgrid(0.5,[])                 % Linie mit d=0,5
% Dokumentation:
gtext('d=0,5')
gtext('25,15')
gtext('0,7026+j0,3296')
```

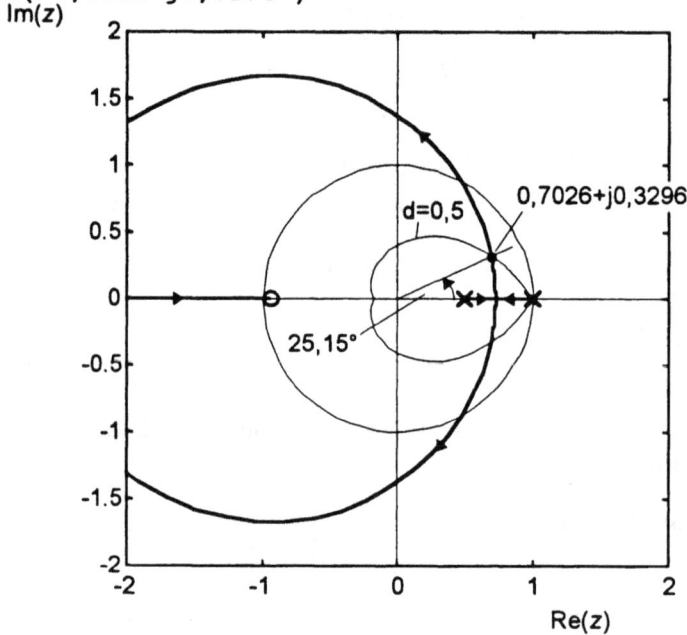

Bild 6.39: Wurzelortskurve

- Die Pole des geschlossenen Regelkreises liegen wie gefordert auf der
  Kurve mit konstanter Dämpfung $d = 0,5$.

- Das konzipierte System erfüllt die Spezifikationen
  - Phasenrand 50°
  - Amplitudenrand ≥ 10 dB
  - Geschwindigkeitsfehlerkonstante $K_v = 2 \sec^{-1}$

- Für das System wurde eine Abtastperiode von $T = 0,2\,sec$ gewählt. Aus obiger Wurzelortskurve ist zu ersehen, daß die Anzahl der Abtastungen pro Periode $360°/25,15° = 14,3$ beträgt. Damit ist die Abtastfrequenz ω_s 14,3 mal größer als die Eigenfrequenz ω_d des Regelkreises.

6.6 Regelung auf endliche Einstellzeit (Deadbeat-Regelung)

Bei analogen Regelkreisen wird bekanntlich vor allem der PID-Regler eingesetzt, um zufriedenstellendes Zeitverhalten der Regelgröße zu erreichen. Dabei sind die Einstellmöglichkeiten des Reglers beschränkt auf den Verstärkungsfaktor, die Integrierzeit und die Differenzierzeit. Im Gegensatz dazu sind die digitalen Regelalgorithmen nicht auf den PID-Regler (und artverwandte Typen) beschränkt, sondern es existiert vielmehr eine unbegrenzte Zahl bewährter Regelalgorithmen.

In diesem Kapitel wird ein digitaler Regler analysiert, der die Fehlersequenz nach einer minimal möglichen Anzahl von Abtastschritten bei einer vorgegebenen Sollwertänderung konstant auf Null hält.

Wenn die Regelgröße eines geschlossenen Regelkreises für eine sprungförmige Sollwertänderung die minimal mögliche Ausregelzeit (d.h. die Regelgröße erreicht den Endwert in minimal möglicher Zeit und verbleibt auf diesem Wert) einhält, keinen stationären Fehler aufweist und keine Schwingungen zwischen den Abtastzeitpunkten enthält, wird dieser Typ der Sprungantwort in der anglo-amerikanischen Literatur als **Deadbeat-Response** bezeichnet.

Im folgenden wird der Regelalgorithmus bzw. die Übertragungsfunktion des **Deadbeat-Reglers** für den einschleifigen Regelkreis bei bekanntem bzw. vorausgesetztem optimalem Einschwingverhalten hergeleitet.

6.6.1 Synthese des Deadbeat-Reglers für minimale Einschwingdauer und verschwindendem stationärem Fehler

Für die folgenden Betrachtungen wird vom digitalen Standardregelkreis des folgenden Bildes ausgegangen.

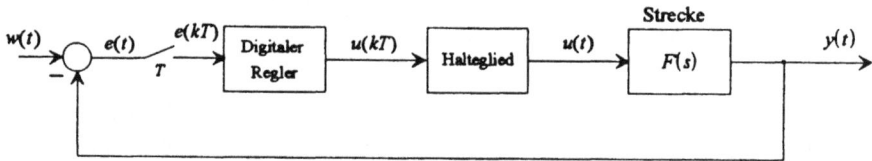

Bild 6.40a: Digitaler Standard-Regelkreis

Das Fehlersignal $e(t)$ als Differenz zwischen der Führungsgröße $w(t)$ und der Regelgröße $y(t)$ wird zu den Zeitpunkten $t = kT$ abgetastet. Das diskrete Fehlersignal $e(kT)$ ist somit Eingangsgröße des digitalen Reglers. Die Ausgangsgröße $u(kT)$ des Reglers wird auf das Halteglied geführt, dessen Ausgang $u(t)$ (als stückweise kontinuierliches Signal) Eingangsgröße der Strecke mit der Übertragungsfunktion $F(s)$ ist. (Obwohl der Abtaster am Eingang des Halteglieds in obiger Skizze nicht wiedergegeben ist, sollte festgehalten werden, daß das Signal $u(kT)$ erst abgetastet und dann an das Halteglied weitergeführt wird. Wie bereits erwähnt, führt das Halteglied die Funktionen Abtasten und Halten aus).

Die Aufgabenstellung besteht darin, den digitalen Regler $F_R(z)$ so auszulegen, daß die Regelgröße $y(t)$ die minimal mögliche Einschwingzeit aufweist und der stationäre Fehler für sprungförmige oder rampenförmige Führungsgröße $w(t)$ zu Null wird. Weiterhin ist gefordert, daß die Regelgröße nach dem Erreichen des stationären Zustands zwischen den Abtastzeitpunkten keine Schwingung mehr ausführt. Darüber hinaus muß der geschlossene Regelkreis auch jede andere Forderung erfüllen; so zum Beispiel eine Spezifikation bezüglich der stationären Geschwindigkeitsfehlerkonstanten.

Die z-Transformierte der Strecke einschließlich des vorgeschalteten Halteglieds soll wieder mit

$$G(z) = Z\left\{\frac{1 - e^{-sT}}{s} \cdot F(s)\right\}$$

bezeichnet werden. Damit wird die Übertragungsfunktion des offenen Regelkreises zu $F_R(z) \cdot G(z)$, wie das folgende Bild zeigt.

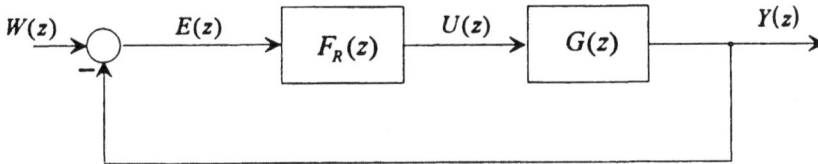

Bild 6.40b: Digitaler Regelkreis im z-Bereich

Die Übertragungsfunktion des geschlossenen Regelkreises wird damit zu

$$F_W(z) = \frac{Y(z)}{W(z)} = \frac{F_R(z) \cdot G(z)}{1 + F_R(z) \cdot G(z)}. \tag{6.49}$$

Aufgrund der Forderungen, daß die Regelgröße eine endliche Einschwingzeit mit verschwindendem stationären Fehler aufweist, ist das System durch eine zeitlich begrenzte Impulsantwort charakterisiert. Somit muß die gesuchte Übertragungsfunktion des geschlossenen Regelkreises von der Form

$$F_W(z) = \frac{a_0 z^N + a_1 z^{N-1} + \ldots + a_N}{z^N}$$

bzw.

$$F_W(z) = a_0 + a_1 z^{-1} + \ldots + a_N z^{-N} \tag{6.50}$$

sein, wobei N die Zahl der Abtastungen innerhalb des Einschwingvorgangs und n die Ordnung des Systems ist; für technisch realistische Systeme ist $N \geq n$.

(Nebenbei sei angemerkt, daß $F_W(z)$ keine Terme mit positiven Potenzen von z enthalten darf, weil solche Terme in der Reihenentwicklung für $F_W(z)$ bedeuten würden, daß der Ausgang dem Eingang vorauslaufen würde, was natürlich für ein realistisches physikalisches System unmöglich ist.)

Nun wird die Übertragungsfunktion des geschlossenen Regelkreises nach der des Reglers $F_R(z)$ aufgelöst.

Aus Gleichung (6.49) erhält man

$$F_R(z) = \frac{F_W(z)}{G(z)\left[1 - F_W(z)\right]}. \tag{6.51}$$

Die physikalische Realisierbarkeit setzt bestimmte Bedingungen an den geschlossenen Regelkreis $F_W(z)$ und an den digitalen Regler $F_R(z)$:

1. Der Zählergrad von $F_R(z)$ muß kleiner oder höchstfalls gleich dem Nennergrad sein. (Andernfalls würde der Regler erst später einlaufende Signale zur Bereitstellung des momentanen Ausgangs benötigen, was natürlich physikalisch unmöglich ist.)

2. Wenn $G(z)$ und $F_W(z)$ als Potenzreihe in z^{-1} angeschrieben werden, so muß die niedrigste Potenz der Reihe für $F_W(z)$ mindestens so groß als die niedrigste Potenz der Reihe von $G(z)$ sein. Wenn beispielsweise die Reihe für $G(z)$ mit dem Term z^{-1} beginnt, dann muß auch der erste Term von $F_W(z)$ gemäß Gleichung (6.50) verschwinden, d.h. es muß $a_0 = 0$ sein; damit wird die Gleichung (6.50) zu

$$F_W(z) = a_1 z^{-1} + a_2 z^{-2} + \ldots + a_N z^{-N}$$

mit $N \geq n$. Dies wiederum bedeutet, daß die Strecke auf eine einlaufende Stellgröße nicht unverzüglich reagieren kann (man spricht in diesem Zusammenhang manchmal von „nicht sprungfähigen Systemen"): Die Reaktion der Strecke erscheint mit einer Verzögerung von mindestens einer Abtastperiode, wenn die Reihe für $G(z)$ mit einem Term z^{-1} beginnt.

3. Wenn die Strecke eine Totzeit beinhaltet, d.h. wenn in $F(s)$ der Term e^{-sL} erscheint, dann muß auch der geschlossene Regelkreis mindestens die gleiche Verzögerung aufweisen. (Andernfalls müßte der geschlossene Kreis bereits auf eine noch gar nicht vorhandene Eingangsgröße reagieren, was natürlich physikalisch unmöglich ist).

In Ergänzung zu den Bedingungen der physikalischen Realisierbarkeit müssen Stabilitätsprobleme des geschlossen Regelkreises beachtet werden. Im besonderen darf kein instabiler Pol der Strecke durch eine Nullstelle des digitalen Reglers kompensiert werden. Würde man trotzdem eine solche Kompensation wagen und die Pol- bzw. Nullstelle nur geringfügig auseinanderlaufen, so hätte das zur Konsequenz, daß das System mit zunehmender Zeit instabil werden würde. Analog dazu sollte der Regler auch keinen instabilen Pol zur Kompensation einer Nullstelle der Strecke beinhalten, die außerhalb oder auf der Berandung des Einheitskreises liegt. Natürlich können Nullstellen von $G(z)$, die innerhalb des Einheitskreises liegen, mit Polen des Reglers kompensiert werden.

In der jetzt folgenden Betrachtung soll untersucht werden, wie sich ein instabiler (oder grenzstabiler) Pol $z = z_1$ der Strecke $G(z)$ auf die Übertragungsfunktion $F_W(z)$ des geschlossenen Regelkreises auswirkt:

Definieren wir die Übertragungsfunktion $G(z)$ der Strecke zu

$$G(z) = \frac{G_1(z)}{z - z_1},$$

wobei $G_1(z)$ keinen Term beinhaltet, der mit $(z - z_1)$ gekürzt werden kann. Damit wird die Übertragungsfunktion des geschlossenen Kreises zu

$$F_W(z) = \frac{Y(z)}{W(z)} = \frac{F_R(z) \cdot G(z)}{1 + F_R(z) \cdot G(z)} = \frac{F_R(z) \cdot \dfrac{G_1(z)}{z - z_1}}{1 + F_R(z) \dfrac{G_1(z)}{z - z_1}}.$$

Wegen der Forderung, daß keine Reglernullstelle den instabilen Pol $(z - z_1)$ der Strecke kompensieren darf, erhält man

$$1 - F_W(z) = \frac{1}{1 + F_R(z) \dfrac{G_1(z)}{z - z_1}} = \frac{z - z_1}{z - z_1 + F_R(z)G_1(z)},$$

das heißt also, $1 - F_W(z)$ muß $z = z_1$ als Nullstelle haben. Analog dazu werden Nullstellen von $G(z)$ zu Nullstellen von $F_W(z)$. Damit lassen sich die Stabilitätsaussagen folgendermaßen zusammenfassen:

1. Weil der digitale Regler $F_R(z)$ keine instabilen (oder grenzstabilen) Pole der Strecke $G(z)$ kompensieren darf, erscheinen alle instabilen (oder grenzstabilen) Pole von $G(z)$ als Nullstellen in $1 - F_W(z)$.

2. Nullstellen von $G(z)$ innerhalb des Einheitskreises dürfen durch Pole des Reglers $F_R(z)$ kompensiert werden. Jedoch dürfen Nullstellen von $G(z)$ auf oder außerhalb des Einheitskreises nicht mit Polstellen des Reglers $F_R(z)$ kompensiert werden. Damit müssen alle Nullstellen von $G(z)$, die auf oder außerhalb des Einheitskreises liegen, in $F_W(z)$ als Nullstellen erscheinen.

Nun soll wieder mit der Auslegung des Reglers fortgefahren werden. Wegen $e(kT) = w(kT) - y(kT)$ gilt mit Gleichung (6.49)

$$E(z) = W(z) - Y(z) = W(z)\big(1 - F_W(z)\big). \qquad (6.52)$$

Für ein sprungförmige Sollwertänderung, das heißt $w(t) = \varepsilon(t)$ gilt

$$W(z) = \frac{1}{1 - z^{-1}};$$

für einen rampenförmigen Sollwert mit $w(t) = t \cdot \varepsilon(t)$ gilt

$$W(z) = \frac{T z^{-1}}{\left(1 - z^{-1}\right)^2};$$

schließlich gilt für die Beschleunigungsfunktion $w(t) = \frac{1}{2} t^2 \cdot \varepsilon(t)$ bzw.

$$W(z) = \frac{T^2 z^{-1} \left(1 + z^{-1}\right)}{2 \left(1 - z^{-1}\right)^3}.$$

Somit können die z-Transformierten solcher Polynome im Zeitbereich allgemein angeschrieben werden als

$$W(z) = \frac{P(z)}{\left(1 - z^{-1}\right)^{q+1}}, \tag{6.53}$$

wobei $P(z)$ ein Polynom in z^{-1} darstellt. Für den Einheitssprung ist $P(z) = 1$ und $q = 0$; für die Einheitsrampe ist $P(z) = T z^{-1}$ und $q = 1$ und für die Parabelfunktion ist $P(z) = 1/2 \cdot T^2 z^{-1} \left(1 + z^{-1}\right)$ und $q = 2$.

Setzt man die Gleichung (6.53) in die Gleichung (6.52) ein, so erhält man

$$E(z) = \frac{P(z) \left[1 - F_W(z)\right]}{\left(1 - z^{-1}\right)^{q+1}}. \tag{6.54}$$

Um sicherzustellen, daß das System den stationären Zustand nach einer endlichen Zahl von Abtastschritten bei verschwindendem stationärem Fehler erreicht, darf das Polynom $E(z)$ in Potenzen von z^{-1} nur eine endliche Zahl von Termen haben. Bezugnehmend auf Gleichung (6.54) wird die Funktion $1 - F_W(z)$ folgendermaßen angesetzt:

$$1 - F_W(z) = \left(1 - z^{-1}\right)^{q+1} \cdot N(z), \tag{6.55}$$

wobei $N(z)$ ein Polynom in z^{-1} mit einer endlichen Zahl von Termen ist. Damit ist auch

$$E(z) = P(z) N(z) \tag{6.56}$$

ein Polynom in z^{-1} mit einer endlichen Zahl von Termen. Dies wiederum bedeutet, daß auch das Fehlersignal nach einer endlichen Zahl von Abtastschritten zu Null wird.

Die Übertragungsfunktion des digitalen Reglers kann damit wie folgt hergeleitet werden. Durch die Substitution der Gleichung (6.55) in Gleichung (6.51) erhält man

$$F_R(z) = \frac{F_W(z)}{G(z)\left(1 - z^{-1}\right)^{q+1} N(z)}. \qquad (6.57)$$

Diese Gleichung ergibt die Übertragungsfunktion des Reglers, der den stationären Fehler der Regelgröße nach einer endlichen Zahl von Abtastschritten konstant auf Null hält. Für eine stabile Strecke $F(s)$ kann die Bedingung, daß die Regelgröße zwischen den Abtastzeitpunkten nach Verstreichen der Einschwingzeit keine Schwingung mehr aufweist, folgendermaßen formuliert werden:

$y\left(t \geq n\,T\right) =$ konstant   für sprungförmigen Eingang

$\dot{y}\left(t \geq n\,T\right) =$ konstant   für rampenförmigen Eingang

$\ddot{y}\left(t \geq n\,T\right) =$ konstant   für parabolischen Eingang.

Bei der Auslegung des Reglers müssen die Bedingungen bezüglich $y(t)$, $\dot{y}(t)$ oder $\ddot{y}(t)$ auf die Stellgröße $u(t)$ übertragen werden. Nachdem die Strecke ein kontinuierliches System ist, sind obige Bedingungen so zu interpretieren, daß die Stellgröße $u(t)$ im stationären Zustand entweder konstant ist für die Sprungfunktion als Eingang, oder monoton steigend ist für die Rampenfunktion bzw. die Beschleunigungsfunktion, wenn die Regelgröße $y(t)$ im stationären Zustand zwischen den Abtastzeitpunkten keine Schwingung mehr aufweisen soll.

Bemerkungen

1. Weil die Übertragungsfunktion $F_W(z)$ des geschlossenen Regelkreises ein Polynom in z^{-1} ist, liegen alle Pole des geschlossenen Regelkreises an der Stelle $z = 0$; siehe Gleichung (6.50). Der mehrfache Pol an der Stelle $z = 0$ ist somit äußerst empfindlich auf Parameterschwankungen des Systems.

2. Ein Regelkreis, ausgelegt nach dem Prinzip der Deadbeat-Regelung für sprungförmigen Eingang, kann bei einem anderen Eingangssignal manchmal ein nicht zufriedenstellendes Übergangsverhalten aufweisen.

3. Für den Fall eines diskretisierten analogen Reglers verändert eine Erhöhung der Abtastrate das Zeitverhalten der Regelgröße; möglicherweise bis hin zur Instabilität.

Beispiel 6.7

Es soll ausgegangen werden von Bild 6.40a, wobei die Übertragungsfunktion der Strecke gegeben sein soll zu

$$F_S(s) = \frac{1}{s(s+1)}. \tag{6.58}$$

Der digitale Regler $F_R(z)$ ist so auszulegen, daß die Regelgröße für $w(t) = \varepsilon(t)$ (Sprungfunktion) bzw. für $w(t) = t$ (Rampe) Deadbeatverhalten aufweist. Die Abtastperiode T sei zu 1 Sekunde angesetzt.

Im ersten Schritt des Lösungsgangs ist die z-Transformierte der Strecke einschließlich dem vorgeschalteten Halteglied zu ermitteln:

$$G(z) = Z\left\{\frac{1 - e^{-sT}}{s} \cdot \frac{1}{s(s+1)}\right\}$$

$$= (1 - z^{-1}) \cdot Z\left\{\frac{1}{s^2(s+1)}\right\}$$

$$= (1 - z^{-1}) \cdot \left[\frac{z^{-1}}{(1 - z^{-1})^2} - \frac{1}{1 - z^{-1}} + \frac{1}{1 - 0{,}3679\,z^{-1}}\right] \tag{6.59}$$

$$= \frac{0{,}3679(1 + 0{,}7181\,z^{-1})\,z^{-1}}{(1 - z^{-1})(1 - 0{,}3679\,z^{-1})};$$

hierzu ist die Korrespondenztabelle im Anhang zu verwenden.

Nun ist das Blockschaltbild in das gemäß Bild 6.40b umzuformen. Die Übertragungsfunktion des geschlossenen Regelkreises lautet dann

$$F_W(z) = \frac{Y(z)}{W(z)} = \frac{F_R(z) \cdot G(z)}{1 + F_R(z) \cdot G(z)}.$$

Wenn $G(z)$ in eine Potenzreihe in z^{-1} umgeformt wird, lautet der erste Term $0{,}3679\,z^{-1}$. Damit muß auch $F_W(z)$ mit dem Term z^{-1} beginnen.

Bezugnehmend auf Gleichung (6.50) und unter der Voraussetzung, daß es sich bei der Strecke um ein System zweiter Ordnung handelt $(n = 2)$, muß $F_W(z)$ die Form

$$F_W(z) = a_1 z^{-1} + a_2 z^{-2} \tag{6.60}$$

haben. Weil außerdem im ersten Fall die Eingangsgröße Sprungfunktion ist, erhält man mit der Gleichung (6.55)

$$1 - F_W(z) = \left(1 - z^{-1}\right) \cdot N(z).$$ (6.61)

Die Funktion $G(z)$ hat einen Pol an der Stabilitätsgrenze, also bei $z = 1$. Die Stabilitätsbedingung besagt, daß damit $1 - F_W(z)$ eine Nullstelle bei $z = 1$ haben muß. Weil aber die Funktion $1 - F_W(z)$ im gegebenen Beispiel den Term $\left(1 - z^{-1}\right)$ beinhaltet, ist die Stabilitätsbedingung erfüllt.

Die Regelgröße $y(t)$ soll im eingeschwungenen Zustand zwischen den Abtastzeitpunkten kein Schwingen mehr aufweisen und die Eingangsgröße ist zunächst, wie angesetzt, die Sprungfunktion. Deshalb wird gefordert, daß $y(t \geq 2T)$ konstant sein muß. Diese Forderung hat wiederum zur Konsequenz, daß auch $u(t)$ als Ausgang des Halteglieds für $t \geq 2T$ ebenso konstant sein muß. Damit muß $U(z)$, angeschrieben in Potenzen von z^{-1}, vom Typ

$$U(z) = b_0 + b_1 z^{-1} + b\left(z^{-2} + z^{-3} + z^{-4} + \cdots\right)$$

sein, wobei b zunächst eine Konstante ist.

Weil die Strecke $F(s)$ einen Integrator beinhaltet, muß $b = 0$ sein; (andernfalls könnte $u(t)$ keinen konstanten Wert annehmen). Damit muß gelten

$$U(z) = b_0 + b_1 z^{-1}.$$

Gemäß Bild 6.40b ist $U(z)$ gegeben zu

$$U(z) = \frac{Y(z)}{G(z)} = \frac{Y(z)}{W(z)} \cdot \frac{W(z)}{G(z)} = F_W(z) \cdot \frac{W(z)}{G(z)},$$

bzw.

$$U(z) = F_W(z) \cdot \frac{1}{1 - z^{-1}} \cdot \frac{\left(1 - z^{-1}\right)\left(1 - 0{,}3679\, z^{-1}\right)}{0{,}3679\left(1 + 0{,}7181\, z^{-1}\right) z^{-1}},$$

$$U(z) = F_W(z) \cdot \frac{1 - 0{,}3679\, z^{-1}}{0{,}3679\left(1 + 0{,}7181\, z^{-1}\right) z^{-1}}.$$

Damit nun $U(z)$ eine Potenzreihe in z^{-1} mit nur zwei Termen wird, muß $F_W(z)$ folgende Form haben:

$$F_W(z) = \left(1 + 0{,}7181\, z^{-1}\right) z^{-1} \cdot F_1$$ (6.62)

wobei F_1 eine noch unbekannte Konstante ist.

Jetzt kann $U(z)$ angeschrieben werden als

$$U(z) = 2,7181\left(1 - 0,3679\,z^{-1}\right)\cdot F_1. \tag{6.63}$$

Obige Gleichung liefert einen Zusammenhang zwischen $U(z)$ und F_1. Wenn die Konstante F_1 ermittelt ist, kann $U(z)$ als Potenzreihe in z^{-1} mit nur zwei Termen angeschrieben werden.

Nun werden $N(z)$, $F_W(z)$ und die Konstante F_1 ermittelt. Setzt man Gleichung (6.60) in (6.61) ein, so erhält man

$$1 - a_1 z^{-1} - a_2 z^{-2} = \left(1 - z^{-1}\right) N(z).$$

Die linke Seite dieser Gleichung ist durch $\left(1 - z^{-1}\right)$ teilbar; siehe Gleichung (6.61). Dividiert man die linke Seite durch $\left(1 - z^{-1}\right)$, so ergibt sich $1 + \left(1 - a_1\right) z^{-1}$, der verbleibende Rest ist $\left(1 - a_1 - a_2\right) z^{-2}$.

Damit kann $N(z)$ berechnet werden zu

$$N(z) = 1 + \left(1 - a_1\right) z^{-1}, \tag{6.64}$$

der Rest muß damit Null sein. Dies wiederum fordert, daß gelten muß

$$1 - a_1 - a_2 = 0. \tag{6.65}$$

Außerdem erhält man aus den Gleichungen (6.60) und (6.62)

$$F_W(z) = a_1 z^{-1} + a_2 z^{-2} = \left(1 + 0,7181 z^{-1}\right) z^{-1} F_1;$$

somit ist

$$a_1 + a_2 z^{-1} = \left(1 + 0,7181 z^{-1}\right) F_1.$$

Dividiert man diese Gleichung durch $\left(1 + 0,7181 z^{-1}\right)$, so erhält man a_1 und den Rest $\left(a_2 - 0,7181 a_1\right) z^{-1}$. Der Quotient wird dann zu F_1 mit Rest Null, das heißt

$$F_1 = a_1$$

und

$$a_2 - 0,7181 a_1 = 0. \tag{6.66}$$

Löst man Gleichung (6.65) nach a_1 und (6.66) nach a_2 auf, so erhält man

$$a_1 = 0,5820,$$
$$a_2 = 0,4180.$$

Damit wird

$$F_W(z) = 0,5820z^{-1} + 0,4180z^{-2} \qquad (6.67)$$

und

$$F_1 = 0,5820.$$

Damit wird Gleichung (6.64) zu

$$N(z) = 1 + 0,4180z^{-1}. \qquad (6.68)$$

Die digitale Übertragungsfunktion $F_R(z)$ des Reglers wird nun mit Hilfe der Gleichung (6.57) wie folgt ermittelt:

Gemäß der Gleichungen (6.59), (6.67) und (6.68) gilt

$$F_R(z) = \frac{F_W(z)}{G(z)(1-z^{-1})N(z)},$$

$$F_R(z) = \frac{(1+0,7181z^{-1})z^{-1} \cdot 0,5820}{\dfrac{0,3679(1+0,7181z^{-1})z^{-1}}{(1-z^{-1})(1-0,3679z^{-1})} \cdot (1-z^{-1})(1+0,4180z^{-1})},$$

$$F_R(z) = \frac{1,5820 - 0,5820z^{-1}}{1+0,4180z^{-1}}.$$

Mit dem jetzt entworfenen Digitalregler wird die Regelgröße als Reaktion auf die Sprungfunktion $w(t) = \varepsilon(t)$ zu

$$Y(z) = F_W(z) \cdot W(z)$$

$$= (0,5820z^{-1} + 0,4180z^{-2}) \cdot \frac{1}{1-z^{-1}}$$

$$= 0,5820z^{-1} + z^{-2} + z^{-3} + z^{-4} + \cdots.$$

Damit werden die diskreten Werte der Regelgröße zu

$$y(0) = 0,$$

$$y(1) = 0,5820,$$

$$y(k) = 1 \qquad \text{für} \quad k = 2,3,4,\ldots.$$

Im Hinblick auf das folgende Bild sei noch bemerkt, daß mit $F_1 = 0,5820$ die Gleichung (6.63) folgende Form erhält:

$$U(z) = 2,7181(1-0,3679z^{-1}) \cdot 0,5820$$

$$= 1,5820 - 0,5820z^{-1}.$$

Man sieht daraus, daß die Stellgröße $u(k)$ für $k \geq 2$ wie gefordert zu Null wird. Das folgende Bild zeigt die Regelgröße $y(k)$, die Stellgröße $u(k)$ sowie $u(t)$ als Reaktion auf einen sprung-förmigen Sollwerteingang.

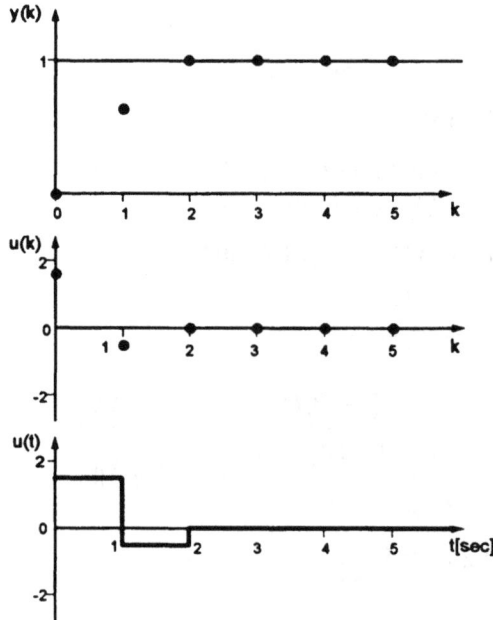

Bild 6.41: $y(k)$, $u(k)$, $u(t)$ des nach dem Prinzip der Deadbeat-Regelung ausgelegten Regelkreises für $w(t) = \varepsilon(t)$

Nun soll der Verlauf der Regelgröße für <u>rampenförmigen Sollwert</u>, also $w(t) = t$, ermittelt werden:

Es gilt

$$Y(z) = F_W(z) \cdot W(z)$$

$$= \left(0{,}5820 z^{-1} + 0{,}4180 z^{-2}\right) \cdot \frac{z^{-1}}{\left(1 - z^{-1}\right)^2}$$

$$= 0{,}5820 z^{-2} + 1{,}5820 z^{-3} + 2{,}5820 z^{-4} + 3{,}5820 z^{-5} + \cdots.$$

Die Stellgröße $U(z)$ erhält man durch folgende Vorgehensweise. Gemäß der Gleichungen (6.59) und (6.67) gilt

$$U(z) = \frac{Y(z)}{G(z)} = \frac{F_W(z)}{G(z)} \cdot W(z) = \frac{F_W(z)}{G(z)} \cdot \frac{z^{-1}}{\left(1-z^{-1}\right)^2}$$

$$= \left(1{,}5820 - 0{,}5820\,z^{-1}\right) \cdot \frac{z^{-1}}{1-z^{-1}}$$

$$= 1{,}5820\,z^{-1} + z^{-2} + z^{-3} + z^{-4} + \cdots .$$

Das Signal $u(kT)$ wird also konstant für $k \geq 2$. Damit zeigt auch das Signal $y(kT)$ für $k \geq 2$ zwischen den Abtastzeitpunkten keine Schwingung mehr. Das folgende Bild zeigt $y(k)$, $u(k)$ und $u(t)$ als Reaktion auf die Einheitsrampe.

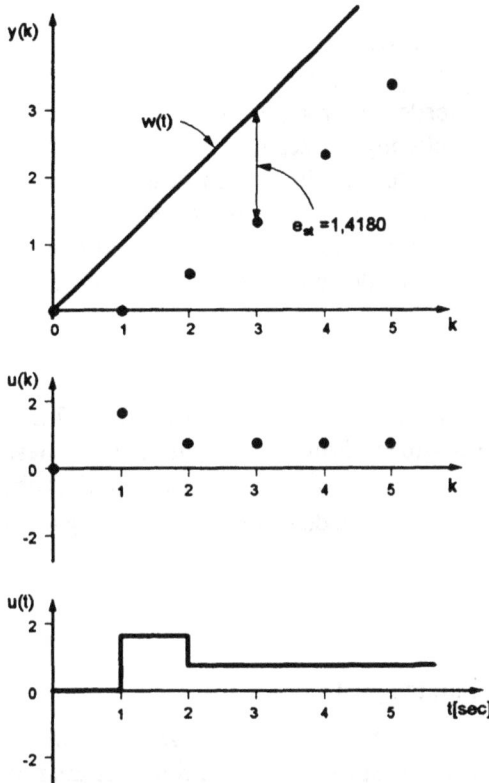

Bild 6.42: $y(k)$, $u(k)$ und $u(t)$ für $w(t) = t$

Die Geschwindigkeitsfehler-Konstante K_v ergibt sich für den gegebenen Regelkreis zu

$$K_v = \lim_{z \to 1} \left[\frac{1 - z^{-1}}{T} \cdot F_R(z) G(z) \right]$$

$$= \lim_{z \to 1} \left[\left(1 - z^{-1} \right) \cdot \frac{F_W(z)}{\left(1 - z^{-1} \right) N(z)} \right]$$

$$= \lim_{z \to 1} \frac{0,5820 z^{-1} + 0,4180 z^{-2}}{1 + 0,4180 z^{-1}} = 0,7052.$$

Damit wird der stationäre Fehler für $w(t) = t$ zu

$$e_{st} = \frac{1}{K_v} = 1,4180. \qquad\qquad \square$$

Im betrachteten Beispiel wurde gefordert, daß die Regelgröße für sprungförmigen Sollwerteingang eine minimale Einschwingzeit ohne stationären
Fehler aufweist. Außerdem wurde gefordert, daß die Regelgröße nach dem
Verstreichen der Einschwingzeit keine Schwingung mehr aufzeigt. Wenn an
den Regelkreis noch weitere Bedingungen gestellt würden, müßte die Zahl
der Abtastperioden bis zum Erreichen des stationären Zustandes erhöht
werden. Ein System zweiter Ordnung benötigt dann beispielsweise drei oder
mehr Abtastschritte, bevor der stationäre Zustand erreicht ist. Siehe hierzu
folgendes Beispiel.

Beispiel 6.8

In diesem Beispiel bestehen in Analogie zu Beispiel 6.7 dieselben Vorgaben,
jedoch mit einer zusätzlichen Forderung bezüglich der Geschwindigkeitsfeh-
ler-Konstanten K_v. (Aufgrund dieser zusätzlichen Vorgabe wird die Einregelzeit länger als 2 Abtastperioden). Die Übertragungsfunktion der Strecke
lautet wieder

$$F_S(s) = \frac{1}{s(s+1)}.$$

Die Spezifikationen lauten jetzt

- die Regelgröße muß eine endliche Einregelzeit mit verschwindendem
  stationären Fehler für sprungförmigen Sollwert aufzeigen,

- die Regelgröße darf nach Verstreichen der Einregelzeit keine Schwingung mehr aufweisen,

- die Geschwindigkeitsfehlerkonstante K_v soll den Wert $1 \sec^{-1}$ haben,

- die Einregelzeit ist auf dem minimal möglichen Wert zu halten, damit
  obige Forderungen erfüllt werden.

Die Abtastperiode T wird wieder zu 1 Sekunde angenommen. Gesucht ist die Übertragungsfunktion $F_R(z)$ des Reglers, die die gegebenen Spezifikationen erfüllt. Außerdem soll die Regelgröße $y(t)$ für rampenförmigen Sollwert, also $w(t) = t$, untersucht werden.

Die z-Transformierte der Strecke, einschließlich vorgeschaltetem Halteglied, ergibt sich analog zu Beispiel 6.7 zu

$$G(z) = Z\left\{\frac{1-e^{-sT}}{s} \cdot \frac{1}{s(s+1)}\right\}$$

$$= \frac{0,3679\left(1+0,7181z^{-1}\right)z^{-1}}{\left(1-z^{-1}\right)\left(1-0,3679z^{-1}\right)};$$

die Übertragungsfunktion des geschlossenen Regelkreises ist wieder

$$F_W(z) = \frac{Y(z)}{W(z)} = \frac{F_R(z)\cdot G(z)}{1+F_R(z)\cdot G(z)}.$$

Weil die Reihe für $G(z)$ mit dem Term $0,3679z^{-1}$ beginnt, muß auch $F_W(z)$ mit z^{-1} beginnen, das heißt

$$F_W(z) = a_1 z^{-1} + a_2 z^{-2} + \cdots + a_N z^{-N},$$

mit $N \geq n$ und $n = 2$ im vorliegenden Beispiel. Aufgrund der hinzugefügten Forderung (im Vergleich zu Beispiel 6.7) kann $N > 2$ angenommen werden. Dabei soll ein Versuch mit $N = 3$ gestartet werden.

Damit ist

$$F_W(z) = a_1 z^{-1} + a_2 z^{-2} + a_3 z^{-3}; \tag{6.69}$$

im Falle eines nicht zufriedenstellenden Ergebnisses müßte N erhöht werden.

Für den Fall einer sprungförmigen Sollwertänderung muß mit Gleichung (6.55)

$$1 - F_W(z) = \left(1-z^{-1}\right)N(z) \tag{6.70}$$

gelten. Dabei ist zu beachten, daß die Existenz des grenzstabilen Pols bei $z = 1$ in der Übertragungsfunktion $G(z)$ der Strecke eine Nullstelle $z = 1$ in $1 - F_W(z)$ erforderlich macht. Weil jedoch die Funktion $1 - F_W(z)$ sowieso einen Term $\left(1-z^{-1}\right)$ beinhaltet, ist damit die Stabilitätsbedingung erfüllt. Die Forderung für $K_v = 1\,\text{sec}^{-1}$ kann formuliert werden als

$$K_v = \lim_{z \to 1}\left[\frac{1-z^{-1}}{T} \cdot F_R(z)G(z)\right]$$

$$K_v = \lim_{z \to 1}\left[\left(1-z^{-1}\right) \cdot \frac{F_W(z)}{\left(1-z^{-1}\right)N(z)}\right]$$

$$K_v = \frac{F_W(1)}{N(1)} = 1.$$

Mit Gleichung (6.70) und obigem Ergebnis wird $F_W(1) = 1$.

Damit wird

$$K_v = \frac{1}{N(1)} = 1. \tag{6.71}$$

Weil die Regelgröße nach Verstreichen der Ausregelzeit keine Schwingung mehr aufweisen darf, muß die Stellgröße $U(z)$ folgende Form haben:

$$U(z) = b_0 + b_1\, z^{-1} + b_2\, z^{-2} + b\left(z^{-3} + z^{-4} + z^{-5} + \cdots\right).$$

Aufgrund der Tatsache, daß die Übertragungsfunktion $F(s)$ der Strecke integrierendes Verhalten hat, muß $b = 0$ sein.

Damit wird

$$U(z) = b_0 + b_1\, z^{-1} + b_2\, z^{-2}.$$

Außerdem kann gemäß Bild 6.40b die Größe $U(z)$ angeschrieben werden als

$$U(z) = \frac{Y(z)}{G(z)} = \frac{Y(z)}{W(z)} \cdot \frac{W(z)}{G(z)} = F_W(z) \cdot \frac{W(z)}{G(z)}$$

$$= F_W(z) \cdot \frac{1 - 0{,}3679\, z^{-1}}{0{,}3679\left(1 + 0{,}7181 z^{-1}\right)z^{-1}}.$$

Damit $U(z)$ als Potenzreihe in z^{-1} mit drei Termen angeschrieben werden kann, muß $F_W(z)$ folgende Form haben:

$$F_W(z) = \left(1 + 0{,}7181 z^{-1}\right)z^{-1} \cdot F_1(z), \tag{6.72}$$

wobei $F_1(z)$ ein Polynom vom Grad Eins in z^{-1} ist. Damit kann $U(z)$ angeschrieben werden als

$$U(z) = 2{,}7181\left(1 - 0{,}3679 z^{-1}\right)F_1(z).$$

Unter Verwendung der Gleichungen (6.69) und (6.70) wird $\left(1 - F_W(z)\right)$ zu

$$1 - F_W(z) = 1 - a_1 z^{-1} - a_2 z^{-2} - a_3 z^{-3} = \left(1 - z^{-1}\right) N(z).$$

Die Polynomdivision

$$\left(1 - a_1 z^{-1} - a_2 z^{-2} - a_3 z^{-3}\right) : \left(1 - z^{-1}\right)$$

ergibt

$$1 + \left(1 - a_1\right) z^{-1} + \left(1 - a_1 - a_2\right) z^{-2}$$

und den Rest

$$\left(1 - a_1 - a_2 - a_3\right) z^{-3}.$$

Damit ist

$$N(z) = 1 + \left(1 - a_1\right) z^{-1} + \left(1 - a_1 - a_2\right) z^{-2} \tag{6.73}$$

mit verschwindendem Rest, das heißt

$$1 - a_1 - a_2 - a_3 = 0. \tag{6.74}$$

Mit $N(1) = 1$ erhält man aus Gleichung (6.73) und $z^{-1} = 1$

$$2a_1 + a_2 = 2. \tag{6.75}$$

Mit Gleichung (6.72) gilt auch

$$F_W(z) = a_1 z^{-1} + a_2 z^{-2} + a_3 z^{-3} = \left(1 + 0{,}7181 z^{-1}\right) z^{-1} F_1(z),$$

damit ist

$$a_1 + a_2 z^{-1} + a_3 z^{-2} = \left(1 + 0{,}7181 z^{-1}\right) F_1(z).$$

Die Division der linken Seite obiger Gleichung durch $\left(1 + 0{,}7181 z^{-1}\right)$ ergibt den Quotienten

$$\left[a_1 + \left(a_2 - 0{,}7181 a_1\right) z^{-1}\right]$$

und den Divisionsrest

$$\left[a_3 - 0{,}7181\left(a_2 - 0{,}7181 a_1\right)\right] z^{-2}.$$

Setzt man den Quotienten mit $F_1(z)$ gleich und den Divisionsrest zu Null, so erhält man

$$F_1(z) = a_1 + \left(a_2 - 0{,}7181 a_1\right) z^{-1}$$

und

$$a_3 - 0{,}7181\left(a_2 - 0{,}7181 a_1\right) = 0. \tag{6.76}$$

Die Lösung der Gleichungen (6.74), (6.75) und (6.76) ergibt

$$a_1 = 0,8253; \quad a_2 = 0,3494; \quad \text{und} \quad a_3 = -0,1747.$$

Damit wird $F_W(z)$ zu

$$F_W(z) = 0,8253z^{-1} + 0,3494z^{-2} - 0,1747z^{-3}$$

und

$$F_1(z) = 0,8253 - 0,2432z^{-1}.$$

Die Gleichung (6.73) liefert schließlich

$$N(z) = 1 + 0,1747z^{-1} - 0,1747z^{-2} \;.$$

Mit Hilfe der Gleichung (6.57) erhält man die gesuchte Übertragungsfunktion $F_R(z)$ des Reglers zu

$$F_R(z) = \frac{F_W(z)}{G(z)\left(1 - z^{-1}\right) N(z)}$$

$$= \frac{\left(1 + 0,7181z^{-1}\right)z^{-1}\left(0,8253 - 0,2432z^{-1}\right)}{\dfrac{0,3679\left(1 + 0,7181z^{-1}\right)z^{-1}}{\left(1 - z^{-1}\right)\left(1 - 0,3679z^{-1}\right)} \cdot \left(1 - z^{-1}\right)\left(1 + 0,1747z^{-1} - 0,1747z^{-2}\right)}$$

$$= 2,2433 \frac{\left(1 - 0,2947z^{-1}\right)\left(1 - 0,3679z^{-1}\right)}{\left(1 + 0,5144z^{-1}\right)\left(1 - 0,3397z^{-1}\right)}.$$

Mit dem jetzt entworfenen Regler nimmt die Regelgröße bei sprungförmigem Sollwert folgende Form an:

Mit

$$Y(z) = F_W(z) \cdot W(z)$$

$$= \left(0,8253z^{-1} + 0,3494z^{-2} - 0,1747z^{-3}\right) \cdot \frac{1}{1 - z^{-1}}$$

$$= 0,8253z^{-1} + 1,1747z^{-2} + z^{-3} + z^{-4} + \cdots$$

wird

$$y(0) = 0,$$
$$y(1) = 0,8253,$$
$$y(2) = 1,1747,$$
$$y(k) = 1 \quad \text{für} \quad k = 3, 4, 5.$$

Die Regelgröße zeigt für $w(t) = \varepsilon(t)$ eine maximale Überschwingweite von etwa 17,5% auf; die Ausregelzeit beträgt 3 Sekunden. Die Stellgröße $U(z)$ ergibt sich damit zu

$$U(z) = 2,7181\left(1 - 0,3679\,z^{-1}\right)\left(0,8253 - 0,2432\,z^{-1}\right)$$

$$= 2,2432 - 1,4863\,z^{-1} + 0,2432\,z^{-2}.$$

Wie man sieht, wird die Stellgröße $u(k)$ zu Null für $k \geq 3$. Damit existieren auch keine Schwingungen der Regelgröße für $k \geq 3$.

Das folgende Bild zeigt die Regelgröße $y(k)$, die Stellgröße $u(k)$ sowie $u(t)$ als Reaktion auf sprungförmige Sollwertänderung. Außerdem ist festzustellen, daß mit der Annahme $N = 3$, das heißt der Ansatz für $F_W(z)$ gemäß Gleichung (6.69), richtig war.

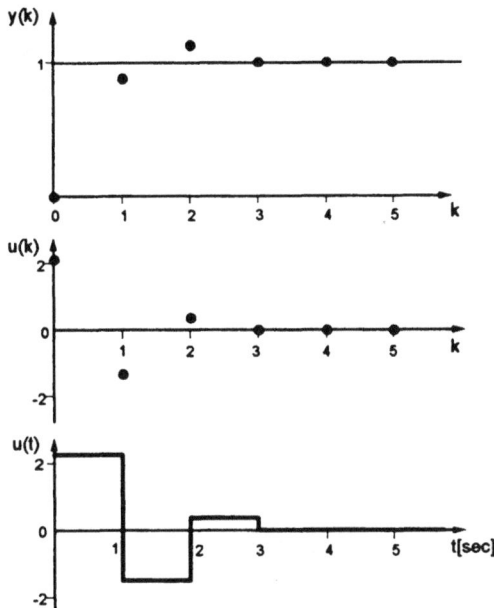

Bild 6.43: Regelgröße und Stellgröße für $w(t) = \varepsilon(t)$

Nun soll das Verhalten der Regelgröße für rampenförmigen Sollwert, das heißt $w(t) = t$, untersucht werden.

Es gilt

$$Y(z) = F_W(z) \cdot W(z)$$

$$= \left(0,8253\,z^{-1} + 0,3494\,z^{-2} - 0,1747\,z^{-3}\right)\frac{z^{-1}}{\left(1-z^{-1}\right)^2}$$

$$= 0,8253\,z^{-2} + 2\,z^{-3} + 3\,z^{-4} + 4\,z^{-5} + \cdots .$$

Die Stellgröße $U(z)$ erhält man aus

$$U(z) = \frac{Y(z)}{G(z)} = \frac{F_W(z)}{G(z)} \cdot W(z) = \frac{F_W(z)}{G(z)} \cdot \frac{1}{1-z^{-1}} \cdot \frac{z^{-1}}{1-z^{-1}}$$

$$= \left(2,2432 - 1,4863\,z^{-1} + 0,2432\,z^{-2}\right) \cdot \frac{z^{-1}}{1-z^{-1}}$$

$$= 2,2432\,z^{-1} + 0,7569\,z^{-2} + z^{-3} + z^{-4} + z^{-5} + \cdots .$$

Wie man sieht, wird das Signal $u(k)$ für $k \geq 3$ konstant (d.h. $b = 1$). Damit zeigt die Regelgröße für $k \geq 3$ keine Schwingung mehr.

Das folgende Bild zeigt die Regelgröße $y(k)$, die Stellgröße $u(k)$ sowie $u(t)$ als Reaktion eines rampenförmigen Sollwerteingangs.

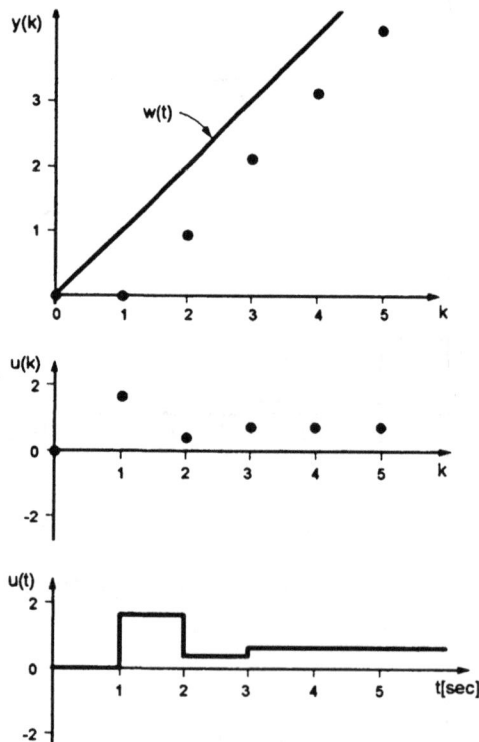

Bild 6.44: Regelgröße $y(k)$ und Stellgröße $u(k)$ bzw. $u(t)$ für $w(t) = t$

Der stationäre Fehler wird jetzt zu

$$e_{st} = \frac{1}{K_v} = 1.$$ ☐

Vergleicht man Beispiel 6.7 und Beispiel 6.8, so ist festzustellen, daß die gestellten Forderungen auf Kosten einer höheren Einschwingzeit beim Beispiel 6.8 erfüllt werden.

Beispiel 6.9

Vorgegeben sei folgender Regelkreis:

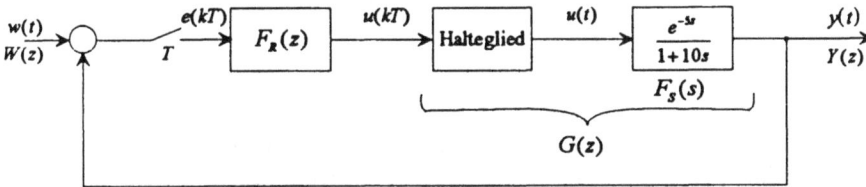

Bild 6.45: Digitaler Regelkreis mit Totzeit

Die Übertragungsfunktion der Strecke beinhaltet jetzt eine Totzeit von $L = 5$ Sekunden. Der gewünschte Ausgang der Regelgröße $y(t)$ als Reaktion auf einen sprungförmigen Sollwerteingang ist im folgenden Bild wiedergegeben.

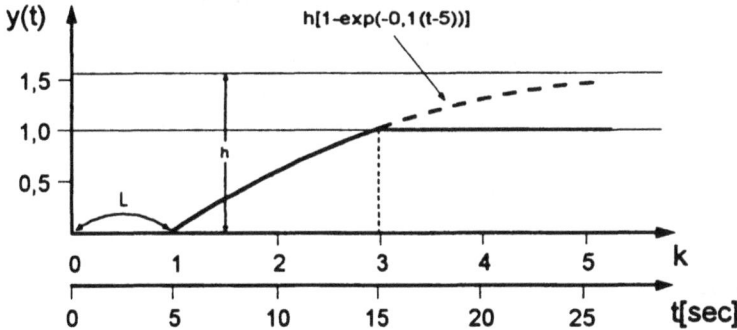

Bild 6.46: Geforderter Verlauf der Regelgröße für $w(t) = \varepsilon(t)$

Die Regelgröße $y(t)$ soll innerhalb 10 Sekunden von Null bis zum Endwert ansteigen. Im stationären Zustand darf die Regelgröße kein Schwingen mehr aufweisen; der stationäre Fehler muß im stationären Zustand verschwinden. Die gesamte Ausregelzeit ist dann 15 Sekunden. Gesucht ist die Übertragungsfunktion $F_R(z)$ des digitalen Reglers.

Lösung

Die Abtastperiode sei (aus Gründen einfacher Darstellung) zu $T = 5\,\mathrm{sec}$ gewählt. Die z-Transformierte der Strecke einschließlich dem vorgeschalteten Halteglied wird damit zu

$$G(z) = Z\left\{\frac{1 - e^{-sT}}{s} \cdot \frac{e^{-5s}}{10s + 1}\right\}$$

$$= \left(1 - z^{-1}\right) \cdot z^{-1} \cdot Z\left\{\frac{1}{s\left(10s + 1\right)}\right\}$$

$$= \frac{0{,}3935\,z^{-2}}{1 - 0{,}6065\,z^{-1}}.$$

Es ist festzuhalten, daß in diesem Beispiel $G(z)$ keinen instabilen oder grenzstabilen Pol beinhaltet. Die Übertragungsfunktion des geschlossenen Regelkreises wird wieder

$$F_W(z) = \frac{F_R(z)\,G(z)}{1 + F_R(z)\,G(z)}. \tag{6.77}$$

Im gegebenen Beispiel ist die Regelgröße $y(t)$ als Reaktion auf einen sprungförmigen Sollwert im Bild 6.46 wiedergegeben. Wegen

$$h\left[1 - e^{-0{,}1(15-5)}\right] = h\left[1 - e^{-1}\right] = 1$$

muß gelten:

$$h = 1{,}5820.$$

Aus obiger Kurve folgt weiter

$$y(0) = 0,$$

$$y(1) = 0,$$

$$y(2) = h\left(1 - e^{-0{,}5}\right) = 1{,}5820 \cdot 0{,}3935 = 0{,}6225,$$

$$y(k) = 1 \quad \text{für } k = 3, 4, 5, \dots.$$

Daraus folgt

$$Y(z) = 0{,}6225\,z^{-2} + z^{-3} + z^{-4} + z^{-5} + \cdots$$

$$= 0{,}6225\,z^{-2} + z^{-3} \cdot \frac{1}{1 - z^{-1}}$$

$$= \frac{0{,}6225\,z^{-2} + 0{,}3775\,z^{-3}}{1 - z^{-1}}.$$

Mit

$$Y(z) = F_W(z)\, W(z) = F_W(z) \cdot \frac{1}{1-z^{-1}} = \frac{0{,}6225\,z^{-2} + 0{,}3775\,z^{-3}}{1-z^{-1}}$$

folgt

$$F_W(z) = 0{,}6225\,z^{-2} + 0{,}3775\,z^{-3} = 0{,}6225\left(1 + 0{,}6065\,z^{-1}\right)z^{-2}.$$

Damit erhält man die diskrete Übertragungsfunktion des Reglers aus Gleichung (6.77) zu

$$F_R(z) = \frac{F_W(z)}{G(z)\left(1 - F_W(z)\right)}.$$

Mit

$$1 - F_W(z) = \left(1 - z^{-1}\right) N(z)$$

oder

$$1 - 0{,}6225\,z^{-2} - 0{,}3775\,z^{-3} = \left(1 - z^{-1}\right) N(z)$$

erhält man durch Dividieren mit $\left(1 - z^{-1}\right)$

$$N(z) = 1 + z^{-1} + 0{,}3775\,z^{-2}.$$

Damit wird

$$1 - F_W(z) = \left(1 - z^{-1}\right)\left(1 + z^{-1} + 0{,}3775\,z^{-2}\right)$$

und damit

$$F_R(z) = \frac{0{,}6225\left(1 + 0{,}6065\,z^{-1}\right)z^{-2}}{\dfrac{0{,}3935\,z^{-2}}{1 - 0{,}6065\,z^{-1}} \cdot \left(1 - z^{-1}\right)\left(1 + z^{-1} + 0{,}3775\,z^{-2}\right)}$$

$$F_R(z) = \frac{1{,}5820\left(1 - 0{,}3678\,z^{-2}\right)}{\left(1 - z^{-1}\right)\left(1 + z^{-1} + 0{,}3775\,z^{-2}\right)}.$$

Weil die Regelgröße $y(t)$ für $t \geq 15\,\text{sec}$ konstant Eins sein muß, wird $u(t)$ konstant, sobald der stationäre Zustand erreicht ist.

Mit

$$U(z) = \frac{Y(z)}{G(z)} = \frac{0{,}6225\,z^{-2} + 0{,}3775\,z^{-3}}{\left(1 - z^{-1}\right) \cdot \dfrac{0{,}3935\,z^{-2}}{1 - 0{,}6065\,z^{-1}}} = 1{,}5820 \cdot \frac{1 - 0{,}3678\,z^{-2}}{1 - z^{-1}}$$

bzw.

$$U(z) = 1,5820 + 1,5820 z^{-1} + z^{-2} + z^{-3} + z^{-4} + \cdots$$

stellt man durch Rücktransformation in den diskreten Zeitbereich fest, daß die Reihe für $u(k)$ für $k \geq 2$ konstante Werte annehmen muß.

Folgendes Bild zeigt schließlich die Stellgröße $u(t)$, wodurch obige Aussage bestätigt wird.

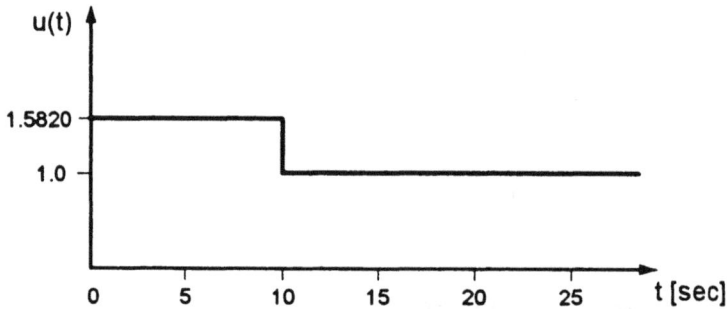

Bild 6.47: Stellgröße $u(t)$ für $w(t) = \varepsilon(t)$

6.7   Zur Wahl der Abtastrate

Dem aufmerksamen Leser ist sicher aufgefallen, daß in fast sämtlichen Beispielen der vorangegangenen Kapitel eine ganz bestimmte Abtastperiode kommentarlos festgelegt wurde, ohne eine Begründung zu liefern, warum gerade diese Abtastzeit gewählt wird. Die Wahl der Abtastrate digitaler Regelkreise ist zunächst immer ein Kompromiß zwischen dem mechanischen Aufwand und der Qualität der Regelung.

Eine kleine Abtastrate bedeutet, daß dem Regelalgorithmus relativ viel Zeit zur Berechnung der Stellgröße zur Verfügung steht; somit können langsamere Computer und langsame A/D- bzw. D/A-Converter eingesetzt werden, was sich natürlich unmittelbar in den Anschaffungskosten auswirkt.

Eine hohe Abtastrate erfordert in den meisten Fällen eine große Wortlänge, was ebenso zur Kostensteigerung beiträgt. Diese Argumente legen die Vermutung nahe, daß in entsprechenden Fällen eine möglichst niedrige Abtastrate zu wählen ist. Wenn man sich andererseits für eine möglichst hohe Abtastrate entscheidet, hat dies zur Konsequenz, daß die Welligkeit der Regelgröße mit zunehmender Abtastrate kleiner wird. In entsprechend günstigen Fällen erreicht die digitale Regelung eine Qualität, die durchaus mit der analogen Regelung vergleichbar ist. Dieser Vorteil wird allerdings nur durch einen erhöhten Kostenaufwand erreicht.

6.7.1 Der Mindestwert der Abtastperiode

Die absolute untere Grenze der Abtastrate basiert auf dem Shannon'schen Abtasttheorem, das bereits im Kapitel 4.3 angesprochen wurde. Im Abtasttheorem kommt zum Ausdruck, daß zur eindeutigen Rekonstruktion eines unbekannten kontinuierlichen Signals eine Abtastrate gewählt werden muß, die mindestens doppelt so groß ist als die höchste in diesem Signal auftretende Frequenzkomponente. Wenn also für die Regelgröße eine bestimmte Bandbreite ω_b gefordert wird, so hat dies zur Konsequenz, daß die Abtastrate ω_s mindestens doppelt so groß wie die geforderte Bandbreite gewählt werden muß, das heißt

$$\frac{\omega_s}{\omega_b} > 2. \tag{6.78}$$

Für den Fall einer gemäß obiger Gleichung zu klein gewählten Abtastrate tritt das bereits bekannte Aliasing-Phänomen auf. Das Ergebnis wäre eine instabile Regelung oder zumindest eine bemerkenswert schlechtere Dynamik als gefordert.

6.7.2 Zeitverhalten und Welligkeit der Regelgröße

Die Gleichung (6.78) stellt eine grundsätzliche untere Grenze der Abtastrate dar. In praktischen Anwendungsfällen würde jedoch eine solch niedrige Abtastrate ein nicht akzeptables Zeitverhalten der Regelgröße nach sich ziehen. Wenn beispielsweise eine Anstiegszeit der Regelgröße von einer Sekunde gefordert wird (entsprechend einer Bandbreite ω_b des geschlossenen Regelkreises von etwa 0,5 Hz), so hat sich im Interesse einer nicht zu großen Welligkeit der Regelgröße und begrenzter Stellenergie eine Abtastrate zwischen 3 Hz und 20 Hz bewährt.

Somit ist als pauschale Regel ein Verhältnis zwischen Bandbreite und Abtastrate von

$$6 < \frac{\omega_s}{\omega_b} < 40 \tag{6.79}$$

empfehlenswert.

Natürlich hängt die zulässige Welligkeit vom jeweiligen Anwendungsfall ab und ist darüber hinaus eine höchst subjektive Frage. Die Stellgrößen für einen Elektromotor dürfen relativ große Diskontinuitäten aufweisen, während

für hydraulische Stellglieder (aufgrund der großen Viskosität) große Signal-
sprünge möglichst zu vermeiden sind.

In Ergänzung zur Welligkeit der Stell- und Regelgrößen besteht in vielen
Fällen ein Interesse an einer möglichst geringen Verzugszeit zwischen einer
Sollwertänderung und der daraus resultierenden Änderung der Regelgröße.
Für Regelkreise mit manuell vorzugebendem Sollwert sollte im Hinblick auf
eine möglichst geringe Reaktionszeit die Abtastperiode nur einen Bruchteil
der Anstiegszeit ausmachen. Wenn man pauschal davon ausgeht, daß der
zeitliche Verzug höchstfalls 10% der spezifizierten Anstiegszeit erreichen
darf, so sollte ein Erfahrungswert von

$$\frac{\omega_s}{\omega_b} \geq 20 \qquad\qquad\qquad\qquad (6.80)$$

eingehalten werden.

Schließlich kann noch die Situation gegeben sein, daß das Meßsignal mehr
oder weniger stark verrauscht ist. Damit der Anwender zur Selektion des
Originalsignals nicht gezwungen ist, eine entsprechend hohe Abtastrate zu
wählen, ist es empfehlenswert, vor den Abtaster ein sogenanntes Anti-
Aliasing-Filter (Tiefpaß mit Verstärkung 1) einzubauen, um die hochfre-
quenten Oberwellen wegzufiltern.

Anhang

A   Partialbruchzerlegung

Der Übergang von einer gegebenen Übertragungsfunktion $F(s)$ zu der dazu korrespondierenden Zeitfunktion $f(t)$ wird als Inverse Transformation oder Rücktransformation in den Originalbereich bezeichnet. Abgesehen von der Lösung des Laplace-Integrals

$$f(t) = \frac{1}{2j\pi} \int_{\varsigma - j\infty}^{\varsigma + j\infty} F(s)\, e^{st}\, ds = \mathcal{L}^{-1}\left[F(s)\right]$$

existieren im wesentlichen zwei Möglichkeiten zur Auffindung der Originalfunktion:

  a) die Verwendung von Korrespondenztabellen

  b) die Methode der Partialbruchzerlegung.

In diesem Kapitel soll die Partialbruchzerlegung erläutert werden. Die meisten Bildfunktionen sind bei regelungstechnischen Anwendungen echt gebrochen rationale Funktionen

$$F(s) = \frac{Z(s)}{N(s)} = \frac{b_0 + b_1 s + b_2 s^2 + \cdots + b_m s^m}{a_0 + a_1 s + a_2 s^2 + \cdots + a_n s^n} \quad (n > m)$$

der Variablen s.

Das Zählerpolynom $Z(s)$ und das Nennerpolynom $N(s)$ sind je ganze rationale Funktionen, also Polynome vom Grad n bzw. m, wobei der Grad des Zählers kleiner als der Grad des Nenners ist. Die Koeffizienten a_i und b_i sind reelle Zahlen. Die Bestimmung der Pole der Bildfunktion besteht in der Lösung der charakteristischen Gleichung

$$a_0 + a_1 s + a_2 s^2 + \cdots + a_n s^n = 0.$$

(Zur Berechnung der Lösungen der charakteristischen Gleichung sind für $n > 2$ meist Näherungsverfahren heranzuziehen.)

Wenn nun die Nullstellen des Nenners, also die Pole der Übertragungsfunktion $F(s)$ bekannt sind, kann der Nenner $N(s)$ als Produkt von Linearfaktoren

$$N(s) = a_n\left(s - s_{P_1}\right)\left(s - s_{P_2}\right) \cdots \left(s - s_{P_n}\right)$$

dargestellt werden. Damit kann jetzt die Bildfunktion angeschrieben werden als

$$F(s) = \frac{Z(s)}{a_n\left(s - s_{P_1}\right)\left(s - s_{P_2}\right) \cdots \left(s - s_{P_n}\right)}.$$

Die zu $F(s)$ inverse Laplace-Transformierte $f(t)$ soll nun dadurch ermittelt werden, daß die Bildfunktion $F(s)$ in möglichst einfache Teilbrüche zerlegt wird und diese gliedweise in den Originalbereich transformiert werden. Dabei ergeben sich je nach der Art der Pole von $F(s)$ folgende Fälle.

A.1 Bildfunktion mit einfachen reellen Polen

In dem hier betrachteten Fall entstehen n Partialbrüche mit den Teilnennern

$$\left(s - s_{P_1}\right), \left(s - s_{P_2}\right), \ldots, \left(s - s_{P_n}\right).$$

Da die Bildfunktion $F(s)$ als echt gebrochen rational vorausgesetzt wird, müssen auch alle Teilbrüche echt gebrochen rational sein. Die Zähler der Teilbrüche sind deshalb konstante Zahlen. Die Partialbruchzerlegung hat die Form

$$F(s) = \frac{c_1}{s - s_{P_1}} + \frac{c_2}{s - s_{P_2}} + \cdots + \frac{c_k}{s - s_{P_k}} + \cdots + \frac{c_n}{s - s_{P_n}}. \tag{A.1}$$

Multipliziert man obige Gleichung mit $\left(s - s_{P_k}\right)$, so erhält man

$$\left(s - s_{P_k}\right)F(s) = \frac{c_1\left(s - s_{P_k}\right)}{s - s_{P_1}} + \cdots + c_k + \cdots + \frac{c_n\left(s - s_{P_k}\right)}{s - s_{P_n}}.$$

Setzt man in diesen Ausdruck für s den Wert s_{P_k} ein, so folgt

$$c_k = \left(s - s_{P_k}\right)F(s)\Big|_{s = s_{P_k}}. \tag{A.2}$$

(Die Konstante c_k sind die Residuen der Bildfunktion $F(s)$ an den Polstellen s_{P_k}.)

Mit $F(s) = \dfrac{Z(s)}{N(s)}$ läßt sich die Gleichung (A.2) umformen in

$$c_k = \left. \frac{Z(s)}{N(s) / \left(s - s_{p_k}\right)} \right|_{s = s_{p_k}} \qquad\qquad (A.3)$$

Der Ausdruck

$$\left. \frac{N(s)}{s - s_{p_k}} \right|_{s = s_{p_k}} = \lim_{s \to s_{p_k}} \frac{N(s)}{s - s_{p_k}}$$

ist von unbestimmter Form $0/0$. Wendet man die L'Hospital'sche Regel an, so erhält man

$$\lim_{s \to s_{p_k}} \frac{N(s)}{s - s_{p_k}} = \lim_{s \to s_{p_k}} \frac{dN(s)/ds}{1} = \left. \frac{dN(s)}{ds} \right|_{s = s_{p_k}}$$

Damit geht die Gleichung (A.3) über in

$$c_k = \left. \frac{Z(s)}{dN(s)/ds} \right|_{s = s_{p_k}} \qquad\qquad (A.4)$$

Die Gleichung (A.4) ist in manchen Fällen zur Berechnung der Koeffizienten c_k leichter zu handhaben als Gleichung (A.2).

Allgemein läßt sich feststellen: Ist die Bildfunktion $F(s)$ eine echt gebrochen rationale Funktion mit nur einfachen reellen Polstellen, so folgt aus der Korrespondenz

$$\frac{c_k}{s - s_{p_k}} \quad \bullet\!\!-\!\!-\!\!\circ \quad c_k \cdot e^{s_{p_k} t}$$

für die Originalfunktion

$$f(t) = \sum_{k=1}^{n} c_k \cdot e^{s_{p_k} t} \ .$$

(Diese Aussage wird auch als Heaviside'scher Entwicklungssatz bezeichnet).

Beispiel A.1:

Für die Übertragungsfunktion

$$F(s) = \frac{s+3}{(s+1)(s+2)}$$

ist die inverse Funktion $f(t)$ gesucht.

Lösung:

Die Partialbruchzerlegung von $F(s)$ lautet

$$F(s) = \frac{s+3}{(s+1)(s+2)} = \frac{c_1}{s+1} + \frac{c_2}{s+2};$$

die Koeffizienten c_1 und c_2 ergeben sich mit Gleichung (A.2) zu

$$c_1 = \left[(s+1) \cdot \frac{s+3}{(s+1)(s+2)} \right]_{s=-1} = \left[\frac{s+3}{s+2} \right]_{s=-1} = 2;$$

$$c_2 = \left[(s+2) \cdot \frac{s+3}{(s+1)(s+2)} \right]_{s=-2} = \left[\frac{s+3}{s+1} \right]_{s=-2} = -1.$$

Damit wird

$$f(t) = \mathcal{L}^{-1}[F(s)]$$

zu

$$f(t) = \mathcal{L}^{-1}\left[\frac{2}{s+1} \right] + \mathcal{L}^{-1}\left[\frac{-1}{s+2} \right] = 2e^{-t} + e^{-2t} \quad \text{mit } t \geq 0. \qquad \square$$

Beispiel A.2:

Zur Übertragungsfunktion

$$F(s) = \frac{s^3 + 5s^2 + 9s + 7}{(s+1)(s+2)}$$

ist die Originalfunktion $f(t)$ zu bestimmen.

Lösung

Weil der Zählergrad höher als der Nennergrad ist, muß zunächst eine Polynomdivision durchgeführt werden. Dann wird

$$F(s) = s + 2 + \frac{s+3}{(s+1)(s+2)}.$$

Die Laplace-Transformierte der Impulsfunktion $\delta(t)$ ist 1 und die Laplace-Transformierte von $d\delta(t)/dt$ ist s. Der dritte Term der rechten Seite von $F(s)$ entspricht der gegebenen Übertragungsfunktion des ersten Beispiels.

Damit wird die inverse Laplace-Transformierte zu

$$f(t) = \frac{d\delta(t)}{dt} + 2 \cdot \delta(t) + 2 \cdot e^{-t} - e^{-2t}$$

mit $t \geq 0$. $\qquad\qquad\qquad\qquad\qquad\qquad\qquad\qquad$ □

Beispiel A.3:

Gesucht ist die inverse Laplace-Transformierte zu

$$F(s) = \frac{2s + 12}{s^2 + 2s + 5}.$$

Lösung:

Das Nennerpolynom lautet in der faktorisierten Form

$$s^2 + 2s + 5 = (s + 1 + j2)(s + 1 - j2).$$

Wenn die Funktion $F(s)$ ein Paar konjugiert komplexer Pole enthält, ist es günstiger, $F(s)$ nicht in Partialbrüche zu zerlegen, sondern in eine Summe aus einer gedämpften Sinus- und Kosinusfunktion.

Mit

$$s^2 + 2s + 5 = (s + 1)^2 + 2^2$$

und

$$\mathcal{L}\left[e^{-\alpha t} \cdot \sin \omega t\right] = \frac{\omega}{(s + \alpha)^2 + \omega^2},$$

$$\mathcal{L}\left[e^{-\alpha t} \cdot \cos \omega t\right] = \frac{s + \alpha}{(s + \alpha)^2 + \omega^2}.$$

kann die gegebene Übertragungsfunktion $F(s)$ als Summe einer gedämpften Sinusfunktion und einer gedämpften Kosinusfunktion angeschrieben werden:

$$F(s) = \frac{2s + 12}{s^2 + 2s + 5} = \frac{10 + 2(s + 1)}{(s + 1)^2 + 2^2} =$$

$$= 5 \cdot \frac{2}{(s + 1)^2 + 2^2} + 2 \cdot \frac{s + 1}{(s + 1)^2 + 2^2}.$$

Damit wird

$$f(t) = \mathcal{L}^{-1}\left[F(s)\right], \text{d. h.}$$

$$f(t) = 5 \cdot \mathcal{L}^{-1}\left[\frac{2}{(s+1)^2 + 2^2}\right] + 2 \cdot \mathcal{L}^{-1}\left[\frac{s+1}{(s+1)^2 + 2^2}\right],$$

$$f(t) = 5 \cdot e^{-t} \cdot \sin 2t + 2 \cdot e^{-t} \cdot \cos 2t; \quad t \ge 0. \qquad \Box$$

A.2 Bildfunktion mit mehrfachen reellen Polen

Es sei s_i eine k-fache reelle Polstelle der Bildfunktion $F(s)$. Um die durch eine k-fache Polstelle bedingten Partialbrüche zu erhalten, wollen wir uns zunächst mit einer echt gebrochen rationalen Bildfunktion

$$F_1(s) = \frac{Z_1(s)}{N_1(s)} = \frac{Z_1(s)}{(s - s_i)^k}$$

beschäftigen, deren Nenner nur eine k-fache Nullstelle für $s = s_i$ hat.

Der Zähler $Z_1(s)$, dessen Grad höchstens $k-1$ ist, kann mit der Formel einer Taylor-Reihe nach Potenzen von $s - s_i$ entwickelt werden.

Daraus ergibt sich die Darstellung

$$F_1(s) = \frac{B_1(s - s_i)^{k-1} + B_2(s - s_i)^{k-2} + \cdots + B_k}{(s - s_i)^k},$$

$$F_1(s) = \frac{B_k}{(s - s_i)^k} + \frac{B_{k-1}}{(s - s_i)^{k-1}} + \cdots + \frac{B_1}{(s - s_i)}.$$

Die Funktion $F_1(s)$ kann demnach in k Teilbrüche zerlegt werden, deren Nenner die Potenzen $(s - s_i)^k, (s - s_i)^{k-1}, \ldots, (s - s_i)$ und deren Zähler die Konstanten $B_k, B_{k-1}, \ldots, B_1$ sind.

Betrachten wir nund die allgemeine Funktion

$$F(s) = \frac{Z(s)}{(s - s_i)^k \cdot R(s)},$$

die ebenfalls eine k-fache Nullstelle bei $s = s_i$ im Nenner hat. Für diese Funktion ergibt sich die Partialbruchzerlegung zu

$$F(s) = \frac{B_k}{\left(s - s_i\right)^k} + \cdots + \frac{B_1}{\left(s - s_i\right)} + P(s). \tag{A.5}$$

Dabei ist $P(s)$ die Summe der Partialbrüche, die aus den restlichen Polstellen der Funktion $F(s)$, d.h. aus den Nullstellen der Funktion $R(s)$ resultieren. Sind diese alle einfach und reell, so ist

$$P(s) = \sum_{l=1}^{n-k} \frac{A_l}{s - s_l}.$$

Multipliziert man die Gleichung (A.5) mit $\left(s - s_i\right)^k$, so folgt daraus

$$\left(s - s_i\right)^k \cdot F(s) = B_k + B_{k-1}\left(s - s_i\right) + \cdots$$
$$\cdots + B_1\left(s - s_i\right)^{k-1} + \left(s - s_i\right)^k P(s).$$

Für $s = s_i$ erhält man

$$B_k = \left(s - s_i\right)^k \cdot F(s)\Big|_{s=s_i} \tag{A.6}$$

Bildet man die erste Ableitung

$$\frac{d\left\{\left(s - s_i\right)^k \cdot F(s)\right\}}{ds} = B_{k-1} + 2B_{k-2}\left(s - s_i\right) + 3B_{k-3}\left(s - s_i\right)^2 +$$
$$\cdots + (k-1)B_1\left(s - s_i\right)^{k-2} + \frac{d}{ds}\left\{\left(s - s_i\right)^k P(s)\right\}$$

und setzt $s = s_i$, so ergibt sich

$$B_{k-1} = \frac{d}{ds}\left\{\left(s - s_i\right)^k F(s)\right\}\Big|_{s=s_i}. \tag{A.7}$$

Bildet man die weiteren Ableitungen von $\left(s - s_i\right)^k \cdot F(s)$ und setzt jeweils für s den Wert s_i ein, so können auch die restlichen Koeffizienten $B_{k-2}, B_{k-3}, \ldots, B_1$ berechnet werden.

Somit erhält man allgemein

$$B_{k-r} = \frac{1}{r!} \cdot \frac{d^r}{ds^r}\left\{\left(s - s_i\right)^k F(s)\right\}\Big|_{s=s_i} \tag{A.8}$$

Aus der Korrespondenz

$$\frac{1}{s^n} \quad \bullet\!\!-\!\!\circ \quad \frac{t^{n-1}}{(n-1)!}$$

folgt unter Beachtung des Dämpfungssatzes

$$\frac{1}{\left(s-s_i\right)^n} \quad \bullet\!\!-\!\!\circ \quad \frac{t^{n-1}}{(n-1)!} \cdot e^{s_i t}.$$

Damit gilt:

Hat eine echt gebrochen rationale Bildfunktion $F(s)$ eine k-fache Polstelle s_i, so enthält die zugehörige Originalfunktion $f(t)$ wegen

$$\frac{B_m}{\left(s-s_i\right)^m} \quad \bullet\!\!-\!\!\circ \quad \frac{B_m \cdot t^{m-1}}{(m-1)!} \cdot e^{s_i t} \qquad\qquad (A.9)$$

das Glied

$$e^{s_i t} = \sum_{m=1}^{k} B_m \cdot \frac{t^{m-1}}{(m-1)!}.$$

Beispiel A.4:

Zur gegebenen Bildfunktion

$$F(s) = \frac{s^2 + 2s + 3}{(s+1)^3}$$

soll die zugehörige Originalfunktion $f(t)$ berechnet werden. Die Partial-bruchzerlegung der gegebenen Bildfunktion lautet

$$F(s) = \frac{Z(s)}{N(s)} = \frac{b_3}{(s+1)^3} + \frac{b_2}{(s+1)^2} + \frac{b_1}{s+1},$$

wobei b_3, b_2 und b_1 über folgende Art ermittelt werden:

Multipliziert man beide Seiten der letzten Gleichung mit $(s+1)^3$, so erhält man

$$(s+1)^3 \frac{Z(s)}{N(s)} = b_3 + b_2(s+1) + b_1(s+1)^2. \qquad\qquad (A.10)$$

Für $s = -1$ wird diese Gleichung zu

$$(s+1)^3 \frac{Z(s)}{N(s)}\bigg|_{s=-1} = b_3.$$

Differenziert man beide Seiten der Gleichung (A.10) nach s, so folgt

$$\frac{d}{ds}\left\{(s+1)^3 \frac{Z(s)}{N(s)}\right\}\bigg|_{s=-1} = b_2 + 2b_1(s+1) = b_2$$

für $s = -1$ und

$$\frac{d^2}{ds^2}\left\{(s+1)^3\,\frac{Z(s)}{N(s)}\right\}\bigg|_{s=-1} = 2b_1\,.$$

Aus dieser Vorgehensweise ist zu sehen, daß sich die Koeffizienten b_1, b_2 und b_3 wie folgt der Reihe nach ergeben:

$$b_3 = (s+1)^3\,\frac{Z(s)}{N(s)}\bigg|_{s=-1} = (s^2 + 2s + 3) = 2\,;$$

$$b_2 = \frac{d}{ds}\left\{(s+1)^3\,\frac{Z(s)}{N(s)}\right\} = \frac{d}{ds}(s^2 + 2s + 3) = (2s + 2)\big|_{s=-1} = 0\,;$$

$$b_1 = \frac{1}{2!}\cdot\frac{d^2}{ds^2}\left\{(s+1)^3\,\frac{Z(s)}{N(s)}\right\}\bigg|_{s=-1} =$$

$$= \frac{1}{2!}\cdot\frac{d^2}{ds^2}(s^2 + 2s + 3)\bigg|_{s=-1} = \frac{1}{2}\cdot 2 = 1.$$

Damit erhält man die Originalfunktion

$$f(t) = \mathcal{L}^{-1}\,[F(s)]$$

zu

$$f(t) = \mathcal{L}^{-1}\left[\frac{2}{(s+1)^3}\right] + \mathcal{L}^{-1}\left[\frac{0}{(s+1)^2}\right] + \mathcal{L}^{-1}\left[\frac{1}{s+1}\right],$$

$$f(t) = t^2 e^{-t} + 0 + e^{-t}$$

bzw.

$$f(t) = (t^2 + 1)e^{-t}$$

mit $t \geq 0$. $\square$

Beispiel A.5:

Zur Bildfunktion

$$F(s) = \frac{s^2 - s - 3}{(s+1)(s+2)^2}$$

soll die Originalfunktion $f(t)$ berechnet werden.

Lösung

Diese Bildfunktion hat außer der zweifachen Polstelle $s = -2$ noch eine einfache Polstelle $s = -1$. Die Partialbruchzerlegung lautet daher zunächst

$$F(s) = \frac{s^2 - s - 3}{(s+1)(s+2)^2} = \frac{a_1}{s+1} + \frac{b_2}{(s+2)^2} + \frac{b_1}{s+2}.$$

Die Zählerkoeffizienten der Partialbrüche könnten mit Gleichung (A.2) sowie Gleichung (A.8) berechnet werden. In diesem Beispiel soll jedoch ein anderer Weg beschritten werden. Multipliziert man obige Gleichung mit dem Hauptnenner $N(s) = (s+1)(s+2)^2$, so erhält man

$$s^2 - s - 3 = a_1 (s+2)^2 + b_2 (s+1) + b_1 (s+1)(s+2).$$

Setzt man in diese Gleichung "günstige" s-Werte ein, so erhält man für

$$s = -1: \quad -1 = a_1; \qquad a_1 = -1;$$
$$s = -2: \quad 3 = -b_2; \qquad b_2 = -3;$$
$$s = 0: \quad -3 = -4 - 3 + 2b_1; \quad b_1 = 2.$$

Damit wird

$$F(s) = -\frac{1}{s+1} - \frac{3}{(s+2)^2} + \frac{2}{s+2}.$$

Die gesuchte Originalfunktion wird damit zu

$$f(t) = -e^{-t} - 3t \cdot e^{-2t} + 2e^{-2t}. \qquad \qquad \square$$

A.3 Bildfunktion mit einfachen komplexen Polen

Wir wollen uns hier auf einfache komplexe Pole beschränken, weil mehrfache komplexe Pole zu Teilbrüchen führen, deren Transformation in den Zeitbereich mit den üblichen Transformationsregeln und Korrespondenzen nicht möglich ist. Die Transformation der von mehreren komplexen Polen bedingten Teilbrüche in den Zeitbereich wird vorwiegend nur mit Hilfe der Residuenmethode gelöst, die jedoch hier nicht aufgenommen werden soll.

Die Koeffizienten der echt gebrochen rationalen Bildfunktion $F(s)$ werden als reell voraus-gesetzt. Daher treten komplexe Pole stets als konjugiert komplexe Polstellen auf.

Theorem:

a) Hat die echt gebrochen rationale Bildfunktion $F(s)$ die einfachen komplexen Pole $s_0 = a + jb$ und $s_0^* = a - jb$, so gilt die folgende Partialbruchzerlegung

$$F(s) = \frac{C_1 s + C_2}{s^2 - 2as + a^2 + b^2}.$$

b) Ein Paar von einfachen, konjugiert komplexen Polstellen an den Stellen $s_0 = a + jb$ und $s_0^* = a - jb$ korrespondiert mit der Zeitfunktion

$$f(t) = e^{at}\left[C_1 \cdot \cos(bt) + \frac{C_2 + aC_1}{b} \cdot \sin(bt) \right].$$

Beweis:

Für die Bildfunktion gilt

$$F(s) = \frac{Z(s)}{(s - s_0)(s - s_0^*)}.$$

Da einfache komplexe Pole formal genauso behandelt werden können wie einfache reelle Pole, erhält man die Zerlegung

$$F(s) = \frac{A_1}{s - (a + jb)} + \frac{A_2}{s - (a - jb)}.$$

Die Berechnung der Koeffizienten A_1 und A_2 kann wie bei einfachen reellen Polen durchgeführt werden. Dabei zeigt sich, daß A_1 und A_2 konjugiert komplexe Zahlen sind. Faßt man die beiden Teilbrüche auf einen Nenner zusammen, um im Bereich der reellen Zahlen zu bleiben, so ergibt sich die Aussage des zu beweisenden Satzes.

c) Für den durch das Paar konjugiert komplexer Pole bedingten Bruch gilt

$$F(s) = \frac{C_1 s + C_2}{(s - a)^2 + b^2} = \frac{C_1(s - a)}{(s - a)^2 + b^2} + \frac{C_2 + aC_1}{(s - a)^2 + b^2}.$$

Mit den Korrespondenzen für die Sinus- und Kosinusfunktion und dem Dämpfungssatz folgt die zu beweisende Aussage.

Da die in Anwendungsaufgaben auftretenden komplexen Pole in der Regel negative Realteile haben, bedingt ein Paar von einfachen konjugiert komplexen Polen eine gedämpfte Schwingung im Zeitbereich.

Beispiel A.6:

Zur Bildfunktion

$$F(s) = \frac{2s + 12}{s^2 + 2s + 5}$$

soll die zugehörige Zeitfunktion $f(t)$ berechnet werden.

Lösung:

Die Lösungen der charakteristischen Gleichung

$$s^2 + 2s + 5 = 0$$

ergeben sich zu

$$s_{1/2} = -1 \pm j2.$$

Damit lautet das Nennerpolynom in der faktorisierten Form

$$s^2 + 2s + 5 = (s + 1 + j2)(s + 1 - j2) = (s + 1)^2 + 2^2.$$

Weil das Nennerpolynom ein Paar konjugiert komplexer Pole aufweist wird $F(s)$ in eine Summe gedämpfter Sinus- und Kosinusfunktionen aufgespalten.

Wegen

$$\mathcal{L}^{-1}\left[\frac{\omega}{(s + \alpha)^2 + \omega^2}\right] = e^{-\alpha t} \cdot \sin(\omega t)$$

und

$$\mathcal{L}^{-1}\left[\frac{s + \alpha}{(s + \alpha)^2 + \omega^2}\right] = e^{-\alpha t} \cdot \cos(\omega t)$$

kann $F(s)$ in eine gedämpfte Sinus- bzw. Kosinusfunktion zerlegt werden.

$$F(s) = \frac{2s + 12}{s^2 + 2s + 5} = \frac{10 + 2(s + 1)}{(s + 1)^2 + 2^2},$$

$$F(s) = 5 \cdot \frac{2}{(s + 1)^2 + 2^2} + 2 \cdot \frac{s + 1}{(s + 1)^2 + 2^2}.$$

Damit wird die gesuchte Zeitfunktion

$$f(t) = \mathcal{L}^{-1}[F(s)]$$

zu

$$f(t) = 5 \cdot \mathcal{L}^{-1}\left[\frac{2}{(s+1)^2 + 2^2}\right] + 2 \cdot \mathcal{L}^{-1}\left[\frac{s+1}{(s+1)^2 + 2^2}\right],$$

$$f(t) = 5e^{-t} \cdot \sin(2t) + 2e^{-t} \cdot \cos(2t); \quad (t \geq 0).$$

□

Beispiel A.7:

Zur gegebenen Bildfunktion

$$F(s) = \frac{4s^2 + 25s + 45}{(s+1)(s^2 + 6s + 13)}$$

ist die zugehörige Zeitfunktion $f(t)$ zu bestimmen.

Lösung:

Die Bildfunktion hat einen einfachen reellen Pol bei $s_1 = -1$ und ein Paar konjugiert komplexer Pole $s_2 = -3 + j2$ sowie $s_3 = -3 - j2$. Die Partialbruchzerlegung lautet somit

$$F(s) = \frac{A_1}{s+1} + \frac{C_1 s + C_2}{s^2 + 6s + 13}.$$

Multipliziert man diesen Ansatz mit dem Nenner

$$N(s) = (s+1)(s^2 + 6s + 13),$$

so erhält man

$$4s^2 + 25s + 45 = A_1(s^2 + 6s + 13) + (C_1 s + C_2)(s+1)$$

mit

$$s = -1: \quad 24 = 8A_1; \qquad\qquad A_1 = 3;$$
$$s = 0: \quad 45 = 39 + C_2; \qquad\qquad C_2 = 6;$$
$$s = 1: \quad 74 = 60 + (C_1 + 6) \cdot 2; \qquad C_1 = 1.$$

Aus der in Partialbrüche zerlegten Bildfunktion

$$F(s) = \frac{3}{s+1} + \frac{s+6}{s^2 + 6s + 13},$$

$$F(s) = \frac{3}{s+1} + \frac{s+3}{(s+3)^2 + 2^2} + \frac{3}{2} \cdot \frac{2}{(s+3)^2 + 2^2}$$

erhält man die zugehörige Zeitfunktion zu

$$f(t) = 3e^{-t} + e^{-3t}[\cos(2t) + 1{,}5 \cdot \sin(2t)].$$

□

Beispiel A.8:

Man berechne die Originalfunktion $f(t)$ zur gegebenen Bildfunktion

$$F(s) = \frac{s^2 + 2s + 3}{\left(s^2 + 2s + 2\right)\left(s^2 + 2s + 5\right)}.$$

Lösung:

Diese Bildfunktion besitzt zwei Paare konjugiert komplexer Pole. Der Ansatz zur Partialbruchzerlegung lautet somit

$$F(s) = \frac{As + B}{\left(s^2 + 2s + 2\right)} + \frac{Cs + D}{\left(s^2 + 2s + 5\right)}.$$

Multipliziert man diesen Ansatz mit dem Nenner

$$N(s) = \left(s^2 + 2s + 2\right)\left(s^2 + 2s + 5\right),$$

so ergibt sich die Identität

$$\left(s^2 + 2s + 3\right) = (As + B)\left(s^2 + 2s + 5\right) + (Cs + D)\left(s^2 + 2s + 2\right).$$

Durch Einsetzen von vier möglichst einfachen s-Werten (siehe Beispiel A.7) erhält man

$$A = 0, \quad B = 1/3, \quad C = 0, \quad D = 2/3.$$

Damit gilt für die Bildfunktion die Partialbruchzerlegung

$$F(s) = \frac{1}{3} \cdot \frac{1}{(s+1)^2 + 1} + \frac{1}{3} \cdot \frac{2}{(s+1)^2 + 2^2}.$$

Somit lautet die gesuchte Zeitfunktion

$$f(t) = \frac{1}{3} e^{-t} \left[\sin(t) + \sin(2t)\right].$$

B   Tabelle der z-Transformierten häufig auftretender Funktionen

In der folgenden Tabelle ist $F(s)$ die zur Zeitfunktion $f(t)$ korrespondierende Laplace-Transformierte. $F(z)$ ist die z-Transformierte der diskreten Zeitfunktion $f(kT)$. Dabei ist grundsätzlich $f(t) = 0$ für $t < 0$ vorausgesetzt.

Nr.	$F(s)$	$f(t)$	$f(kT)$	$F(z)$
1			Kronecker Delta $\delta(k)$ $\begin{array}{ll}1 & k=0\\ 0 & k\neq 0\end{array}$	1
2			$\delta(n-k)$ $\begin{array}{ll}1 & n=k\\ 0 & n\neq k\end{array}$	z^{-k}
3	$\dfrac{1}{s}$	$\varepsilon(t)$	$\varepsilon(kt)$	$\dfrac{z}{z-1}$
4	$\dfrac{1}{s^2}$	t	kT	$\dfrac{Tz}{(z-1)^2}$
5	$\dfrac{1}{s^3}$	$\dfrac{1}{2!}t^2$	$\dfrac{1}{2!}(kT)^2$	$\dfrac{T^2}{2}\cdot\dfrac{z(z+1)}{(z-1)^3}$
6	$\dfrac{1}{s^4}$	$\dfrac{1}{3!}t^3$	$\dfrac{1}{3!}(kT)^3$	$\dfrac{T^3}{6}\cdot\dfrac{z(z^2+4z+1)}{(z-1)^4}$

Nr.	$F(s)$	$f(t)$	$f(kT)$	$F(z)$
7	$\dfrac{1}{s+a}$	e^{-at}	e^{-akT}	$\dfrac{z}{z-e^{-aT}}$
8	$\dfrac{1}{(s+a)^2}$	$t\cdot e^{-at}$	$kT\cdot e^{-akT}$	$\dfrac{Tze^{-aT}}{(z-e^{-aT})^2}$
9	$\dfrac{1}{(s+a)^3}$	$\dfrac{1}{2}t^2\cdot e^{-at}$	$\dfrac{1}{2}(kT)^2\cdot e^{-akT}$	$\dfrac{T^2}{2}e^{-aT}\cdot\dfrac{z(z+e^{-aT})}{(z-e^{-aT})^3}$
10	$\dfrac{a}{s(s+a)}$	$1-e^{-at}$	$1-e^{-akT}$	$\dfrac{z(1-e^{-aT})}{(z-1)(z-e^{-aT})}$
11	$\dfrac{b-a}{(s+a)(s+b)}$	$e^{-at}+e^{-bt}$	$e^{-akT}+e^{-bkT}$	$\dfrac{z(e^{-aT}-e^{-bT})}{(z-e^{-aT})(z-e^{-bT})}$
12	$\dfrac{s}{(s+a)^2}$	$(1-at)e^{-at}$	$(1-kaT)e^{-akT}$	$\dfrac{z[z-e^{-aT}(1+aT)]}{(z-e^{-aT})^2}$

Nr.	$F(s)$	$f(t)$	$f(kT)$	$F(z)$
13	$\dfrac{a^2}{s(s+a)^2}$	$1-e^{-at}(1+at)$	$1-e^{-akT}(1+akT)$	$\dfrac{z\left[z\left(1-e^{-aT}-aTe^{-aT}\right)+e^{-2aT}-e^{-aT}+aTe^{-aT}\right]}{(z-1)(z-e^{-aT})^2}$
14	$\dfrac{(b-a)s}{(s+a)(s+b)}$	$be^{-bt}-ae^{-at}$	$be^{-bkT}-ae^{-akT}$	$\dfrac{z\left[z(b-a)-\left(be^{-aT}-ae^{-bT}\right)\right]}{(z-e^{-aT})(z-e^{-bT})}$
15	$\dfrac{a}{s^2+a^2}$	$\sin(at)$	$\sin(akT)$	$\dfrac{z\cdot\sin(aT)}{z^2-z2\cos(aT)+1}$
16	$\dfrac{s}{s^2+a^2}$	$\cos(at)$	$\cos(akT)$	$\dfrac{z(z-\cos(aT))}{z^2-z2\cos(aT)+1}$
17	$\dfrac{s+a}{(s+a)^2+b^2}$	$e^{-at}\cos(bt)$	$e^{-akT}\cos(bkT)$	$\dfrac{z\left(z-e^{-aT}\cos(bT)\right)}{z^2-z2e^{-aT}\cos(bT)+e^{-2aT}}$
18	$\dfrac{b}{(s+a)^2+b^2}$	$e^{-at}\sin(bt)$	$e^{-akT}\sin(bkT)$	$\dfrac{ze^{-aT}\sin(bT)}{z^2-z2e^{-aT}\cos(bT)+e^{-2aT}}$

Nr.	$F(s)$	$f(t)$	$f(kT)$	$F(z)$
19	$\dfrac{a^2+b^2}{s\left((s+a)^2+b^2\right)}$	$(1-e^{-at})\cdot$ $\left(\cos(bt)+\dfrac{a}{b}\sin(bt)\right)$	$(1-e^{-akT})\cdot$ $\left(\cos(bkT)+\dfrac{a}{b}\sin(bkT)\right)$	$\dfrac{z(Az+B)}{(z-1)\left(z^2-z2e^{-aT}\cos(bT)+e^{-2aT}\right)}$ $A=1-e^{-aT}\cos(bT)-\dfrac{a}{b}e^{-aT}\sin(bT)$ $B=e^{-2aT}+\dfrac{a}{b}e^{-aT}\sin(bT)-e^{-aT}\cos(bT)$
20			a^k	$\dfrac{z}{z-a}$
21			a^{k-1} $k=1,2,3,\dots$	$\dfrac{1}{z-a}$
22			$k\cdot a^{k-1}$	$\dfrac{z}{(z-a)^2}$
23			$k^2\cdot a^{k-1}$	$\dfrac{z(z+a)}{(z-a)^3}$
24			$a^k\cos(k\pi)$	$\dfrac{z}{z+a}$

C   Analyse des stationären Verhaltens analoger und digitaler Regelkreise

C.1   Analyse des stationären Verhaltens analoger Regelkreise

Bei der Auslegung von Regelkreisen ist man in den meisten Fällen daran interessiert, welchen Wert die Regelgröße im stationären, eingeschwungenen Zustand annimmt.

Man spricht deshalb in diesem Zusammenhang von der <u>stationären Genauigkeit</u> einer Regelung. Der Idealfall des stationären Zustandes ist dann gegeben, wenn die Regelgröße *y(t)* gleich der Führungsgröße *w(t)* ist; der <u>stationäre Fehler</u> ist in diesem Fall Null.

C.1.1   Klassifizierung von Regelkreisen

Jeder Regelkreis (oder allgemein jedes System) kann in erster Linie bezüglich seiner Fähigkeit klassifiziert werden, einem Sprung, einer Rampe oder einer Parabel als Eingangsgröße zu folgen. Diese Klassifizierung ist insofern von Bedeutung, als bei technischen Regelkreisen Kombinationen der oben erwähnten Signaltypen auftreten können. Der Betrag des stationären Fehlers bezüglich des jeweiligen Eingangs (Sprung, Rampe, Parabel) ist ein Indiz für die <u>Qualität</u> der Regelung.

Die Übertragungsfunktion jedes offenen Regelkreises läßt sich in der Form

$$F_o(s) = \frac{K_o}{s^k} \cdot \frac{1 + b_1 s + b_2 s^2 + \cdots + b_m s^m}{1 + a_1 s + a_2 s^2 + \cdots + a_{n-k} s^{n-k}}$$

darstellen, wobei K_o die Verstärkung des offenen Regelkreises und der Typ der Übertragungsfunktion durch die Konstante $k = 0, 1, 2, \ldots$ charakterisiert wird:

$k = 0$: $F_o(s)$ hat verzögertes P-Verhalten,

$k = 1$: $F_o(s)$ hat verzögertes I-Verhalten,

$k = 2$: $F_o(s)$ hat verzögertes I_2-Verhalten.

C.1.2   Der stationäre Fehler

Für jeden Regelkreis (mit direkter Rückführung) wird die Übertragungs-funktion des geschlossenen Regelkreises zu

$$F_W(s) = \frac{Y(s)}{W(s)} = \frac{F_o(s)}{1 + F_o(s)}.$$

Die Übertragungsfunktion zwischen dem Fehler *E(s)* und der Führungsgrö-ße *W(s)* ergibt sich durch eine einfache Rechnung zu

$$\frac{E(s)}{W(s)} = \frac{1}{1 + F_o(s)}.$$

Unter Anwendung des Endwertsatzes der Laplace-Transformation erhält man den stationären Endwert der Regelabweichung eines stabilen Systems: Mit

$$E(s) = \frac{1}{1 + F_o(s)} \cdot W(s)$$

wird der stationäre Fehler zu

$$e_{st} = \lim_{t \to \infty} e(t) = \lim_{s \to 0} s\, E(s) = \lim_{s \to 0} s\, \frac{1}{1 + F_o(s)} W(s).$$

C.1.3   Fehlerkonstanten zur Qualifizierung des stationären Fehlers

Die im folgenden zu definierenden Konstanten geben Aufschluß über die Güte eines Regelsystems. Je größer diese Konstanten sind, desto kleiner ist der stationäre Fehler. In einem gegebenen Regelkreis mag die Regelgröße eine Position, eine Geschwindigkeit, ein Druck, eine Temperatur oder was auch immer sein. Bei der gegenwärtigen Betrachtung soll dies jedoch nicht von Interesse sein. Wir benennen lediglich die Ausgangsgröße als „Position", die Änderung der Ausgangsgröße als „Geschwindigkeit", und so fort. Dies hat zur Konsequenz, daß zum Beispiel bei einer Temperaturre-gelung unter „Position" die Temperatur gemeint ist, unter „Geschwindigkeit" der zeitliche Temperaturgradient, usw.

C.1.3.1   Stationäre Positionsfehler-Konstante K_p

Der stationäre Fehler des Regelkreises für $w(t) = \varepsilon(t)$ ist

$$e_{st} = \lim_{s \to 0} \frac{1}{s} \cdot \frac{s}{1 + F_o(s)} = \frac{1}{1 + F_o(0)}.$$

Die stationäre Positionsfehlerkonstante ist definiert durch

$$K_p = \lim_{s \to 0} F_o(s) = F_o(0).$$

Damit wird der stationäre Fehler in Abhängigkeit von K_p zu

$$e_{st} = \frac{1}{1 + K_p}.$$

Für ein gegebenes System mit $k = 0$ folgt hieraus

$$K_p = \lim_{s \to 0} F_o(s) = \lim_{s \to 0} \frac{K_o\left(1 + b_1 s + \cdots + b_m s^m\right)}{1 + a_1 s + \cdots + a_n s^n} = K_o.$$

Für ein System mit $k = 1$ ergibt sich

$$K_p = \lim_{s \to 0} \frac{K_o\left(1 + b_1 s + \cdots + b_m s^m\right)}{s^k\left(1 + a_1 s + \cdots + a_{n-k} s^{n-k}\right)} = \infty \quad \text{mit } (k \geq 1).$$

Wie man leicht sieht, wird K_p für Systeme mit $k = 0$ endlich, für Systeme mit $k \geq 1$ unendlich.

Für sprungförmigen Sollwerteingang wird damit der stationäre Fehler e_{st} zu

$$e_{st} = \frac{1}{1 + K_o} \quad \text{für } k = 0,$$

$$e_{st} = 0 \quad \text{für } k \geq 1.$$

Aus dieser Betrachtung ist zu erkennen, daß für Regelkreise ohne Integrationsglied im Vorwärtszweig bei sprungförmiger Sollwertänderung im stationären Zustand eine von Null verschiedene Regelabweichung verbleibt. Wenn die stationäre Regelabweichung verschwinden soll, muß der Faktor $k = 1$ oder höher sein.

C.1.3.2 Stationäre Geschwindigkeitsfehler-Konstante K_v

Der stationäre Fehler eines Regelkreises mit der Einheitsrampe $w(t) = \varepsilon(t) \cdot t$ als Eingang ist gegeben zu

$$e_{st} = \lim_{s \to 0} s \cdot \frac{1}{1 + F_o(s)} \cdot \frac{1}{s^2} = \lim_{s \to 0} \frac{1}{s \cdot F_o(s)}.$$

Die stationäre Geschwindigkeitsfehler-Konstante K_v ist definiert zu

$$K_v = \lim_{s \to 0} sF_o(s).$$

Damit wird der stationäre Fehler in Abhängigkeit von K_v zu

$$e_{st} = 1/K_v.$$

Der Ausdruck „Geschwindigkeitsfehler" soll den stationären Fehler für rampenförmigen Eingang zum Ausdruck bringen. Der Betrag des Geschwindigkeitsfehlers entspricht der bleibenden Regelabweichung. Damit ist der Geschwindigkeitsfehler *kein* Fehler bzgl. der Geschwindigkeit sondern ein Positionsfehler für rampenförmigen Sollwerteingang.

Für ein System mit $k = 0$ folgt

$$K_v = \lim_{s \to 0} \frac{sK_o\left(1 + b_1 s + \cdots\right)}{\left(1 + a_1 s + \cdots\right)} = 0;$$

für ein System mit $k = 1$ folgt

$$K_v = \lim_{s \to 0} \frac{sK_o\left(1 + b_1 s + \cdots\right)}{s\left(1 + a_1 s + \cdots\right)} = K_o;$$

für ein System mit $k = 2$ erhält man

$$K_v = \lim_{s \to 0} \frac{sK_o\left(1 + b_1 s + \cdots\right)}{s^k\left(1 + a_1 s + \cdots\right)} = \infty \qquad \text{mit } k \geq 2.$$

Der stationäre Fehler e_{st} für $w(t) = \varepsilon(t) \cdot t$ lautet somit zusammengefaßt:

$$e_{st} = 1/K_v = \infty \qquad \text{für } k = 0,$$

$$e_{st} = 1/K_v = 1/K_o \qquad \text{für } k = 1,$$

$$e_{st} = 1/K_v = 0 \qquad \text{für } k \geq 2.$$

Die bisherige Betrachtung zeigt, daß Systeme mit $k = 0$ nicht imstande sind, einer Rampe zu folgen. Regelkreise mit $k = 1$ können im stationären Betrieb einer Rampe mit nur endlichem Fehler folgen. Im stationären Zustand ist die Geschwindigkeit der Ausgangsgröße exakt die gleiche als die der Eingangsgröße, es existiert jedoch ein von Null verschiedener Positionsfehler. Dieser Fehler ist umgekehrt proportional zu K_o.

Systeme mit $k \geq 2$ können einem rampenförmigen Eingang ohne stationären Fehler folgen.

C.1.3.3 Stationäre Beschleunigungsfehler-Konstante K_a

Der stationäre Fehler für Regelkreise mit parabelförmiger Führungsgröße

$$w(t) = t^2/2$$

ist gegeben zu

$$e_{st} = \lim_{s \to 0} \frac{1}{s^3} \cdot \frac{s}{1 + F_o(s)} \cdot = \frac{1}{\lim\limits_{s \to 0} s^2 F_o(s)}.$$

Die stationäre Beschleunigungsfehlerkonstante K_a ist definiert durch die Gleichung

$$\lim_{s \to 0} s^2 F_o(s).$$

Damit wird der stationäre Fehler zu

$$e_{st} = 1/K_a.$$

Dabei ist zu beachten, daß der Beschleunigungsfehler - der stationäre Fehler bezüglich eines parabolischen Sollwerteingangs - ein Fehler in der Position ist.

Den Wert von K_a erhält man folgendermaßen:

Für ein System mit $k = 0$ folgt

$$K_a = \lim_{s \to 0} \frac{s^2 K_o (1 + b_1 s + \cdots)}{(1 + a_1 s + \cdots)} = 0;$$

für ein System mit $k = 1$ folgt

$$K_a = \lim_{s \to 0} \frac{s^2 K_o (1 + b_1 s + \cdots)}{s (1 + a_1 s + \cdots)} = 0;$$

für ein System mit $k = 2$ erhält man

$$K_a = \lim_{s \to 0} \frac{s^2 K_o (1 + b_1 s + \cdots)}{s^2 (1 + a_1 s + \cdots)} = K_o$$

und für ein System mit $k \geq 3$ folgt

$$K_a = \lim_{s \to 0} \frac{s^2 K_o \left(1 + b_1 s + \cdots \right)}{s^k \left(1 + a_1 s + \cdots \right)} = \infty \quad \text{für } k \geq 3 \, .$$

Damit wird der stationäre Fehler für $w(t) = \varepsilon(t) t^2 / 2$ zu

$\quad e_{st} = \infty \qquad$ für $k = 0$ und $k = 1$,

$\quad e_{st} = 1/K_o \qquad$ für $k = 2$,

$\quad e_{st} = 0 \qquad$ für $k \geq 3$.

Dabei ist zu beachten, daß Regelkreise mit $k = 0$ und $k = 1$ nicht in der Lage sind, im stationären Zustand einem parabolischen Eingang zu folgen. Systeme mit $k = 2$ können einem parabolischen Eingang mit einem endlichen Fehler im stationären Zustand folgen. Systeme mit $k \geq 3$ sind imstande, einer parabolisch verlaufenden Führungsgröße ohne stationäre Regelabweichung zu folgen.

Die folgende Tabelle zeigt eine **Zusammenstellung**, aus der der stationäre Fehler in Abhängigkeit von k und dem zeitlichen Verlauf des Eingangssignals hervorgeht.

Tabelle C.1: Stationärer Fehler e_{st}

	$w(t) = \varepsilon(t)$	$w(t) = \varepsilon(t) \cdot t$	$w(t) = \varepsilon(t) t^2 / 2$
$k = 0$	$\dfrac{1}{1 + K_o}$	∞	∞
$k = 1$	0	$\dfrac{1}{K_o}$	∞
$k = 2$	0	0	$\dfrac{1}{K_o}$

C.1.4   Bestimmung der Fehlerkonstanten im Bode-Diagramm

Durch den Parameter k wird das Gefälle des Amplitudengangs bei kleinen Frequenzen festgelegt, wie man leicht anhand der eingangs aufgestellten, allgemein gültigen Übertragungsfunktion des offenen Regelkreises feststellen kann. Deshalb läßt sich die Größe der Regelabweichung im stationären Betrieb auch aus dem Bode-Diagramm durch eine spezielle Betrachtung des Amplitudengangs bei kleinen Frequenzen für ein gegebenes Eingangssignal bestimmen.

C.1.4.1   Bestimmung der stationären Positionsfehler-Konstanten

Das folgende Bild zeigt ein Beispiel des Amplitudengangs eines offenen Regelkreises für $k = 0$.

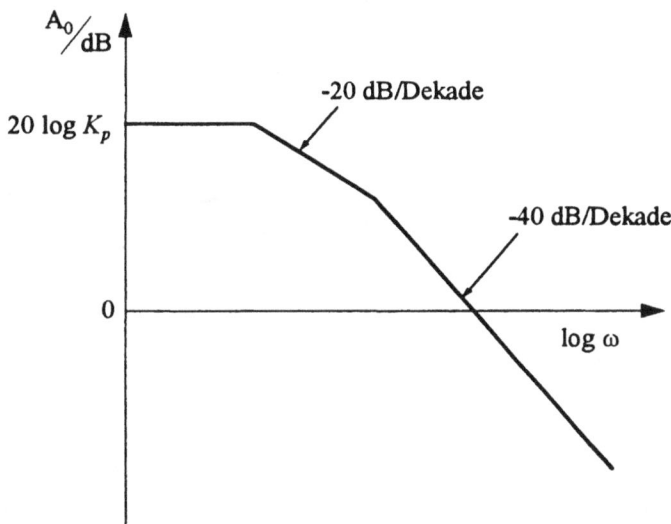

Bild C.1: Amplitudengang eines offenen Regelkreises für $k = 0$

Mit Hilfe der Definition

$$K_P = \lim_{s \to 0} F_o(s)$$

ist leicht zu verstehen, daß der Amplitudengang $A_o(\omega)$ des offenen Regelkreises für kleine Frequenzen mit K_P identisch sein muß; also

$$K_P = \lim_{\omega \to 0} A_o(\omega)$$

Wie man sieht, ist die Asymptote für kleine Frequenzen wegen $k = 0$ eine horizontale Gerade mit

$$20 \log K_P = 20 \log K_o.$$

(Es dürfte überflüssig sein darauf zu verweisen, daß damit auch der stationäre Fehler e_{st} ermittelt werden kann.)

C.1.4.2 Bestimmung der stationären Geschwindigkeitsfehler-Konstanten

Das folgende Bild zeigt ein Beispiel des Amplitudengangs eines offenen Regelkreises für $k = 1$.

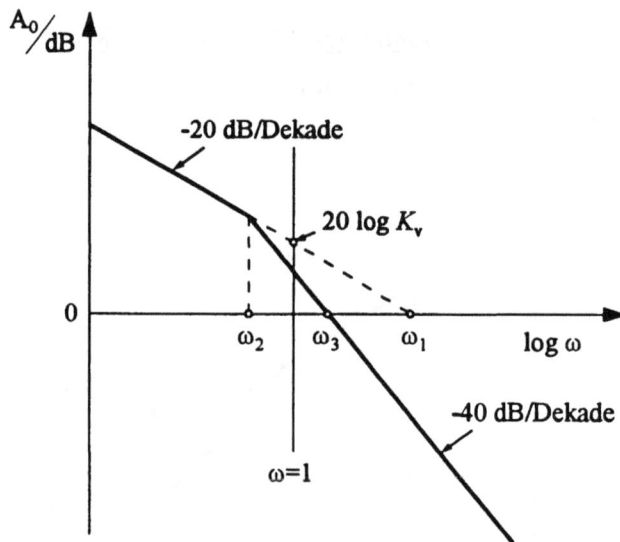

Bild C.2: Amplitudengang eines offenen Regelkreises für $k = 1$

Der Schnittpunkt des für kleine Frequenzen mit 20 dB/Dekade abfallenden
Amplitudengangs (bzw. dessen Verlängerung) mit der Linie $\omega = 1$ liefert
den Betrag $20 \log K_v$. Dies soll im folgenden kurz gezeigt werden:

Mit

$$K_v = \lim_{s \to 0} F_o(s)$$

folgt im Frequenzbereich

$$F_o(j\omega) = \frac{K_v}{j\omega} \quad \text{für} \quad \omega \ll 1.$$

Somit gilt

$$20 \log \left| \frac{K_v}{j\omega} \right|_{\omega=1} = 20 \log K_v.$$

Der Schnittpunkt des für kleine Frequenzen mit 20 dB/Dekade abfallenden Amplitudengangs (bzw. dessen Verlängerung) mit der 0-dB-Linie hat einen (absoluten) numerischen Frequenzwert von K_v. Um dies zu zeigen, soll die Frequenz, bei der die anfänglich mit 20 dB/Dekade abfallende Gerade die 0-dB-Linie schneidet, mit ω_1 bezeichnet werden; damit ist

$$\left| \frac{K_v}{j\omega_1} \right| = 1$$

oder

$$K_v = \omega_1 .$$

Beispiel C.1

Es soll ein IT_1-Glied mit direkter Rückführung betrachtet werden. Die Übertragungsfunktion des offenen Kreises lautet somit

$$F_o(s) = \frac{K_o}{s(Js + F)} = \frac{K_o/F}{s(1 + s\,J/F)} .$$

Wenn die Eckfrequenz mit ω_2 und die Frequenz, bei der die mit 40 dB/Dekade abfallende Gerade die 0-dB-Linie schneidet, mit ω_3 bezeichnet wird, ist

$$\omega_2 = F/J ;$$

$$\omega_3^2 = K_o/J .$$

Wegen $\omega_1 = K_v = K_o/F$ folgt

$$\omega_1 \omega_2 = \omega_3^2$$

oder

$$\frac{\omega_1}{\omega_3} = \frac{\omega_3}{\omega_2} .$$

Im Bode-Diagramm gilt dann

$$\log \omega_1 - \log \omega_3 = \log \omega_3 - \log \omega_2$$

Damit ist der ω_3-Punkt gerade in der Mitte zwischen den Frequenzen ω_1 und ω_2. □

C.1.4.3 Bestimmung der stationären Beschleunigungsfehler-Konstanten

Folgendes Bild zeigt ein Beispiel für den Amplitudengang eines offenen Regelkreises für $k = 2$.

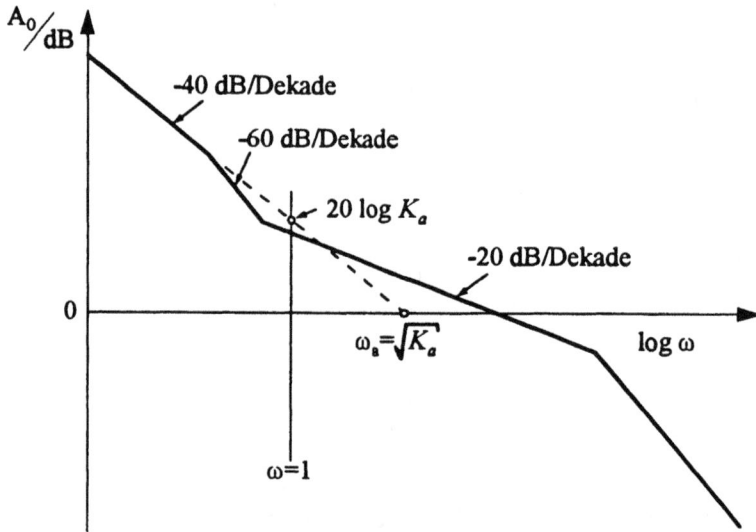

Bild C.3: Amplitudengang eines offenen Regelkreises für $k = 2$

Der Schnittpunkt des für kleine Frequenzen mit 40 dB/Dekade abfallenden
Amplitudengangs (bzw. dessen Verlängerung) mit der Linie $\omega = 1$ liegt bei
$20 \log K_a$.

Weil für kleine Frequenzen

$$F_o(j\omega) = \frac{K_a}{(j\omega)^2}$$

gilt, folgt daraus

$$20 \log \left| \frac{K_a}{(j\omega)^2} \right|_{\omega=1} = 20 \log K_a .$$

Die Frequenz ω_a als Schnittpunkt der anfänglich mit 40 dB/Dekade abfallenden Geraden (bzw. deren Verlängerung) mit der 0-dB-Linie liefert den
numerischen Wert der Wurzel von K_a.

Dies soll abschließend gezeigt werden:

$$20\log\left|\frac{K_a}{\left(j\omega\right)^2}\right| = 20\log 1 = 0 \; ;$$

daraus folgt $\omega_a = \sqrt{K_a}$.

C.2 Analyse des stationären Fehlers diskreter Systeme

Unter der Voraussetzung, daß der Abtaster im Fehlerkanal liegt, gilt unter Verwendung des Endwertsatzes der z-Transformation

$$e_{st} = \lim_{t\to\infty} e(t) = \lim_{k\to\infty} e(kT) = \lim_{z\to1}\left[\left(1-z^{-1}\right)E(z)\right].$$

Mit

$$E(z) = \frac{1}{1+F_o(z)}W(z)$$

wird obige Gleichung zu

$$e_{st} = \lim_{z\to1}\left[\left(1-z^{-1}\right)\frac{1}{1+F_o(z)}W(z)\right].$$

Wie im Fall kontinuierlicher Regelkreise soll der stationäre Fehler wieder für die Sprungfunktion, für die Rampe und für die Beschleunigungsfunktion als jeweilige Führungsgröße berechnet werden.

C.2.1 Stationäre Positionsfehler-Konstante K_p

Für sprungförmigen Sollwerteingang $w(t) = \varepsilon(t)$ bzw.

$$W(z) = \frac{1}{1-z^{-1}}$$

wird der stationäre Fehler zu

$$e_{st} = \lim_{z\to1}\left[\left(1-z^{-1}\right)\frac{1}{1+F_o(z)}\cdot\frac{1}{1-z^{-1}}\right] = \lim_{z\to1}\frac{1}{1+F_o(z)} \; .$$

Definiert man die stationäre Positionsfehler-Konstante zu

$$K_p = \lim_{z\to1} F_o(z),$$

so ergibt sich daraus der stationäre Fehler für eine sprungförmige Führungsgröße zu

$$e_{st} = \frac{1}{1 + K_p}.$$

Der stationäre Fehler als Reaktion auf eine sprungförmige Führungsgröße wird zu Null für $K_p = \infty$. Dies ist wiederum nur möglich, wenn $F_o(z)$ einen Pol an der Stelle $z = 1$ besitzt.

C.2.2   Stationäre Geschwindigkeitsfehler-Konstante K_v

Für die Einheitsrampe $w(t) = \varepsilon(t)\, t$ als Führungsgröße, bzw.

$$W(z) = \frac{T z^{-1}}{\left(1 - z^{-1}\right)^2}$$

wird der stationäre Fehler zu

$$e_{st} = \lim_{z \to 1}\left[\left(1 - z^{-1}\right) \frac{1}{1 + F_o(z)} \cdot \frac{T z^{-1}}{\left(1 - z^{-1}\right)^2}\right] = \lim_{z \to 1} \frac{T}{\left(1 - z^{-1}\right) F_o(z)}.$$

Definiert man die stationäre Geschwindigkeitsfehler-Konstante K_v zu

$$K_v = \lim_{z \to 1} \frac{\left(1 - z^{-1}\right) F_o(z)}{T},$$

so ergibt sich der stationäre Fehler für eine rampenförmige Führungsgröße zu

$$e_{st} = 1/K_v.$$

Für $K_v \to \infty$ wird der stationäre Fehler als Reaktion auf eine rampenförmige Führungsgröße zu Null. Dies erfordert jedoch, daß der offene Regelkreis, $F_o(z)$, einen doppelten Pol an der Stelle $z = 1$ besitzt.

C.2.3   Stationäre Beschleunigungsfehler-Konstante K_a

Für die Beschleunigungsfunktion $w(t) = \varepsilon(t)\, t^2/2$ bzw.

$$W(z) = \frac{T^2 \left(1 + z^{-1}\right) z^{-1}}{2\left(1 - z^{-1}\right)^3}$$

wird der stationäre Fehler zu

$$e_{st} = \lim_{z \to 1} \left[\left(1 - z^{-1}\right) \cdot \frac{1}{1 + F_o(z)} \cdot \frac{T^2\left(1 + z^{-1}\right)z^{-1}}{2\left(1 - z^{-1}\right)^3} \right]$$

bzw.

$$e_{st} = \lim_{z \to 1} \left[\frac{T^2}{\left(1 - z^{-1}\right)^2 F_o(z)} \right].$$

Definiert man die stationäre Beschleunigungsfehler-Konstante zu

$$K_a = \lim_{z \to 1} \left[\frac{\left(1 - z^{-1}\right)^2 F_o(z)}{T^2} \right],$$

so ergibt sich der stationäre Fehler zu

$$e_{st} = 1/K_a.$$

Für $K_a \to \infty$ wird der stationäre Fehler als Reaktion auf eine parabelförmige Führungsgröße zu Null. Dies macht jedoch jetzt einen dreifachen Pol an der Stelle $z = 1$ in der Funktion $F_o(z)$ erforderlich.

Zum Schluß noch eine wichtige und zugleich vereinfachende Bemerkung:

Wird die Übertragungsfunktion der Strecke mit einem (vorzuschaltenden) Halteglied

$$H(s) = \frac{1 - e^{-sT}}{s}$$

zur Übertragungsfunktion $G(z)$ diskretisiert, dann ergeben sich für $F_o(s)$ und $F_o(z)$ die gleichen Fehlerkonstanten.

Literatur

Föllinger, O.: Lineare Abtastsysteme, Oldenbourg, 1986;

Schmidt, G.: Simulationstechnik, Oldenbourg, 1980;

Föllinger, O.: Regelungstechnik, Hüthig, 1994;

Unbehauen, H.: Regelungstechnik, II, Vieweg, 1994;

Ackermann, J.: Abtastregelung, Springer, 1983;

Isermann, R.: Digitale Regelsysteme, I, Springer, 1987;

Reuter, M.: Regelungstechnik für Ingenieure, Vieweg, 1994;

Hanselmann, D.: The Student Edition of MATLAB, Prentice Hall, 1995;

Schönfeld, R.: Digitale Regelung elektrischer Antriebe, Hüthig, 1988;

Jackson, L.: Digital Filters and Signal Processing, Kluever Academic Press, 1990;

Jury, E.:Sampled-Date Control Systems, John Wiley, 1958;

Fränklin, G.:Digital Control of Dynamic Systems, Addison-Wesley, 1980;

Churchill, R.:Complex Variables and Applications, McGraw-Hill, 1984;

Ogata, K.:Modern Control Engineering, Englewood Cliffs, 1970;

Anderson, B.:Optimal Filtering, Englewood Cliffs, 1970;

Weber, H.: Laplace-Transformation, Teubner, 1990;

Holbrook, J.:Laplace-Transformation, Vieweg, 1966;
Tietze, U.; Schenk, Ch.: Halbleiter-Schaltungs-Technik, Springer, 1989

Stichwortverzeichnis

www.ingramcontent.com/pod-product-compliance
Lightning Source LLC
Chambersburg PA
CBHW062015210326
41458CB00075B/5526